“十三五”国家重点出版物出版规划项目

园林树木应用指南

（华北西北东北篇）

罗乐　魏民　等著

中国建筑工业出版社

图书在版编目(CIP)数据

园林树木应用指南．华北西北东北篇 / 罗乐等著．—北京：中国建筑工业出版社，2020.12
ISBN 978-7-112-25811-6

Ⅰ.①园… Ⅱ.①罗… Ⅲ.①园林植物－北方地区－指南 Ⅳ.①S68-62

中国版本图书馆CIP数据核字（2020）第267649号

责任编辑：杜 洁
责任校对：赵 菲

"十三五"国家重点出版物出版规划项目
园林树木应用指南（华北西北东北篇）
罗乐 魏民 等著
*
中国建筑工业出版社出版、发行（北京海淀三里河路9号）
各地新华书店、建筑书店经销
北京雅盈中佳图文设计公司制版
北京富诚彩色印刷有限公司印刷
*
开本：880毫米×1230毫米 1/32 印张：11 字数：326千字
2020年12月第一版 2020年12月第一次印刷
定价：**99.00**元
ISBN 978-7-112-25811-6
(37058)

编 委 会

序

习近平同志在十九大报告中指出，坚持人与自然和谐共生，必须树立和践行绿水青山就是金山银山的理念，坚持节约资源和保护环境的基本国策。对风景园林设计师而言，在生态文明和生态环境建设中所担负的责任则愈发沉重，在风景园林实践中对植物知识的掌握和应用就愈发重要。作为多年风景园林设计的授业者和从业者，深知植物在风景园林设计中的作用。在植物识别的基础上，如何能更好地应用植物，创造出丰富多彩的植物景观，我相信是大部分风景园林设计从业者的心声。

《园林树木应用指南》是在北京林业大学园林学院园林树木学专家张天麟先生指导下，集合诸多一线设计人员的经验，用最直观的图示语言表现园林植物的特性和习性等，用以指导在风景园林设计中更好地应用植物要素的图书。本书的特点是从一个设计师的视角出发，以园林植物专家的意见为基础，结合大量风景园林设计师的实践和经验，以直观的图示语言、大量的应用实例照片代替了植物识别类专业书籍采用大量描述文字和特写部位照片的传统，更有利于对图形敏感的设计师迅速直观的了解和掌握植物要素。

我的恩师苏雪痕先生是园林植物应用的大家，在他的影响下，我在教学和实践中对园林植物应用高度重视。我的学生高若飞在留日归来后，也充分认识到了植物应用的重要之处，他和志同道合的同学、朋友不为功利、潜心 4 年之久完成此书，并入选“十三五”国家重点出版物出版规划项目，进一步夯实风景园林设计之根基，颇感欣慰，是之为序。

2018.6.23 于北京林业大学

前言

本书的总策划高若飞博士在日本留学期间，发现很多指导设计的植物书籍一改以往国内植物书籍图片＋文字的表述方式，以大量简明的图示化语言和应用照片更直观地展示植物的相关信息。

回国后遍寻各种植物书籍，但发现除了个别地产开发商的植物内部资料以外，这种关于植物应用以图示化为主书籍并不多，在和中国建筑工业出版社的杜洁编辑充分沟通后，便萌生了编写一本以直观的图示语言和应用照片为主的《园林树木应用指南》的想法。

万事开头难，有幸在编写过程中得到了授业恩师北京林业大学张天麟老师和资深园林专家叶永辉前辈的悉心指教、上海建工园林集团的高翔和北京林业大学园林学院罗乐老师的支持，以及诸多恩师及好友的帮助。

书中以大量简明、生动、直观的图示语言替代文字对园林植物应用的各方面进行了阐述，结合实际应用照片，以期实现植物应用知识普及的效果。不同于很多现有具有图示语言的植物书籍，本书更注重直观的图示语言表达，使读者能轻易读懂表达植物多种特性的图示语言。

此套书分为三册，第一册以华南地区为主，第二册主要涵盖华东、华中区域，第三册主要涵盖华北、西北、东北地区。

书中植物的选择兼顾了其应用性和特性，并着重选取具有明显特性的植物种类，也着重突出本套丛书对于环境和健康的关注。

图片和图示语言相对于抽象的文字能够带给读者印象更为深刻的画面感，同时借助于前沿的科技，激发出更多的人们对于植物及其特性的兴趣，这便是本书的初衷所在。

目录

总 论

全球植物景观之所以精彩，正是有了中国原产植物的加入。中国被誉为“世界园林之母”或“世界花园之母”，它不仅有千变万化的草本植物，更有丰富的谓之“园林空间骨架”的木本植物。北美原产的木本植物600余种，欧洲不到300种，而中国，仅种子植物中的木本植物便有8000余种（乔木2000种左右），且至少有50%可用于园林建设的需要。

1. 园林树木的概念与范畴

“园林”一词古已有之，而“园林树木”一词约见于20世纪60年代前后，这之前多称之为“观赏树木”或“木本花卉”。观赏主要偏重的是花、叶、果、枝干、姿形等与美相关的性状，如牡丹看花色、桂花闻花香、冬青赏红果、白桦观白皮等都与观赏有关。而园林的范畴不仅仅限于赏，还兼具防护、生态、经济等功能，如乌桕不仅是秋色叶及观果植物，同时还是经济植物，构树、紫穗槐则常作为园林抗污染树种应用等等。因此，“园林树木”的适用范围更广，更符合城市建设的发展需求。

“园林树木”可定义为一切用于园林绿化美化的木本植物。因此，园林树木可以是人为引种驯化的野生种，如珙桐、水杉、元宝枫等；也可以是人工培育的园艺品种，如‘二乔’玉兰、‘美人’梅、‘和平’月季等。同时，也明确了园林树木的应用范围，包括城乡各类型园林绿地、风景名胜区、保护区、森林公园、防护林、康养休闲场所等环境空间，可以这么说，只要园林的范畴在不断扩大，那么园林树木的种类就不断增加。从这个意义而言，世上植物则都有园林植物之属性，因而世上的木本植物都是潜在的园林树木。

2. 园林树木的分类

园林树木的分类多种多样，可按照植物学的科属系统进行分类，也可按照园林树木的用途及应用方式分类。当然，还可以按照园林树木的狭义属性即观赏特性进行分类，等等。从园林应用的角度出发，实用、方便是园林树木分类的目的，因此，一般是基于植物学划分明确的前提下，一级分类标准会选择园林用途或选择植物的生活型作为依据，此二者最为常见，本书即为后者。

按照园林用途分类，园林树木可划分为行道树、园景（孤赏）树、庭荫树、灌木类、木本地被类、垂直绿化类、绿篱类、防护林类、风景林类等；此分类对树木的园林功能较为明确，但彼此类别之间又或有交叉，如银杏既可作为行道树，也可作为园景树；络石既是木本地被，也是垂直绿化植物。

按照植物生活型分类，园林树木可分为乔木、灌木、亚灌木、藤木（木质藤本）等类。此类别之下还常按照生长型继续划分阔叶、针叶以及落叶、常绿等外型特征。乔木还可以细分为大、中、小三级。此种分类方式基于植物的生长属性，便于查找和使用。

需要指出的是，有些在植物的生活型中被划分为草本的植物，在园林应用分类中，却常纳入到园林树木的范畴中来。如禾本科竹亚科的植物，无论是高大的毛竹、粉单竹，丛生式的凤尾竹，还是低矮的铺地竹、箬竹等地被竹，其草质茎的木质化特征明显，常被划分为单一的一类“竹类”；又如龙舌兰科的剑麻、凤尾兰等植物，株型高大并呈现出木质形态，常在园林中划分为“灌木类”。

棕榈科植物作为单子叶植物中唯一具有乔木习性、宽阔叶片及发达维管束的植物类群，既有乔木类型如董棕、国王椰子等，也有灌木类型如袖珍椰子、矮棕竹等，还有藤本类型的省藤等，其树形、分枝发育习性等性状特殊，也常被单独划分为一类“棕榈类”。

3. 园林树木的功能

园林树木的本质是植物，净化空气，涵养水源，防风固沙，滞尘减噪等都是植物产生的生态效益。当然，植物还会产生经济效益，社会效益等。同时，园林树木还必须兼具服务园林的功能，包括美学上的观赏功能、景观上的营造功能及美化功能、文化教育功能、心理引导功能等。

随着社会的发展和园林建设水平的不断提升，“功能性园林植物”的提法越来越多，园林树木应该是多功能且功能明确的，如吸收二氧化硫的夹竹桃、女贞、泡桐等，吸收 PM2.5 的杜仲、侧柏等，富集重金属的臭椿、杨树、泡桐、女贞等，耐盐碱的柽柳、桂香柳等，抗海风的木麻黄、海桑等，耐火的珊瑚树、海桐等，能杀菌驱虫的桉树、香樟等。因此，园林树木以绿化美化、改善和保护环境为目的，兼具观赏、生态、食用、药用等多项功能必然是未来城市园林发展的趋势。

4. 园林树木的生态习性

园林树木的生态习性，就大尺度而言，不同的地域环境孕育了不同的树木种类，树木之间都有彼此的自然分布区和适宜的栽培区，如以主要山脉划分的秦岭植物区、泛喜马拉雅植物区、横断山植物区等，也有按照行政地理划分的华北植物区、华东植物区、华南植物区等，地域的气候、土壤、海拔、地形地貌等环境条件，进化出了从形态到习性各异的特色植物类别，如高山植物、滨海植物、沙生植物等，这些都是了解园林树木生态习性的前提。

从小尺度而言，园林树木关注的是：在园林中能否栽培好和应用好，即生长发育正常，这是树木对其生长环境的具体的要求和适应能力。一般的生长环境条件包括气候和土壤两方面内容，气候指的是光、温、水、气等因子，而土壤则是与土壤肥力相关的理化性质，如颗粒大小、孔隙度、酸碱度、可溶性离子浓度等。因此，在园林应用中我们需要分类对待，并关注诸如湿生树种、耐水湿树种、耐旱树种、旱生树种、喜热树种、喜温树种、耐寒树种、喜光树种（阳性树）、耐阴树种（阴性树）、酸性树种、耐盐碱树种、喜钙树种等等，以便于开展科学的园林树种规划和种植设计。

对于温度而言，热带树种多为喜热树种，不耐寒，如木棉、凤凰木、菩提树等，而对应的温带、寒温带树种多为耐寒树种，不耐热，如樟子松、云杉、白桦等，在做树种选择时，应从植物的原产地出发，考虑其栽种适应性的可能。需要明确的是，同样在亚热带区域生长的园林树木，不同的种类对高温和低温的耐受性也是不同的，可以通过排序来实现合理的树种选择，本书即是在一定区域范围内呈现的直观性量化。同样，对于园林树木的水分因子、光照因子、土壤因子，对比原产地和栽培地的环境属性区别也很重要，尤其是对新引种（无论是来自野外还是国外）的园林树木而言更为必要。

需要指出的是，本书在树种选择上既服务于行政区划的便利性，又要选择多数区域内的代表树种，如“华南篇”分册主要涉及南亚热带至热带绿化区域，“华东华中篇”分册主要涉及亚热带及部分南暖温带绿化区域，而“华北西北东北篇”分册主要涉及温带至中温带绿化区域，因此，有些行政区划分的城市因气候与本书分册设定的范围差异较大而未选择其当地树种，可根据其城市气候带类型选择相应的分册参照。

总之，园林树木服务于园林，园林树木就是风景园林的核心武器。我国作为园林植物的资源大国，既要充分挖掘和利用好自身的树木资源，又要不断地测试和引进国外的新优品种；园林树木要应用得当，就必须知其名、解其功、明其性。植物作为园林中活的载体，其生长的过程是稳定的也是变化的，通过合理的分类、归纳、展示，将其固有的规律鲜活、通俗地呈现出来，这便是《园林树木应用指南》。

2020 年 12 月

本书特色

1. 直观性的设计资料

本书侧重于以图示化的语言表现园林植物的各种特性和特征，下表是本书从应用角度对园林植物的分类。

本书中植物的分类

针叶树
常绿阔叶乔木
落叶阔叶乔木
常绿阔叶灌木及小乔木
落叶阔叶灌木及小乔木
棕榈类
竹类
藤木类

2. 简明植物形态、特性

本书力求以最少的文字表达清楚常用园林植物必要的相关应用信息。

3. 重视照片的应用

本书中所使用的照片由单独树形的照片，植物应用实例的照片，花、果、叶、树皮等具有观赏价值的照片等组成。相信这对园林设计中植物的应用具有较高的参考价值。

4. 重视园林植物的基础应用

本书对园林常用植物的功能及应用以图示化和照片表达，便于读者迅速了解常用园林植物相应的基础运用。

5. 专业植物应用

结合资深园林设计师的种植设计经验，对园林常用植物的种植应用进行说明。

使用方法

胡桃(核桃)

Juglans regia

胡桃科 胡桃属

※ 树形及树高

※ 功能及应用

●公园及公共绿地、风景区、庭园、林地、建筑环境(含居住区)。

●孤植、列植、丛植、片植、群植。

※ 观赏时期

月	1	2	3	4	5	6	7	8	9	10	11	12
花												
叶												
实												

※ 区域生长环境

光照 阴 阳

水分 干 湿

温度 低 高

※ 简介

●树皮灰白色,深纵裂。羽状复叶互生,小叶5~9。核果大,球形,成对或单生。

●喜光,不耐庇荫,较耐干冷,不耐湿热,耐旱,喜深厚、肥沃、湿润及排水良好的微酸性至弱碱性土壤。

●深根性,寿命长,不耐移植,根际萌芽力强。播种或嫁接繁殖。诱鸟。

●有裂叶‘Laciniata’、垂枝‘Pendula’等品种。

●原产伊朗,近年我国新疆伊犁地区有野生胡桃林发现,今辽宁南部以南至华南、西南均有栽培。叶大荫浓,且有清香,也可用作庭荫树及行道树。

树形及树高

树形则根据树木成年期后的形状特征大致分为乔木(11类)、灌木(6类)和其他。树高则是指园林应用中树木通常使用的高度和长成高度，将其大致分为3类。

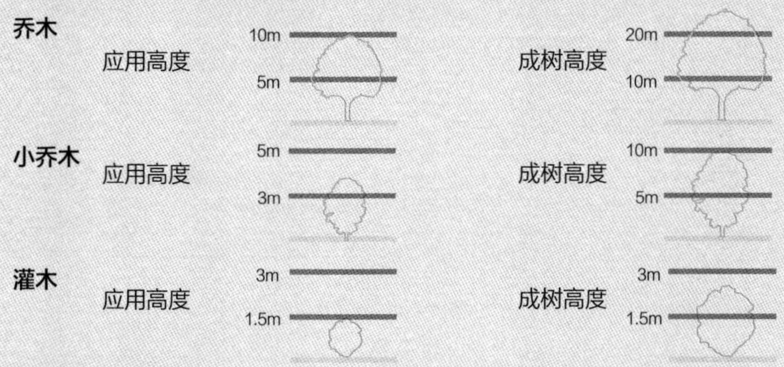

功能及应用

本书通过图示语言表示了植物的健康特性和不良特性，其图示为：

健康性:　康体保健类 　医疗保健类 

杀菌杀虫驱虫类 　吸收有毒气体类 　不良特性的图示为 

植物应用的场所分为：公园及公共绿地、风景区、庭园、道路、海滨、林地、建筑环境（含居住区）、工矿区、医院、学校、垂直绿化、湿地、滨水、屋顶绿化。植物应用的种植方式分为篱植、列植、孤植、丛植、对植、片植和群植。

野蔷薇（多花蔷薇，粉团蔷薇）

Rosa multiflora

蔷薇科 蔷薇属

※ 栽植方式

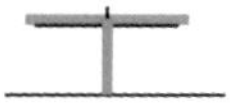

壁面绿化(攀爬式)

※ 功能及应用

! 植株有刺

●公园及公共绿地、风景区、建筑环境（含居住区）、医院、学校、垂直绿化。

●孤植、丛植、篱植。

※ 观赏时期

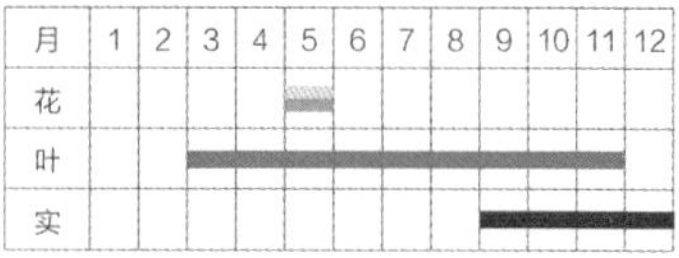

※ 区域生长环境

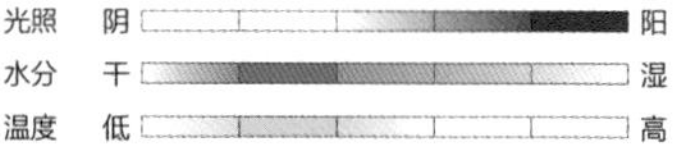

※ 简介

●枝细长，皮刺常生于托叶下。小叶 5~7（9），托叶篦齿状。花白色或粉色，单瓣或重瓣（据中国植物志定名粉色单瓣为粉团蔷薇 var. *cathayensis*，白色重瓣则为白玉堂 'Albo-plena'），芳香。果红褐色经冬不落，可赏，柱头常宿存。

●喜光，耐寒，耐旱，也耐水湿，对土壤要求不严，以肥沃、疏松的微酸性土壤最好。

●分株、扦插、压条繁殖。诱鸟、诱虫、诱蝶。

●主产日本、朝鲜，我国黄河流域以南地区可能也有分布。可栽作花篱，也可作嫁接月季、蔷薇类的砧木。

栽植方式

在园林植物应用中，藤本植物既能单独成景，也能修剪成绿篱；主要有下面几种不同的栽植方式或其组合：

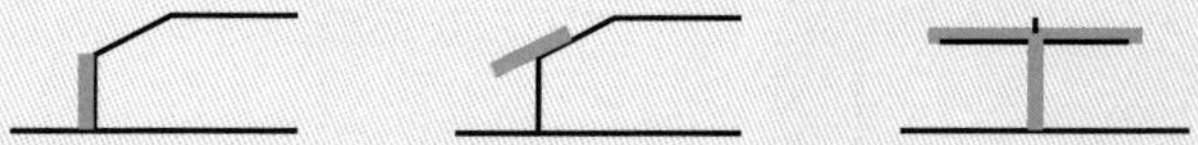

壁面绿化(吸附式)　壁面绿化(探出式)　壁面绿化(攀爬式)

形态分类&观赏时期

华北、西北、东北地区以大部分区域的植物信息和特性为基准。乔木、灌木及其他类型的分类则依据植物成年期的自然形态。观赏时期只标识该植物具有该方面观赏特性。

照片及其说明

整体树型照片：体现树木的整体形象以及长成后的形状。

特写照片：该部分照片主要是对花、叶、果实、枝、干等具有较高观赏价值的部位。

应用实例照片：该照片表现了树木的用途及其栽植的实例等特点。

简介

对园林植物除应用和特性以外的其他特点以文字形式进行补充说明，如形态、生长状况、历史文化内涵、市树市花等。

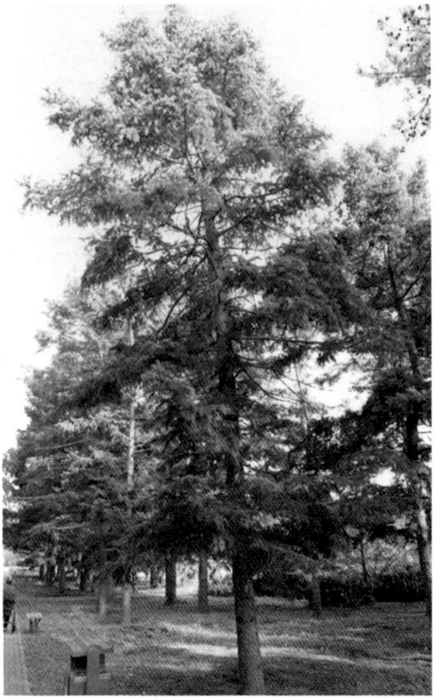

辽东冷杉

Abies holophylla

松科 冷杉属

※ 树形及树高

※ 功能及应用

●公园及公共绿地、风景区、道路、林地。
●孤植、列植、丛植、片植、群植。

※ 观赏时期

月	1	2	3	4	5	6	7	8	9	10	11	12
花												
叶	■	■	■	■	■	■	■	■	■	■	■	■
实												

※ 区域生长环境

光照 阴 阳
水分 干 湿
温度 低 高

※ 简介

●雌雄同株。大枝轮生，小枝对生。叶扁线形，在果枝下面列成两列，背面有两条白色气孔带。球果圆柱形，直立，熟时淡黄褐色或淡褐色。
●喜凉润气候，阴性，耐寒，不耐旱，稍耐盐碱和水湿。
●浅根性树种，播种繁殖，扦插繁殖。
●产我国东北东南部，朝鲜、俄罗斯也有分布。华北园林绿地中常见栽培，树形端庄优美，是良好的园林绿化及观赏树种。

红皮云杉

Picea koraiensis

松科 云杉属

※ 树形及树高

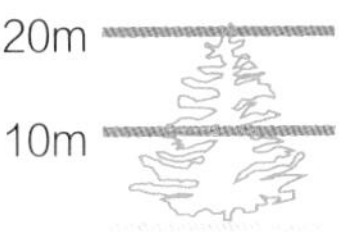

应用

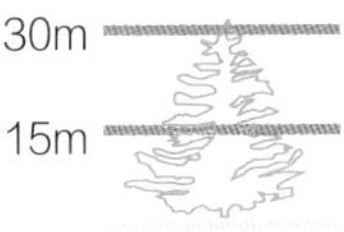

成树

※ 功能及应用

●公园及公共绿地、风景区、庭园、道路、林地、建筑环境（含居住区）、医院、学校。

●孤植、列植、丛植、片植、群植。

※ 观赏时期

月	1	2	3	4	5	6	7	8	9	10	11	12
花												
叶												
实												

※ 区域生长环境

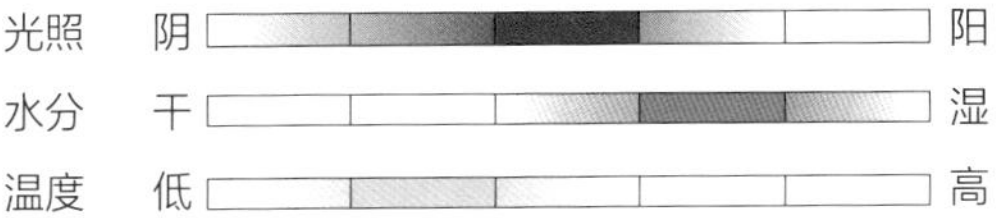

※ 简介

●雌雄同株。小枝细，淡红褐色至淡黄褐色，无白粉，基部宿存的芽鳞先端常反曲。针叶四棱状条形，四面有气孔线。球果较小，果鳞先端圆形。

●喜空气湿度大、土壤肥厚而排水良好的环境，较耐阴，耐寒，也耐干旱，稍耐盐碱和水湿。

●浅根性，侧根发达，生长较快。播种或扦插繁殖。

●产我国东北山地，北京也有引种栽培，朝鲜、俄罗斯也有分布。可用于园林绿地或街道、庭园绿化。

青扦

Picea wilsonii

松科 云杉属

※ 树形及树高

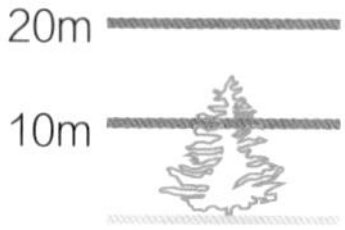

应用

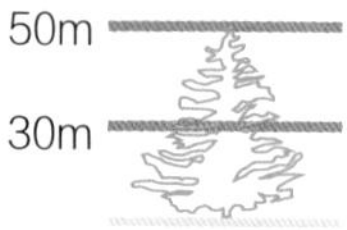

成树

※ 功能及应用

●公园及公共绿地、风景区、庭园、林地、建筑环境（含居住区）、医院、学校。

●孤植、丛植、片植、群植。

※ 观赏时期

月	1	2	3	4	5	6	7	8	9	10	11	12
花												
叶												
实												

※ 区域生长环境

光照 阴 阳

水分 干 湿

温度 低 高

※ 简介

●雌雄同株。树皮淡黄灰或暗灰色，浅裂成不规则鳞状块片脱落。叶四棱状条形。球果卵状圆柱形或圆柱状长卵圆形，熟前绿色，熟时黄褐色或淡褐色。

●喜较冷凉湿润气候，幼树耐阴性较强，耐寒，耐旱，稍耐盐碱。

●生长较慢，播种或扦插繁殖。诱鸟。

●产内蒙古、河北、山西、陕西南部、湖北、甘肃、青海、四川等地高山。宜作华北地区高山上部的造林，也可栽培作园景树。

白扦

Picea meyeri

松科 云杉属

※ 树形及树高

※ 功能及应用

●公园及公共绿地、风景区、庭园、林地、建筑环境（含居住区）、医院、学校。

●孤植、丛植、片植、群植。

※ 观赏时期

月	1	2	3	4	5	6	7	8	9	10	11	12
花												
叶	▬	▬	▬	▬	▬	▬	▬	▬	▬	▬	▬	▬
实												

※ 区域生长环境

光照 阴 ▬▬▬ 阳

水分 干 ▬▬▬ 湿

温度 低 ▬▬▬ 高

※ 简介

●雌雄同株。小枝常有短柔毛，淡黄褐色，有白粉。小枝基部宿存芽鳞开展或反曲。针叶微弯曲，横切面菱形。球果圆柱形，幼时常紫红色。

●喜较冷凉湿润气候，幼树耐阴性较强，耐寒，耐旱，稍耐盐碱。

●生长较慢，播种或扦插繁殖。诱鸟。

●产华北地区高山，北京、山东等地常见栽培。宜作华北地区高山上部的造林，也可栽培作庭园树。

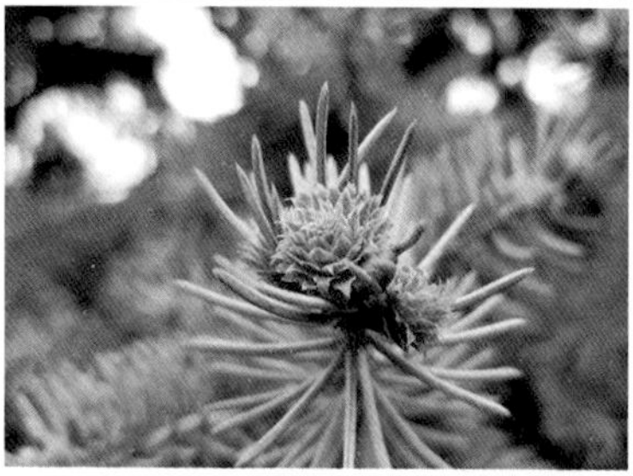

蓝粉云杉（粉绿云杉）

Picea pungens f. *glauca*

松科　云杉属

※ 树形及树高

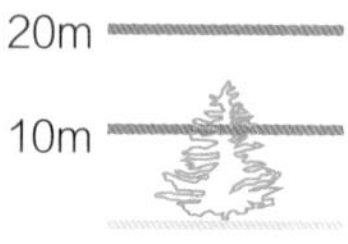

应用

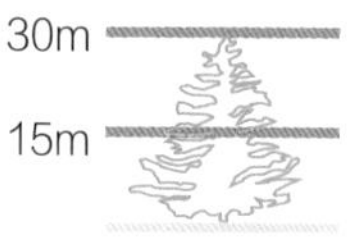

成树

※ 功能及应用

吸收有毒气体

●公园及公共绿地、风景区、庭园、建筑环境（含居住区）、医院、学校。

●孤植、丛植、群植。

※ 观赏时期

月	1	2	3	4	5	6	7	8	9	10	11	12
花												
叶												
实												

※ 区域生长环境

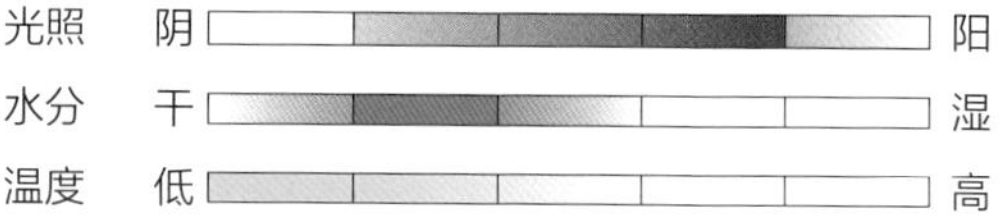

※ 简介

●雌雄同株。小枝黄褐色，无毛。针叶四棱，近于银白的蓝绿色，在小枝上螺旋状排列。球果较大。

●喜凉爽气候，极耐严寒，忌高温，对光照要求较高，耐旱，喜湿润、肥沃和微酸性土壤，较耐贫瘠。

●播种或扦插繁殖。

●原产北美西部山地，在美国及北欧广泛栽作观赏树，北京、上海及河南等地已引种栽培。特殊蓝灰色树种，在风景构图中有特殊作用，是优良的观叶庭园树。

青海云杉

Picea crassifolia

松科 云杉属

※ 树形及树高

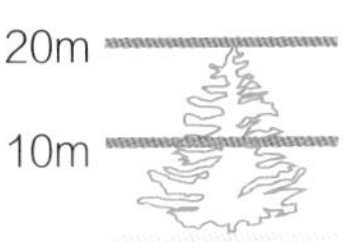

应用

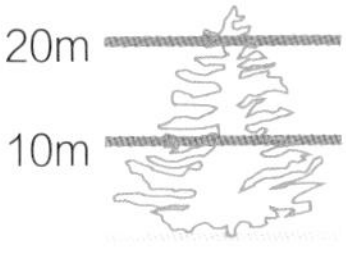

成树

※ 功能及应用

●公园及公共绿地、风景区、道路、林地。

●孤植、列植、丛植、片植、群植。

※ 观赏时期

月	1	2	3	4	5	6	7	8	9	10	11	12
花												
叶												
实												

※ 区域生长环境

光照 阴 阳

水分 干 湿

温度 低 高

※ 简介

●雌雄同株。一年生枝红褐色，多少被白粉。冬芽圆锥形，宿存芽鳞开展或反曲。针叶四棱形。球果圆柱形，熟时褐色。

●喜光，幼树耐阴，喜寒冷潮湿环境，极耐寒，耐旱。

●浅根性树种。播种繁殖。

●产甘肃、青海、宁夏及内蒙古山地，在新疆、兰州等地有栽培，为青海省省树。中国特有树种，我国西北地区可用作造林树种，在涵养水源、水土保持方面的作用极强，亦可用于城乡绿化、美化及高速公路绿化等。

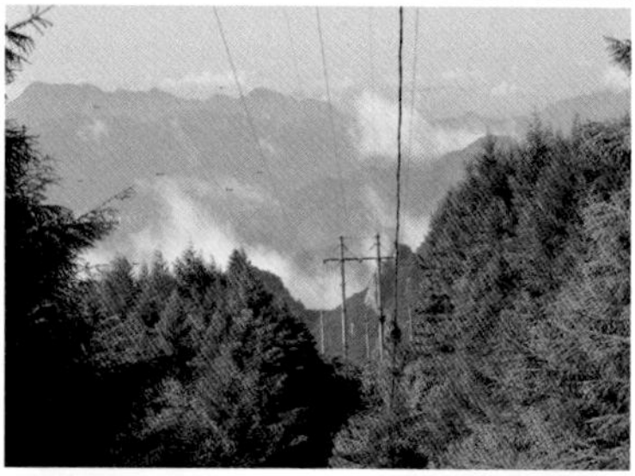

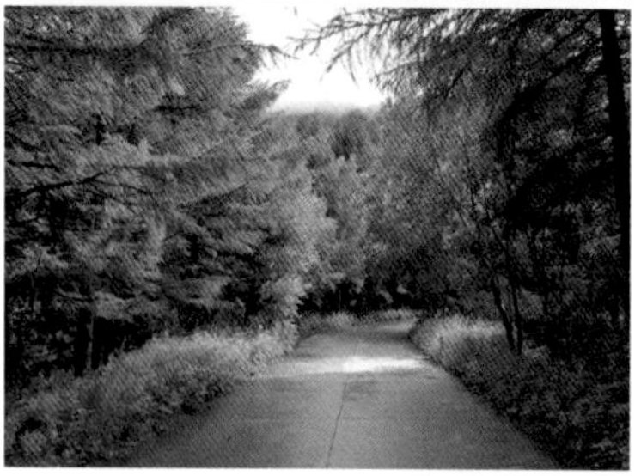

华北落叶松

Larix principis-rupprechtii

松科　落叶松属

※ 树形及树高

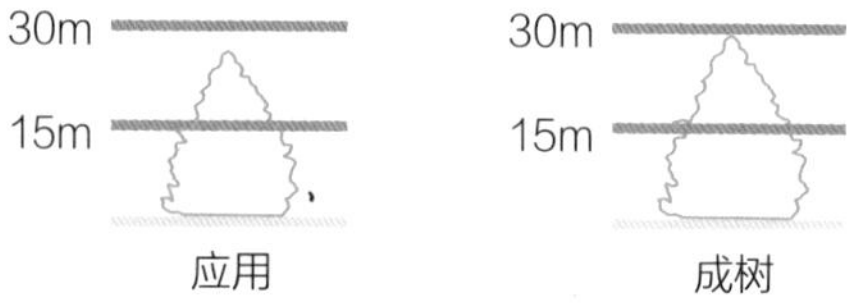

※ 功能及应用

●公园及公共绿地、风景区、道路、林地。

●孤植、丛植、列植、片植、群植。

※ 观赏时期

月	1	2	3	4	5	6	7	8	9	10	11	12
花												
叶												
实												

※ 区域生长环境

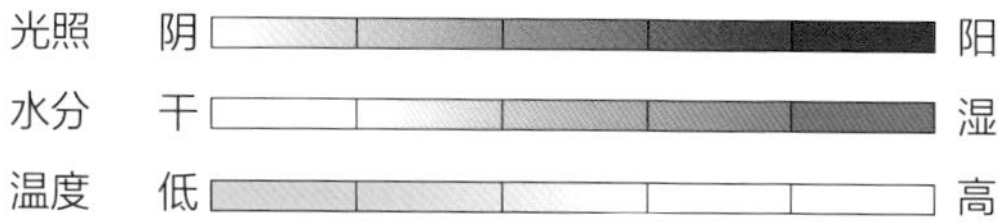

※ 简介

●雌雄同株。一年生小枝淡黄褐色。叶线性扁平，在长枝上螺旋状互生，在短枝上簇生。球果长卵形，直立，宿存。

●强阳性树种，耐阴，甚耐寒，耐旱，略耐盐碱，不耐水湿，对不良气候的抵抗力较强。

●长寿，根系发达。播种或扦插繁殖。诱鸟，防风。

●我国特产。材质优良，树形优美，为华北高山造林用材及绿化树种，秋叶变为金黄色，具有非常高的园林观赏价值，可在公园里孤植或与其他常绿针、阔叶树配植。

落叶松(兴安落叶松)

Larix gmelinii

松科 落叶松属

※ 树形及树高

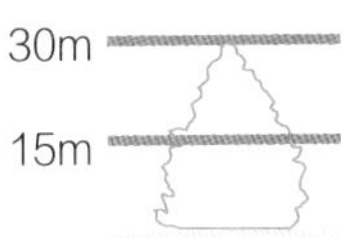

应用

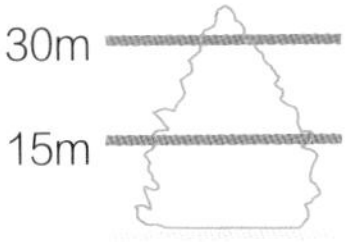

成树

※ 功能及应用

抗烟尘

●公园及公共绿地、风景区、道路、林地、建筑环境(含居住区)、工矿区。

●孤植、丛植、列植、片植、群植。

※ 观赏时期

月	1	2	3	4	5	6	7	8	9	10	11	12
花												
叶												
实												

※ 区域生长环境

光照 阴 阳

水分 干 湿

温度 低 高

※ 简介

●雌雄同株。一年生小枝较细,淡黄色。叶线性扁平,在长枝上螺旋状互生,在短枝上簇生。球果中部果鳞五角状卵形,先端略向外反卷。

●强阳性,耐阴,喜温凉湿润气候,耐寒力强,耐旱,对土壤要求不严,稍耐盐碱。

●长寿。播种繁殖。诱鸟,防风。

●产东北地区山地,是东北林区主要森林树种之一,俄罗斯西伯利亚地区也有分布。树势高大挺拔,冠形美观,秋色叶金黄,在东北地区可用作园林绿化树种。

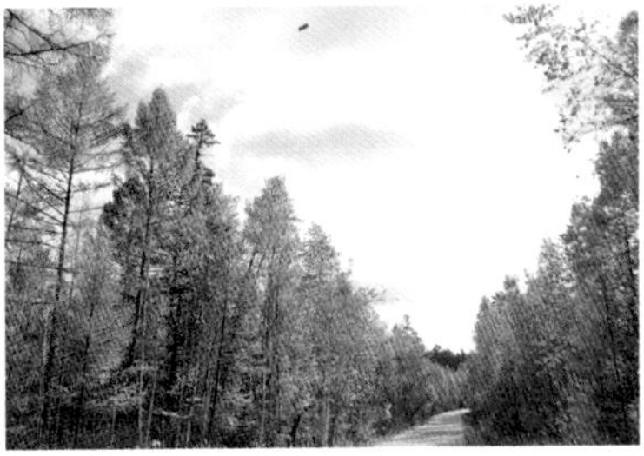

日本落叶松

Larix kaempferi

松科 落叶松属

※ 树形及树高

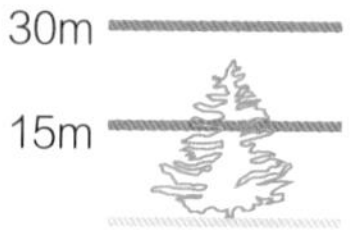

应用

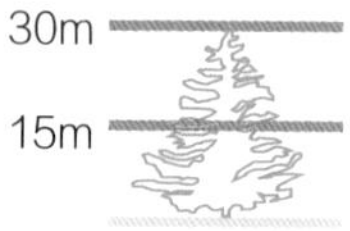

成树

※ 功能及应用

杀菌杀虫，驱虫

●公园及公共绿地、风景区、庭园、道路、林地。

●孤植、列植、丛植、片植、群植。

※ 观赏时期

月	1	2	3	4	5	6	7	8	9	10	11	12
花												
叶												
实												

※ 区域生长环境

光照 阴 阳

水分 干 湿

温度 低 高

※ 简介

●雌雄同株。一年生小枝淡黄色或淡红褐色，有白粉。球果卵球形，果鳞显著向外反曲。

●喜光，耐阴，有一定耐寒性，耐旱，稍耐盐碱，不耐水湿，抗风性差，喜肥沃湿润、排水良好的沙壤土或壤土。

●长寿，浅根系，生长较快，常播种繁殖。

●原产日本，我国东北南部及山东、河南、天津、北京等地有栽培，是园林绿化、风景林及荒山造林优良树种。

油松

Pinus tabulaeformis

松科 松属

※ 树形及树高

应用　　成树

※ 功能及应用

●公园及公共绿地、风景区、庭园、道路、林地、建筑环境（含居住区）、学校。

●孤植、列植、对植、丛植、片植、群植。

※ 观赏时期

月	1	2	3	4	5	6	7	8	9	10	11	12
花												
叶	■	■	■	■	■	■	■	■	■	■	■	■
实												

※ 区域生长环境

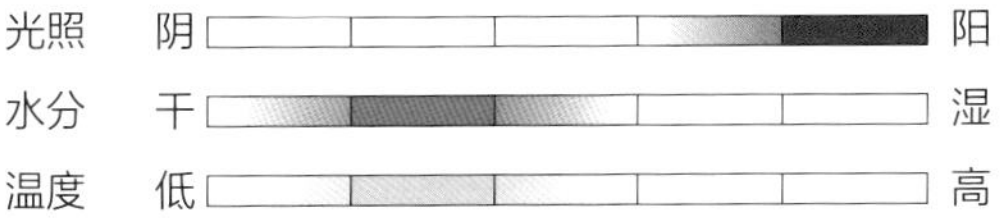

※ 简介

●雌雄同株。干皮深灰褐色或褐灰色，鳞片状裂。针叶 2 针 1 束。球果鳞背隆起，鳞脐有刺。

●强阳性，稍耐阴，耐寒，不耐积水，耐干旱、瘠薄土壤，在酸性、中性及钙质土上均能生长。

●长寿，深根性，生长速度中等。播种繁殖。诱鸟，防风。

●常见变种黑皮油松 var. *mukdensis*、扫帚油松 var. *umbraculifera*。

●我国特有树种，产三北大部及四川、湖南等省。在华北的园林、风景区极为常见，是承德、秦皇岛、赤峰、呼和浩特、沈阳、葫芦岛市树。

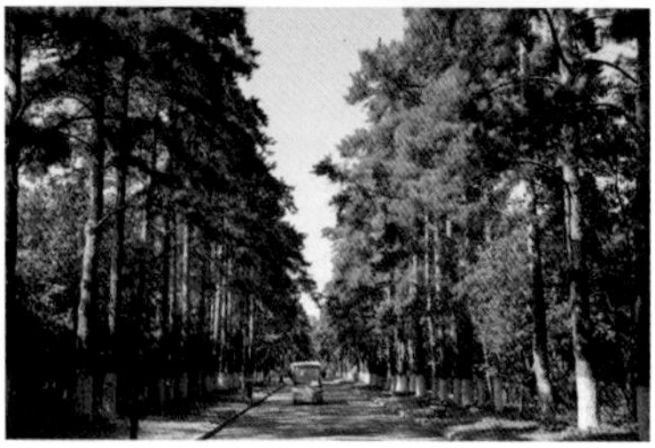

樟子松

Pinus sylvestris var. mongolica

松科　松属

※ 树形及树高

应用　　成树

※ 功能及应用

●公园及公共绿地、风景区、庭园、道路、林地。

●孤植、丛植、片植、列植、群植。

※ 观赏时期

月	1	2	3	4	5	6	7	8	9	10	11	12
花												
叶	■	■	■	■	■	■	■	■	■	■	■	■
实												

※ 区域生长环境

光照　阴 ………… 阳

水分　干 ………… 湿

温度　低 ………… 高

※ 简介

●雌雄同株。树干下部深纵裂，上部树皮裂成薄片脱落。针叶黄绿色，常扭曲。球果熟时淡绿褐色。

●强阳性，稍耐阴，极耐干冷气候，稍耐盐碱。

●长寿，深根性，侧根发达。播种繁殖。诱鸟，防风固沙。

●产东北大兴安岭山区，北京、沈阳等地有栽培。树形及树干均较美观，可用于庭园观赏和乡土绿化，亦可作三北地区防护林及固沙造林树种。为呼伦贝尔市、佳木斯市、阜新市市树。

美人松（长白松）

Pinus sylvestris var. sylvestriformis

松科 松属

※ 树形及树高

应用

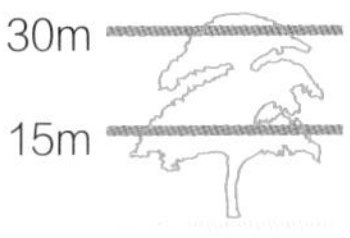

成树

※ 功能及应用

●公园及公共绿地、风景区、道路。

●孤植、丛植、列植、片植、群植。

※ 观赏时期

月	1	2	3	4	5	6	7	8	9	10	11	12
花												
叶												
实												

※ 区域生长环境

光照　阴　阳

水分　干　湿

温度　低　高

※ 简介

●常绿乔木。雌雄同株。树干中上部树皮棕黄至金黄色，裂成薄鳞片脱落。冬芽红褐色。针叶绿色。球果熟时淡褐灰色。

●喜光，喜温凉湿润气候，耐低温，耐高温，耐干旱。

●播种繁殖。

●分布于吉林长白山北坡，哈尔滨、北京植物园等地有栽培。当地 10 年生以上的树外皮脱落后露出光亮优美的赤黄色皮，树枝集中于树顶部，呈伞形树冠，观赏价值高。

北美短叶松（班克松）

Pinus banksiana

松科 松属

※ 树形及树高

※ 功能及应用

●公园及公共绿地、风景区、道路、林地。

●孤植、丛植、片植、群植。

※ 观赏时期

月	1	2	3	4	5	6	7	8	9	10	11	12
花												
叶												
实												

※ 区域生长环境

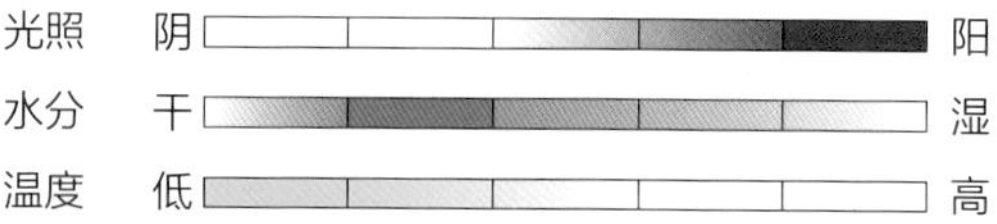

※ 简介

●雌雄同株。树皮黑褐色，不规则的鳞状薄片脱落。针叶2针1束，短而粗，常扭曲。球果小。

●阳性，耐干旱瘠薄，生长较慢，在沙地、丘陵和石质山地均可生长，喜通透性好的土壤。

●播种或嫁接繁殖。有防风固沙特性。

●原产北美东北部，我国东北一些城市及北京、山东、江苏等地有引种栽培。树枝扭曲奇特、枝叶繁茂、树姿优美，是良好的园林绿化树种，也是寒冷地区的速生用材和防护兼用树种。

白皮松

Pinus bungeana

松科 松属

※ 树形及树高

应用　　成树

※ 功能及应用

对二氧化硫及烟尘抗性强

●公园及公共绿地、风景区、道路、林地、建筑环境（含居住区）、工矿区、学校。

●孤植、对植、丛植、群植。

※ 观赏时期

月	1	2	3	4	5	6	7	8	9	10	11	12
花												
叶												
实												

※ 区域生长环境

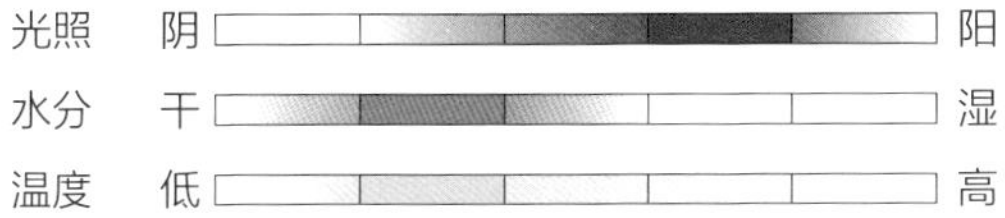

※ 简介

●雌雄同株。树干不规则鳞片状剥落后留下大片黄白色斑块，老树树皮乳白色。针叶 3 针 1 束。球果常单生，成熟前淡绿色，熟时淡黄褐色。

●喜光，稍耐阴，适应干冷气候，耐旱，稍耐寒，不耐水淹，耐瘠薄和轻盐碱土壤。

●长寿，生长缓慢。播种或嫁接繁殖。诱鸟，对二氧化硫及烟尘抗性强。

●产中国和朝鲜，是华北及西北南部地区的乡土树种。常植于公园、庭园、寺庙。为呼伦贝尔市、宝鸡市市树。

红松（海松）

Pinus koraiensis

松科 松属

※ 树形及树高

※ 功能及应用

●公园及公共绿地、风景区、庭园、道路、林地。

●孤植、列植、丛植、片植、群植。

※ 观赏时期

月	1	2	3	4	5	6	7	8	9	10	11	12
花												
叶	■	■	■	■	■	■	■	■	■	■	■	■
实												

※ 区域生长环境

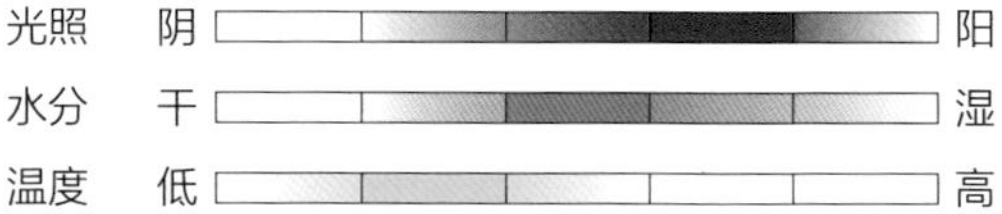

※ 简介

●雌雄同株。树干灰褐色，纵裂。针叶5针1束，蓝绿色。球果大，果鳞端常向外反卷。

●半阳性树种，幼树较耐阴，喜冷凉湿润气候，耐寒，对空气湿度较敏感，喜肥沃、排水良好土壤。

●浅根性，播种、扦插或嫁接繁殖。诱鸟。

●产我国东北长白山及小兴安岭。东北林区主要用材树种，种子可食用，也可作东北园林绿化树种，用于庭荫树、行道树、风景林、马路绿化、景园绿化等。为白山市、伊春市市树。

华山松

Pinus armandii

松科 松属

※ 树形及树高

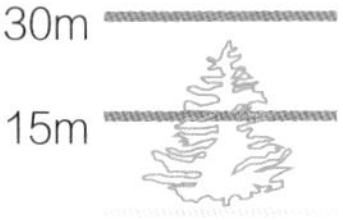

应用

成树

※ 功能及应用

抗大气污染

●公园及公共绿地、风景区、庭园、道路、林地。

●孤植、列植、丛植、片植、群植。

※ 观赏时期

月	1	2	3	4	5	6	7	8	9	10	11	12
花												
叶	▬	▬	▬	▬	▬	▬	▬	▬	▬	▬	▬	▬
实												

※ 区域生长环境

光照 阴 阳

水分 干 湿

温度 低 高

※ 简介

●雌雄同株。针叶5针1束，较细软，灰绿色。球果圆锥状柱形，下垂。

●阳性树种，喜温凉湿润气候，耐旱，耐寒，不耐水湿，喜深厚而排水良好土壤。

●长寿，浅根性，侧根发达。播种繁殖。诱鸟，防风固沙，抗污染。

●产我国中部至西南部高山地区，北京、河南、湖北、南京等有栽培。在园林中可用作园景树、庭荫树、行道树及林带树，并系高山风景区之优良风景林树种。

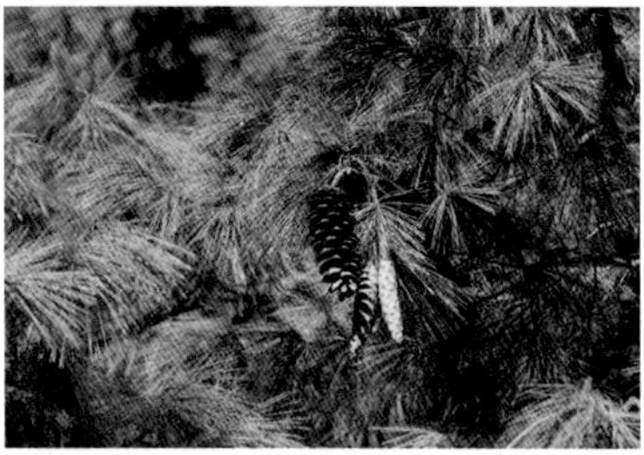

乔松

Pinus wallichiana

松科 松属

※ 树形及树高

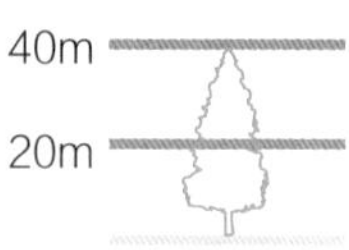

应用

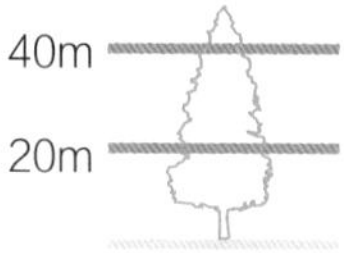

成树

※ 功能及应用

●公园及公共绿地、风景区、庭园、林地、道路。

●孤植、列植、丛植、片植、群植。

※ 观赏时期

月	1	2	3	4	5	6	7	8	9	10	11	12
花												
叶												
实												

※ 区域生长环境

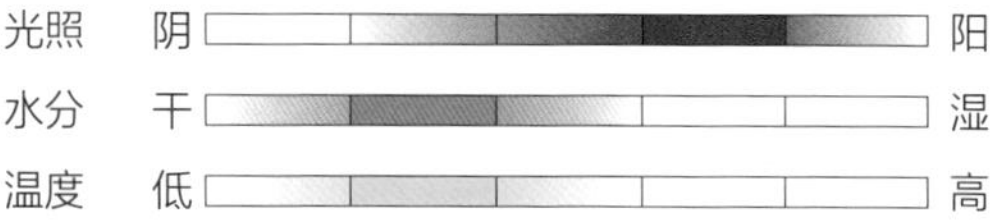

※ 简介

●雌雄同株。树皮暗灰褐色，裂成小块片脱落。针叶 5 针 1 束，细柔下垂。球果圆柱形，下垂，翌年秋季成熟。

●喜温暖湿润气候，喜光，稍耐阴，耐干旱。

●常播种繁殖，诱鸟，防风固沙。

●有矮生‘Nana’、斑叶‘Zebrina’等品种。

●产西藏南部、西南部及云南北部山地，北京有引种。

水杉

Metasequoia glyptostroboides

杉科 杉属

※ 树形及树高

应用　　成树

※ 功能及应用

●公园及公共绿地、风景区、庭园、道路、建筑环境（含居住区）、医院、学校、滨水。

●孤植、列植、丛植、群植。

※ 观赏时期

月	1	2	3	4	5	6	7	8	9	10	11	12
花												
叶												
实												

※ 区域生长环境

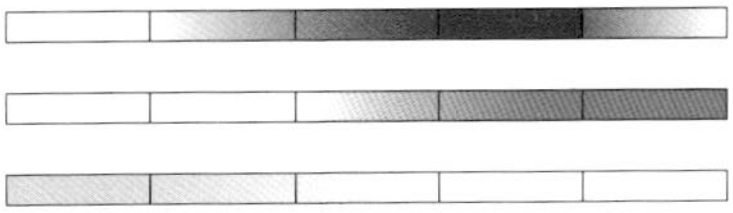

※ 简介

●雌雄同株。叶线形，交互对生，假二列成羽状复叶状。球果下垂，近球形。

●多生于山谷或山麓附近地势平缓、土层深厚、湿润或稍有积水的地方，耐寒性强，耐水湿能力强，在轻盐碱地可以生长。

●播种繁殖、扦插繁殖。诱鸟。

●分布于湖北、重庆、湖南三省交界。水杉是“活化石”树种，是秋叶观赏树种。

侧柏

Platycladus orientalis

柏科 侧柏属

※ 树形及树高

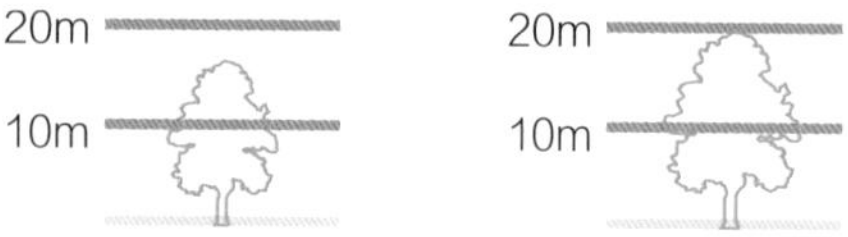

应用 成树

※ 功能及应用

抗氯化氢、烟尘、二氧化硫

●公园及公共绿地、风景区、道路、林地、建筑环境(含居住区)、工矿区、医院、学校。

●列植、丛植、片植、群植、篱植。

※ 观赏时期

月	1	2	3	4	5	6	7	8	9	10	11	12
花												
叶												
实												

※ 区域生长环境

光照 阴 阳

水分 干 湿

温度 低 高

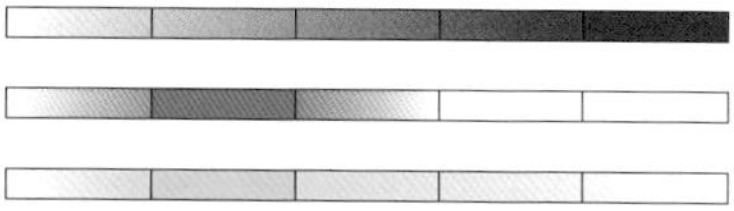

※ 简介

●雌雄同株。小枝片竖直排列。叶鳞片状，对生，两面均为绿色。球果卵形，褐色。

●喜光，耐阴，耐强太阳光照射，耐高温，耐寒，能适应干冷气候，也能在暖湿气候条件下生长，喜钙树种，耐干旱瘠薄和盐碱地，不耐水涝。

●长寿树种，浅根性，侧根发达，生长较慢，耐修剪。播种繁殖。诱鸟。

●原产我国北部，常作绿篱材料，亦是长江以北、华北石灰岩山地的主要造林树种，为北京市、延安市、拉萨市市树。

圆柏（桧柏）

Sabina chinensis

柏科 圆柏属

※ 树形及树高

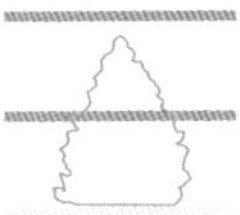

应用

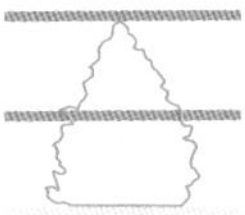

成树

※ 功能及应用

吸收硫和汞，抗氯化氢、二氧化硫

●公园及公共绿地、风景区、道路、建筑环境（含居住区）、工矿区、医院、学校。

●孤植、列植、对植、丛植、片植、群植、篱植。

※ 观赏时期

月	1	2	3	4	5	6	7	8	9	10	11	12
花												
叶												
实												

※ 区域生长环境

光照 阴 阳

水分 干 湿

温度 低 高

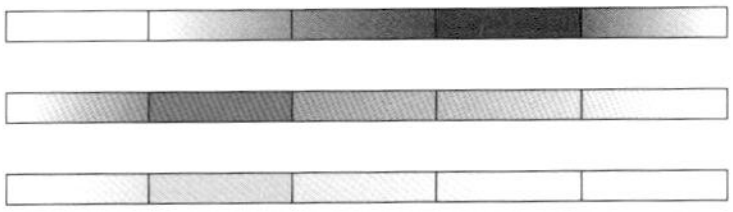

※ 简介

●雌雄异株，稀同株。干皮条状纵裂。成年树及老树鳞叶为主，幼树常为刺叶，刺叶三叶交互轮生，有两条白色气孔带。果球形，褐色，被白粉。

●喜光，幼树稍耐阴，耐寒，耐热，耐干旱瘠薄，也较耐湿，喜湿润土壤，耐盐碱，酸性、中性及钙质土上均能生长。

●长寿，深根性，侧根发达，耐修剪易整形；播种或压条繁殖。诱鸟。有品种‘龙柏’‘Kaizuca’（右图4），全为鳞叶，端梢扭转上升，如龙舞空。

●原产我国北部及中部，各地广为栽培，为锦州市市树。

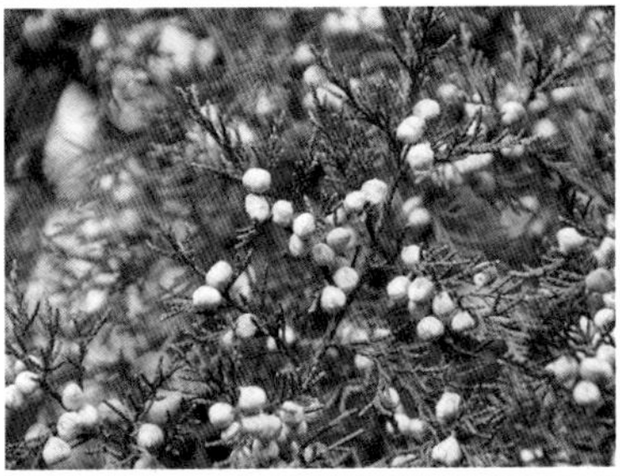

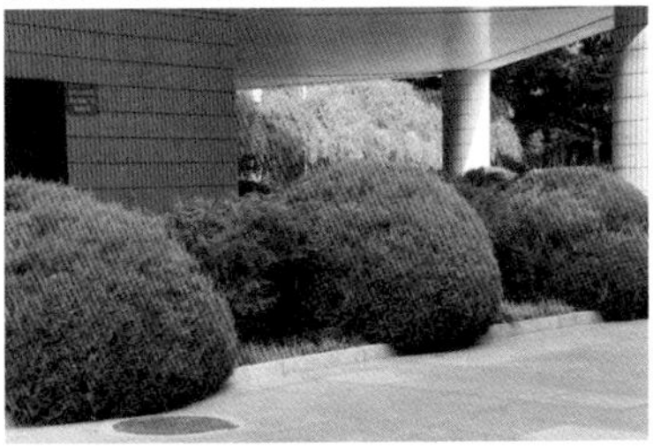

翠蓝柏（粉柏，翠柏）

Sabina squamata 'Meyeri'

柏科 圆柏属

※ 树形及树高

※ 功能及应用

●公园及公共绿地、风景区、庭园。

●孤植、丛植、片植、群植。

※ 观赏时期

月	1	2	3	4	5	6	7	8	9	10	11	12
花												
叶	■	■	■	■	■	■	■	■	■	■	■	■
实												

※ 区域生长环境

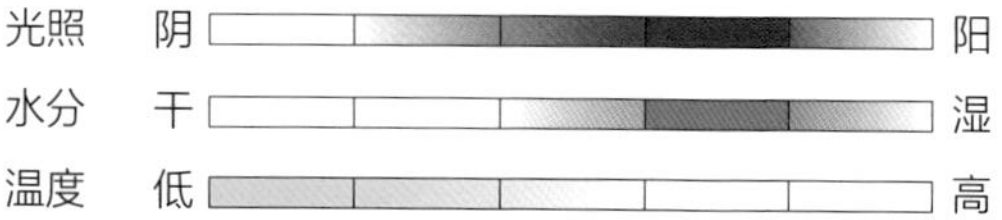

※ 简介

●雌雄异株，稀同株。叶排列紧密，上下两面被白粉。树冠呈现蓝绿光泽。球果卵圆形。

●喜肥沃的钙质土，忌低湿，耐修剪。

●生长慢，寿命长。播种、扦插繁殖。

●全国多地栽培，树姿古朴苍翠、叶色奇特优美，是良好的园林绿化及庭园观赏树种，亦可盆栽。

沙地柏（叉子圆柏）

Sabina vulgaris

柏科 圆柏属

※ 树形及树高

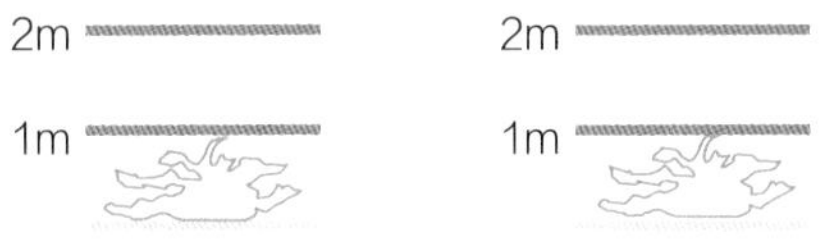

应用 成树

※ 功能及应用

抗污染

●公园及公共绿地、风景区、林地、建筑环境（含居住区）、工矿区、医院、学校。

●丛植、片植、群植、篱植。

※ 观赏时期

月	1	2	3	4	5	6	7	8	9	10	11	12
花												
叶												
实												

※ 区域生长环境

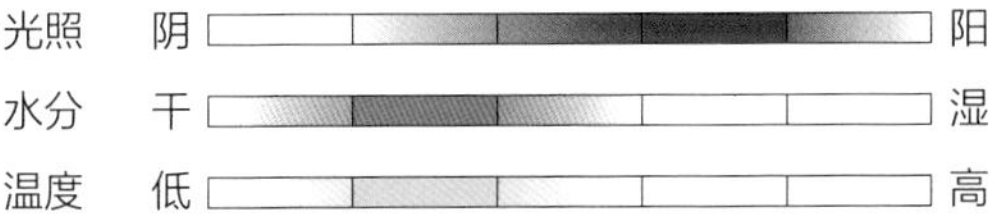

※ 简介

●雌雄异株。常绿匍匐状灌木。幼树常为刺叶，交叉对生，壮龄树几乎全为鳞叶，叶揉碎后有异味。球果倒三角形或叉状球形。

●喜光，稍耐阴，喜凉爽干燥气候，耐寒耐旱，耐盐碱，耐瘠薄，对土壤要求不严，不耐涝。

●长寿，生长势旺，耐修剪。扦插繁殖。诱鸟，防风固沙，护岸固堤。

●产南欧及中亚，我国西北等地有分布，北方地区广泛栽培。作水土保持、护坡、固沙及园林观赏树种，匍匐有姿，是良好的地被材料。

铺地柏

Sabina procumbens

柏科 圆柏属

※ 树形及树高

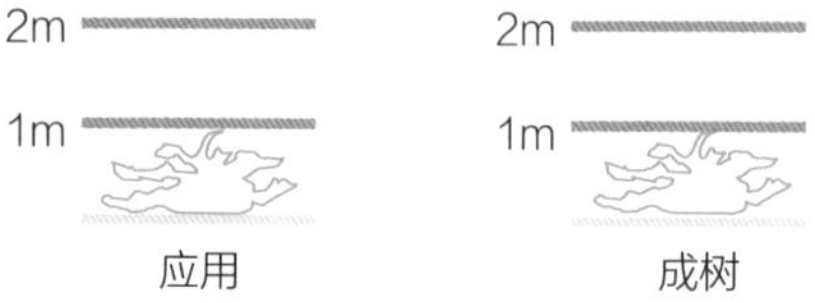

※ 功能及应用

抗污染

●公园及公共绿地、风景区、林地、建筑环境（含居住区）、工矿区、医院、学校。

●丛植、片植、群植、篱植。

※ 观赏时期

月	1	2	3	4	5	6	7	8	9	10	11	12
花												
叶	■	■	■	■	■	■	■	■	■	■	■	■
实												

※ 区域生长环境

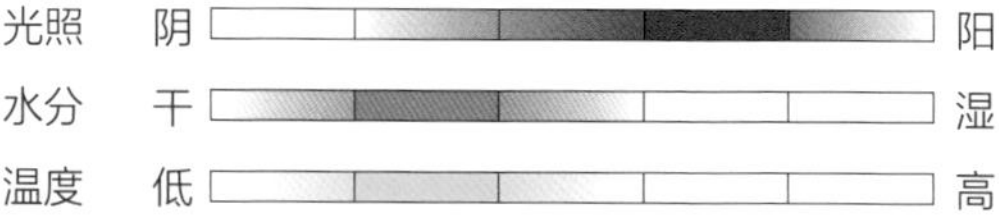

※ 简介

●雌雄异株。匍匐灌木，株型较沙地柏更紧凑、铺地。全为刺叶，3 枚轮生，灰绿色。

●喜海滨气候，适应性强，不择土壤，但以阳光充足、土壤排水良好处生长最宜。

●耐修剪。扦插繁殖。诱鸟，防风固沙，护岸固堤。

●原产日本。我国各地园林绿地中常见栽培，是布置岩石园、制作盆景及覆盖地面和斜坡的好材料。

铅笔柏（北美圆柏）

Sabina virginiana

柏科 圆柏属

※ 树形及树高

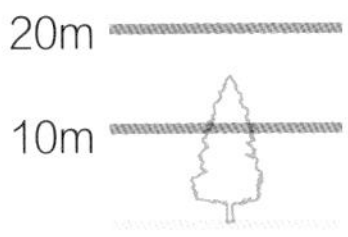

应用

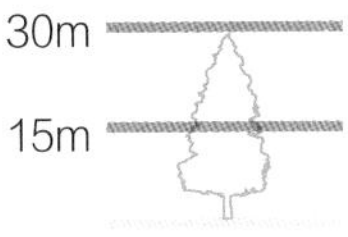

成树

※ 功能及应用

●公园及公共绿地、风景区、庭园、道路、建筑环境（含居住区）、医院、学校。

●孤植、对植、丛植、列植、群植。

※ 观赏时期

月	1	2	3	4	5	6	7	8	9	10	11	12
花												
叶												
实												

※ 区域生长环境

光照 阴 阳

水分 干 湿

温度 低 高

※ 简介

●雌雄常异株。树皮红褐色，裂成长条片脱落。鳞叶排列较疏，刺叶出现在幼树或大树上，交互对生。球果当年成熟，近圆球形或卵圆形，蓝绿色，被白粉。

●喜光，有时稍耐阴，喜凉爽湿润的气候。适合生长于肥沃湿润且排水良好的沙质壤土中，忌水湿。

●播种繁殖、扦插繁殖。

●原产于北美，我国山东、河南及华北地区引种栽培。树冠收敛，树形细高，冠幅很小，树姿奇特，枝叶较多。可与高大楼体、尖塔、纪念碑等相搭配。

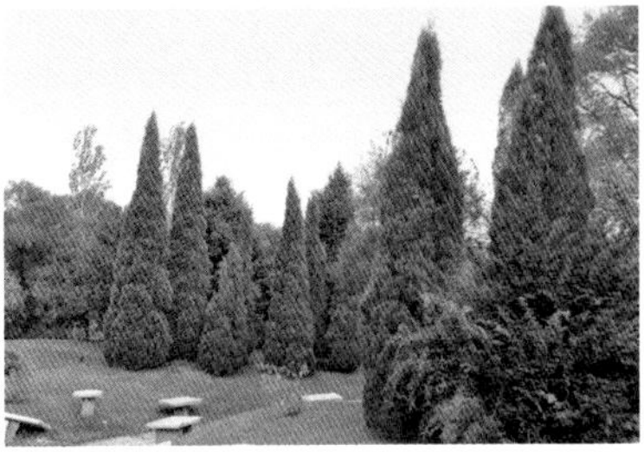

杜松

Juniperus rigida

柏科 刺柏属

※ 树形及树高

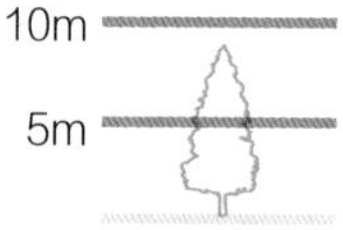

应用

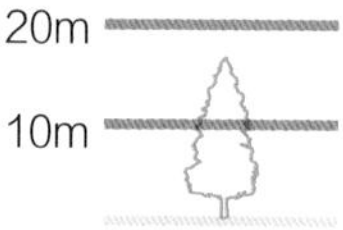

成树

※ 功能及应用

●公园及公共绿地、风景区、庭园、道路、海滨、建筑环境（含居住区）。

●孤植、列植、对植、丛植、篱植、群植。

※ 观赏时期

月	1	2	3	4	5	6	7	8	9	10	11	12
花												
叶												
实												

※ 区域生长环境

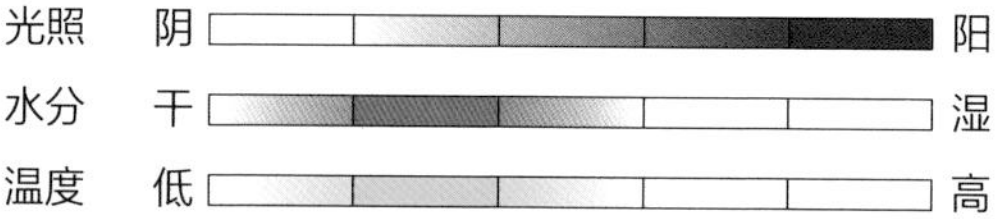

※ 简介

●雌雄异株。叶三叶轮生，条状刺形，气孔线白色。球果圆球形，成熟前紫褐色，熟时淡褐黑色或蓝黑色，常被白粉。

●强阳性树种，稍耐阴，耐严寒、喜冷凉气候，稍耐盐碱和水湿，对土壤的适应性强，耐干旱瘠薄土壤，可以在海边干燥的岩缝间或沙砾地生长。

●长寿，深根性。播种、嫁接或压条繁殖。诱鸟。

●产我国东北、华北及西北地区，朝鲜、日本也有分布。树形优美，宜作园林绿化及观赏树，也可栽作盆景及绿篱材料。

粗榧

Cephalotaxus sinensis

三尖杉科　三尖杉属

※ 树形及树高

※ 功能及应用

●公园及公共绿地、风景区、庭园、林地。

●孤植、丛植、片植、群植。

※ 观赏时期

月	1	2	3	4	5	6	7	8	9	10	11	12
花												
叶												
实												

※ 区域生长环境

光照　阴　阳

水分　干　湿

温度　低　高

※ 简介

●小乔木或灌木。雌雄异株。叶扁线形，螺旋状着生，二列状。

●阴性树种，较耐寒，喜温凉、湿润气候，喜生于富含有机质的土壤中。

●播种繁殖、扦插繁殖。

●中国特有树种，中国大范围都有分布。粗榧有很强的耐阴性，可作林下栽植材料，幼树进行修剪造型，作盆栽或孤植造景，老树可制作成盆景观赏，叶粗硬，排列整齐，宜作鲜切花叶材用。

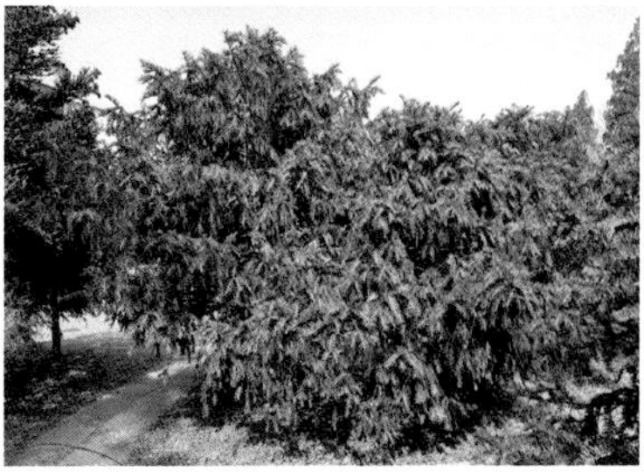

紫杉（东北红豆杉）

Taxus cuspidata

红豆杉科　红豆杉属（紫杉属）

※ 树形及树高

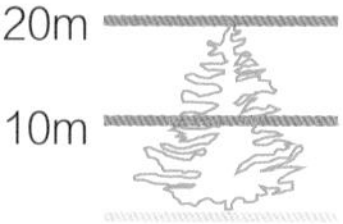

应用

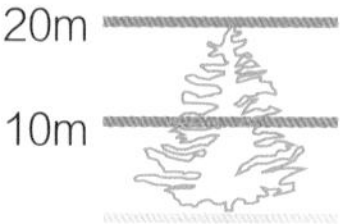

成树

※ 功能及应用

杀菌杀虫驱虫　紫杉醇抗癌

●公园及公共绿地、风景区、庭园。

●孤植、丛植、篱植、群植。

※ 观赏时期

月	1	2	3	4	5	6	7	8	9	10	11	12
花												
叶	■	■	■	■	■	■	■	■	■	■	■	■
实									■	■	■	

※ 区域生长环境

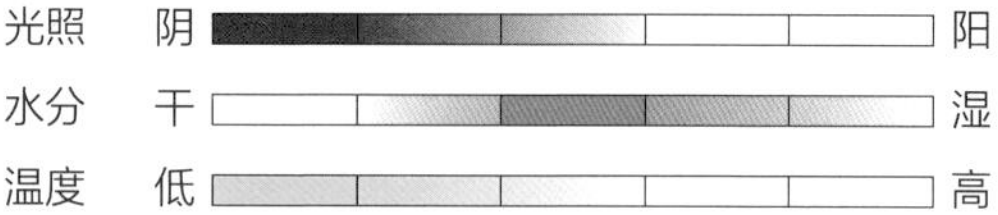

※ 简介

●雌雄异株。树皮红褐色，有浅裂纹。叶扁线形，较短而密，常直而不弯，成不规则上翘二列。种子假种皮杯状，鲜红色。

●阴性，耐寒性强，耐旱、抗寒，喜冷凉湿润气候，对土质要求宽，喜肥沃湿润而排水良好的酸性土壤。

●生长慢，耐修剪。播种或扦插繁殖。诱鸟，耐病虫害。

●世界珍稀树种，国家一级保护植物，在民间传说中，素有“风水神树”之称。

●产我国东北东部山地，俄罗斯、朝鲜、日本也有分布。为东北地区优良的园林绿化及绿篱树种。

矮紫杉（伽罗木）

Taxus cuspidata var. *umbraculifera*

红豆杉科 红豆杉属（紫杉属）

※ 树形及树高

应用　　成树

※ 功能及应用

抗癌

●公园及公共绿地、风景区、庭园、建筑环境（含居住区）、医院、学校。

●孤植、丛植、片植、群植、篱植。

※ 观赏时期

月	1	2	3	4	5	6	7	8	9	10	11	12
花												
叶	■	■	■	■	■	■	■	■	■	■	■	■
实									■	■		

※ 区域生长环境

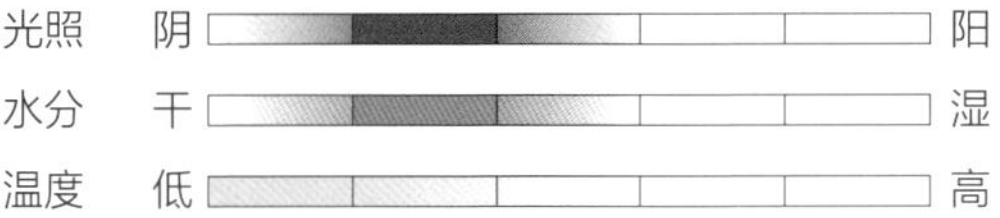

※ 简介

●雌雄异株。灌木状，多分枝而向上。叶螺旋状着生，呈不规则两列。假种皮鲜红色，异常亮丽。

●不耐光照直射，喜散射光照，耐阴性好，非常耐寒，耐旱，耐盐碱，怕涝，喜生富含有机质之湿润土壤中，在空气湿度较高处生长良好。

●长寿，浅根性，侧根发达，生长迟缓，耐修剪。播种或扦插繁殖。诱鸟。

●产日本（北海道）及朝鲜，华北至东北常有应用。我国北方园林绿地中有栽培，适合整剪为各种雕塑物式样。

银杏（公孙树，白果）

Ginkgo biloba

银杏科 银杏属

※ 树形及树高

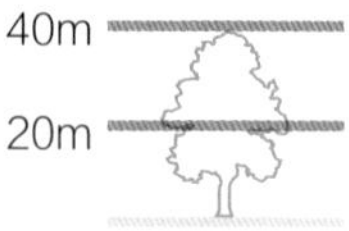

应用

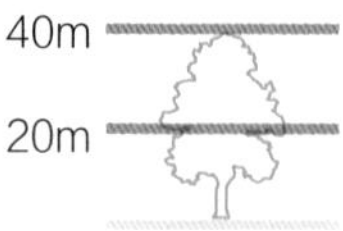

成树

※ 功能及应用

杀菌杀虫驱虫　抗污染，抗烟尘

种子可药用

●公园及公共绿地、风景区、庭园、道路、建筑环境（含居住区）、工矿区、医院、学校。

●孤植、列植、丛植、片植、群植。

※ 观赏时期

月	1	2	3	4	5	6	7	8	9	10	11	12
花												
叶			■	■	■	■	■	■	□	□	□	
实												

※ 区域生长环境

光照　阴　阳

水分　干　湿

温度　低　高

※ 简介

●雌雄异株。叶折扇形，先端常 2 裂，在长枝上互生，短枝上簇生。种子核果状，熟时黄色或橙黄色。

●喜光，耐寒，耐干旱，不耐水涝，在土层深厚、肥沃湿润、排水良好地区生长较好，不耐盐碱土及过湿土壤。

●寿命可达千年以上，适应性颇强，深根性，生长较慢，病虫害极少。扦插、分株、嫁接或播种繁殖。诱鸟。

●中国特产，我国北至辽宁，南至广东均有栽培。宜作庭荫树、行道树及风景树。

玉兰（白玉兰）

Magnolia denudata

木兰科 木兰属

※ 树形及树高

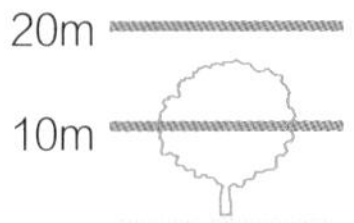

应用

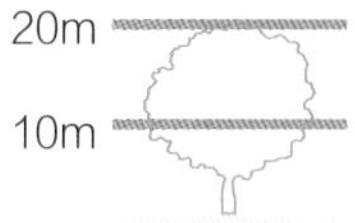

成树

※ 功能及应用

杀菌杀虫驱虫

●公园及公共绿地、风景区、庭园、道路、建筑环境（含居住区）、医院、学校。

●孤植、丛植、列植、群植。

※ 观赏时期

月	1	2	3	4	5	6	7	8	9	10	11	12
花												
叶			■	■	■	■	■	■	■	□		
实									■	■		

※ 区域生长环境

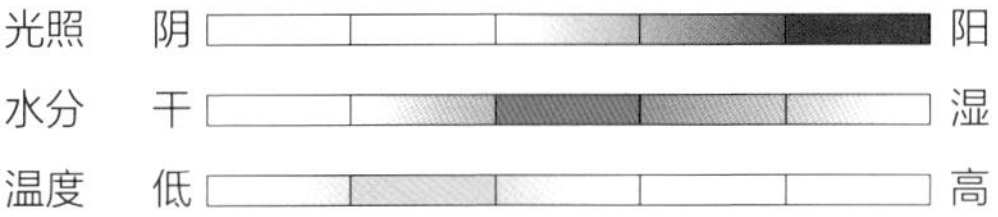

※ 简介

●树皮深灰色，粗糙开裂。叶互生。花大，花萼、花瓣相似，共9枚，纯白色，有香气。聚合蓇葖果，外种皮红色，种子鲜红色。先花后叶。

●喜光，有一定耐寒性，较耐干燥，不耐积水。

●播种、嫁接、扦插或压条繁殖。诱虫、诱鸟，蜜源。

●原产我国中部，花大而洁白、芳香，早春白花满树，是驰名中外的珍贵庭园观花树种。将其与海棠、迎春、牡丹、桂花等配植在一起，即为中国传统园林中“玉堂春富贵”意境的体现。玉兰还是上海市的市花。

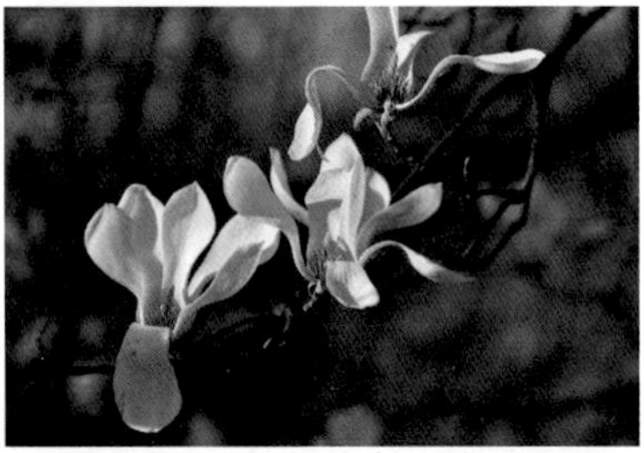

望春玉兰（望春花）

Magnolia biondii

木兰科　木兰属

※ 树形及树高

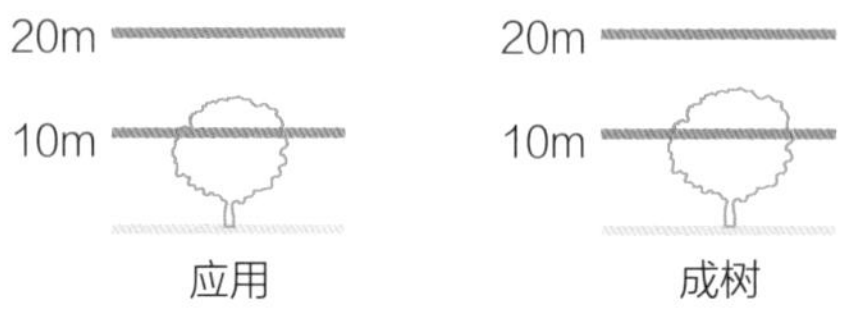

※ 功能及应用

●公园及公共绿地、风景区、庭园、道路、建筑环境（含居住区）、医院、学校。

●孤植、丛植、列植、群植。

※ 观赏时期

月	1	2	3	4	5	6	7	8	9	10	11	12
花												
叶												
实												

※ 区域生长环境

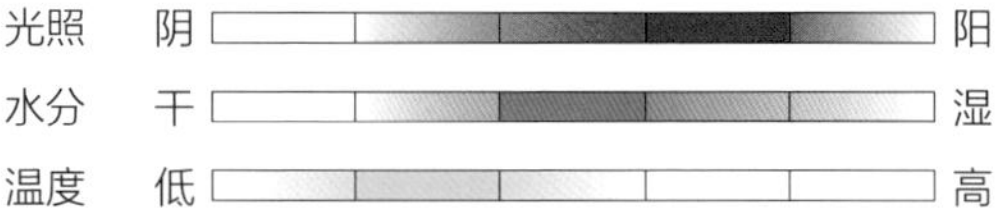

※ 简介

●树皮淡灰色，光滑。单叶互生。花瓣6，白色，基部带紫红色，芳香，萼片3，狭小，紫红色。先花后叶。

●喜光，稍耐阴，喜温凉湿润气候，耐寒，耐旱，稍耐盐碱，喜微酸性土壤，不耐水湿。

●播种、嫁接、扦插繁殖，亦可压条繁殖。诱虫、诱鸟。

●变型紫望春玉兰 f. *purpurascens*，花紫红色。

●产甘肃、陕西、河南、湖北、湖南、四川等地，是优良园林观赏树种。

鹅掌楸（马褂木）

Liriodendron chinense

木兰科　鹅掌楸属

※ 树形及树高

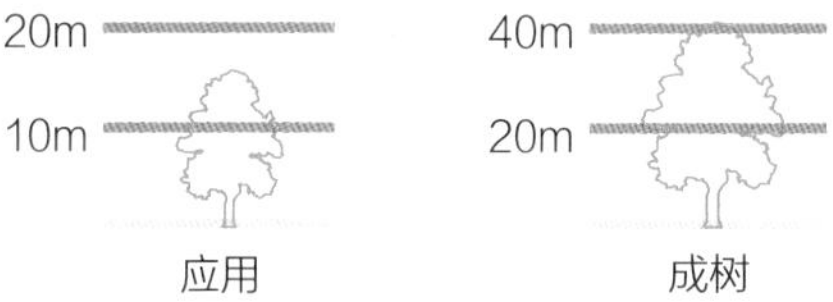

※ 功能及应用

●公园及公共绿地、风景区、庭园、道路、建筑环境（含居住区）、医院、学校。

●孤植、丛植、列植、群植。

※ 观赏时期

月	1	2	3	4	5	6	7	8	9	10	11	12
花												
叶												
实												

※ 区域生长环境

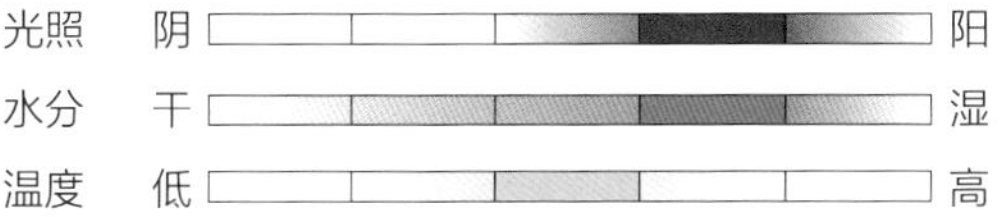

※ 简介

●干皮灰白光滑。单叶互生，形如马褂。花黄绿色，杯状。聚合果由具翅小坚果组成。

●喜光，喜温暖湿润气候，耐寒性不强，喜深厚肥沃的酸性土壤。

●播种、扦插、嫁接繁殖。

●产中国长江以南各省。宜作庭荫树及行道树。

美国鹅掌楸（北美鹅掌楸）

Liriodendron tulipifera

木兰科 鹅掌楸属

※ 树形及树高

※ 功能及应用

●公园及公共绿地、风景区、庭园、道路、建筑环境（含居住区）、医院、学校。

●孤植、丛植、列植、群植。

※ 观赏时期

月	1	2	3	4	5	6	7	8	9	10	11	12
花												
叶												
实												

※ 区域生长环境

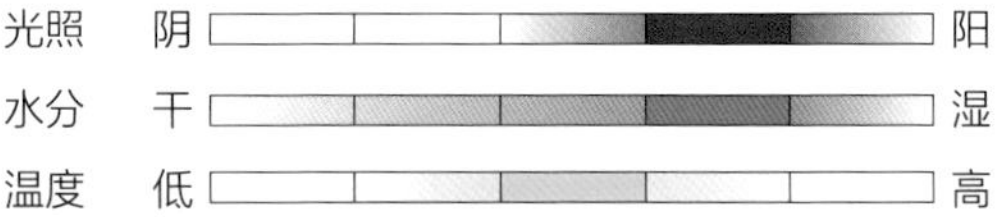

※ 简介

●干皮灰褐色，纵裂较粗。叶较宽短，侧裂较浅，近基部常有小裂片，叶端常凹入。花较大而形似郁金香，花瓣淡黄绿色而内侧近基部橙红色。

●喜光，喜温湿、凉爽气候，耐寒性不强，稍耐高温与干旱，在土层深厚、肥沃、湿润、排水良好的立地条件下生长尤其迅速。

●播种繁殖，扦插繁殖，嫁接繁殖。

●原产美国东南部，我国山东、江苏、浙江、云南有栽培。树形端庄优美，叶形独特，秋色叶金黄，极具观赏性，宜作庭荫树及行道树。

杂种鹅掌楸（杂种马褂木）

Liriodendron × tulipifera

木兰科 鹅掌楸属

※ 树形及树高

应用　　成树

※ 功能及应用

●公园及公共绿地、风景区、庭园、道路、建筑环境（含居住区）、医院、学校。

●孤植、丛植、列植、群植。

※ 观赏时期

月	1	2	3	4	5	6	7	8	9	10	11	12
花												
叶												
实												

※ 区域生长环境

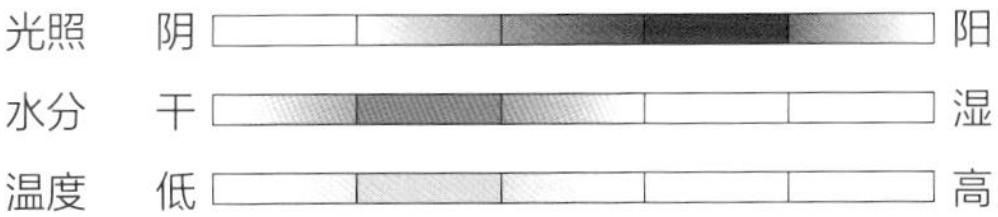

※ 简介

●干皮紫褐色，皮孔明显。叶形介于鹅掌楸和北美鹅掌楸之间。花被外轮 3 片黄绿色，内两轮黄色。聚合果由具翅小坚果组成。

●喜光，喜温湿、凉爽气候，耐寒性较强，稍耐高温与干旱，喜肥，喜湿。

●宜扦插繁殖。

●山东、陕西等地能栽植，北京能露地生长。树形端庄优美，夏季枝繁叶茂，冠大浓郁、绿荫如盖，秋季叶变金黄，冬季落叶迟，是不可多得的秋色叶树种。

杜仲

Eucommia ulmoides

杜仲科 杜仲属

※ 树形及树高

※ 功能及应用

树皮药用

●公园及公共绿地、风景区、庭园、道路、建筑环境(含居住区)、医院、学校。

●孤植、丛植、列植、群植。

※ 观赏时期

月	1	2	3	4	5	6	7	8	9	10	11	12
花												
叶												
实												

※ 区域生长环境

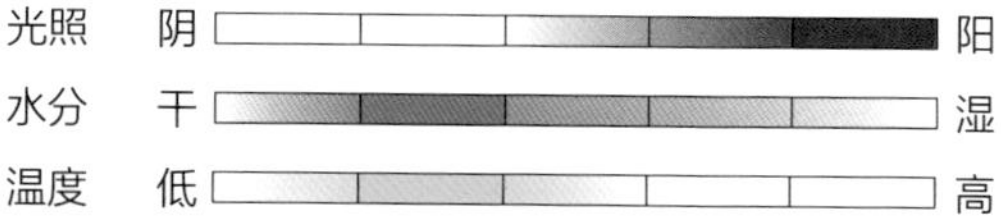

※ 简介

●树皮灰褐色，粗糙。单叶互生。花单性异株，无花被。小坚果有翅。枝、叶、果断裂后有弹性丝相连。

●适应性强，喜温暖湿润气候和阳光充足的环境，能耐严寒，耐旱，稍耐阴，耐轻盐碱，稍耐水湿，对土壤要求不严。

●播种、扦插、嫁接或压条繁殖。诱鸟。

●原产我国中西部地区。绿期长，遮荫效果好，可栽作庭荫树及行道树。

榆树（白榆，家榆）

Ulmus pumila

榆科 榆属

※ 树形及树高

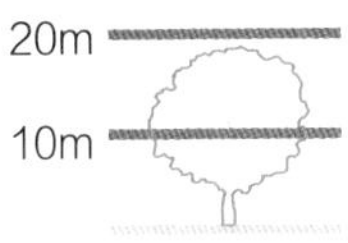

应用

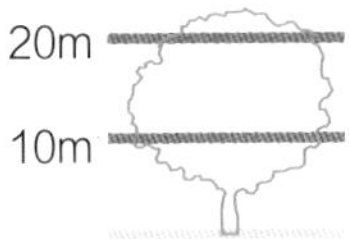

成树

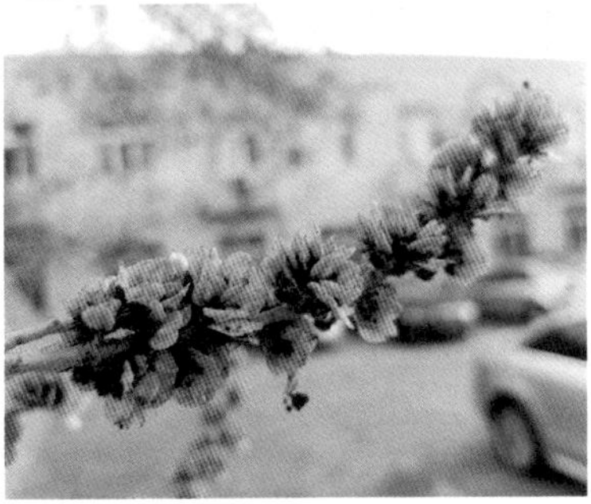

※ 功能及应用

吸粉尘，抗污染

●公园及公共绿地、风景区、庭园、道路、林地、建筑环境（含居住区）、工矿区、医院、学校。

●孤植、列植、篱植、丛植、片植、群植。

※ 观赏时期

月	1	2	3	4	5	6	7	8	9	10	11	12
花												
叶												
实												

※ 区域生长环境

光照 阴 阳

水分 干 湿

温度 低 高

※ 简介

●树皮纵裂，粗糙。单叶互生，叶缘为重锯齿或单锯齿，基部稍不对称。翅果近圆形。

●喜光，适应性强，耐寒，耐旱，耐盐碱，不耐低湿。

●播种、扦插或嫁接繁殖。诱鸟，防风固沙。

●栽培变种中华金叶榆（美人榆）‘Jin Ye’（右图4），应用广泛，适于造型。

●产我国东北、华北、西北、华东及华中各地。宜作行道树、庭荫树、防护林及四旁绿化树种，在东北地区常栽作绿篱，老树桩可制作盆景。拉萨市、鄂尔多斯市、哈尔滨市、齐齐哈尔市、绥化市市树。

大果榆（黄榆）

Ulmus macrocarpa

榆科 榆属

※ 树形及树高

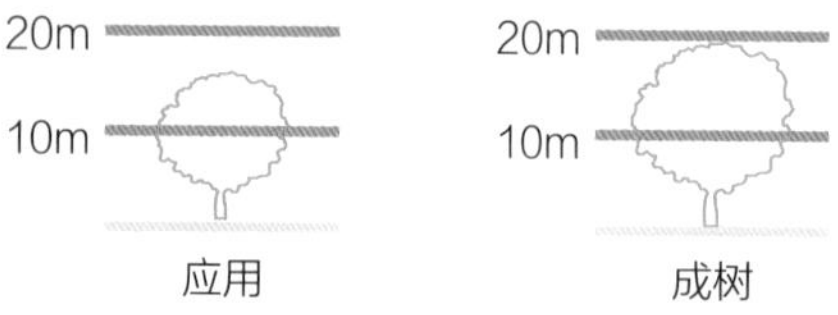

※ 功能及应用

●公园及公共绿地、风景区、道路、林地。

●孤植、列植、丛植、片植、群植。

※ 观赏时期

月	1	2	3	4	5	6	7	8	9	10	11	12
花												
叶			■	■	■	■	■	■	■	■	■	
实												

※ 区域生长环境

光照 阴 — 阳

水分 干 — 湿

温度 低 — 高

※ 简介

●树皮灰黑色或暗灰色，纵裂，粗糙。枝常具木栓翅2（4）条。单叶互生，叶缘重锯齿或单锯齿。翅果大。

●阳性树种，稍耐阴，耐寒，耐干旱瘠薄，耐盐碱，不耐水湿，能适应碱性、中性及微酸性土壤。

●长寿树种，根系发达，侧根萌蘖力强。播种繁殖为主，少量也可分株繁殖。诱鸟，防风固沙。

●主产我国东北及华北地区，朝鲜、俄罗斯也有分布。叶秋季变红，树冠大，适于城市及乡村四旁绿化，在三北干旱半干旱地区．大果榆是防护林工程的树种之一。

裂叶榆

Ulmus laciniata

榆科 榆属

※ 树形及树高

应用

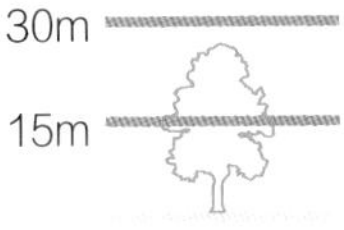

成树

※ 功能及应用

- 公园及公共绿地、风景区、庭园、道路、林地。
- 孤植、列植、丛植、片植、群植。

※ 观赏时期

月	1	2	3	4	5	6	7	8	9	10	11	12
花												
叶			■	■	■	■	■	■	■	□	□	
实												

※ 区域生长环境

光照 阴 ▭▭▭▭▭ 阳

水分 干 ▭▭▭▭▭ 湿

温度 低 ▭▭▭▭▭ 高

※ 简介

- 树皮浅纵裂，表面常呈薄片状剥落。单叶互生，先端3~5裂，基部歪斜，缘有重锯齿。翅果椭圆形。
- 喜光，稍耐阴，耐寒，耐干旱瘠薄，耐盐碱，不耐水湿，在土壤深厚、肥沃、排水良好的地方生长良好。
- 长寿，适应性强。常播种或嫁接繁殖。诱鸟，防风固沙。
- 产亚洲东北部，我国东北、华北及陕西等地有分布，多生于湿润的山谷、平地或杂木林内。树形高大，树冠丰满，兼顾用材与观赏树种，春季发芽早，适于作道路行道树绿化、庭园观赏等用途。

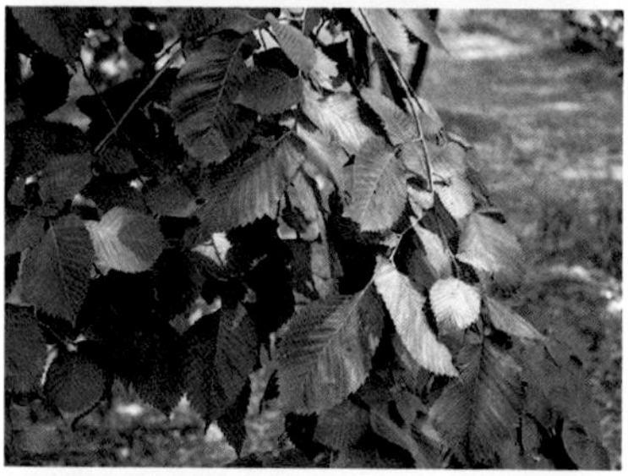

欧洲白榆（新疆大叶榆）

Ulmus laevis

榆科 榆属

※ 树形及树高

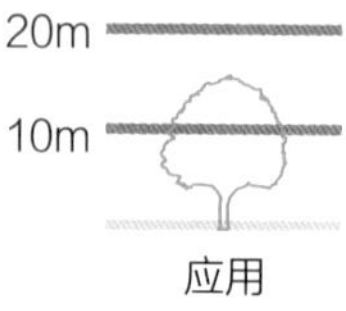

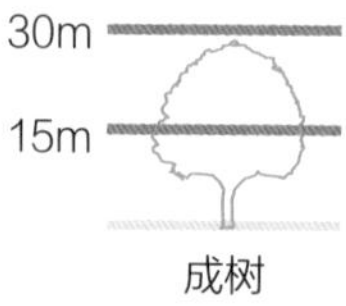

※ 功能及应用

●公园及公共绿地、风景区、道路、林地。

●孤植、列植、丛植、片植、群植。

※ 观赏时期

月	1	2	3	4	5	6	7	8	9	10	11	12
花												
叶			━	━	━	━	━	━	━	━	━	
实												

※ 区域生长环境

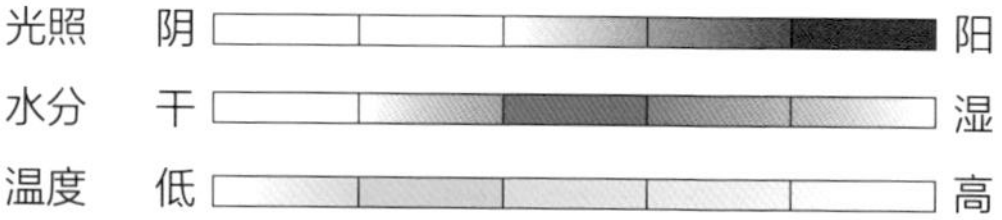

※ 简介

●树皮淡褐灰色，幼时平滑，老则不规则纵裂。单叶互生，基部甚偏斜，重锯齿。花 20~30 余朵成短聚伞花序。翅果椭圆形。

●喜光，耐寒、抗高温，要求土层深厚、湿润的沙壤土。

●深根性。播种或嫁接繁殖。诱鸟，耐盐碱，防风固沙，抗病虫能力较强。

●原分布于欧洲，中国东北、新疆、北京、山东、江苏及安徽等地有引种栽培。叶大美观，红叶迎秋，牧区造林的理想树种，也可选作为园林绿化和防护林树种，为乌鲁木齐市市树。

圆冠榆

Ulmus densa

榆科 榆属

※ 树形及树高

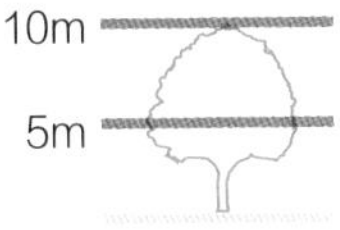

应用

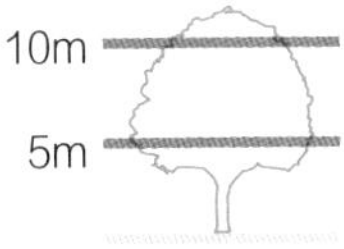

成树

※ 功能及应用

●公园及公共绿地、风景区、道路。
●孤植、列植、丛植、群植。

※ 观赏时期

月	1	2	3	4	5	6	7	8	9	10	11	12
花												
叶												
实												

※ 区域生长环境

光照 阴 阳
水分 干 湿
温度 低 高

※ 简介

●树皮灰色，纵裂。叶卵形，互生。翅果矩圆形，无毛。
●喜光，稍耐阴，耐寒、抗高温，耐旱，稍耐水湿，适合盐碱土壤生长，在土层深厚、湿润、疏松沙质土壤中生长迅速。
●种子不育，嫁接繁殖。诱鸟，防风固沙。
●原产中亚，我国新疆、黑龙江等地有栽培。树冠圆球形，整齐美观，常栽作行道树。

光叶榉

Zelkova serrata

榆科 榉树属

※ 树形及树高

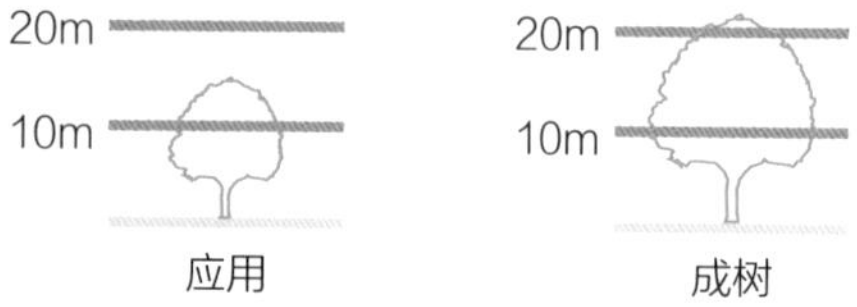

※ 功能及应用

●公园及公共绿地、风景区、庭园、道路、学校、滨水。

●孤植、列植、丛植、片植、群植。

※ 观赏时期

月	1	2	3	4	5	6	7	8	9	10	11	12
花												
叶			■	■	■	■	■	■	■	■	■	
实												

※ 区域生长环境

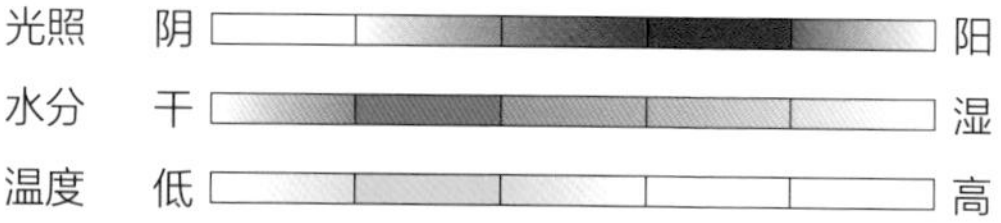

※ 简介

●树皮灰白色或褐灰色，呈不规则的片状剥落。单叶互生，叶薄纸质至厚纸质，大小形状变异很大，边缘有圆齿状锯齿(桃形齿)。

●喜光，稍耐阴，稍耐寒，耐旱，耐水湿，喜湿润肥土，在石灰岩谷底生长良好。

●寿命长。播种或根插繁殖。诱鸟。

●有斑叶‘Variegata’、矮生‘Golblin’等品种。

●产我国淮河流域、秦岭以南至华南、西南广大地区，日本、朝鲜也有分布。宜作庭荫树、行道树及观赏树，也是制作盆景的好材料。

小叶朴（黑弹树）

Celtis bungeana

榆科 朴树属

※ 树形及树高

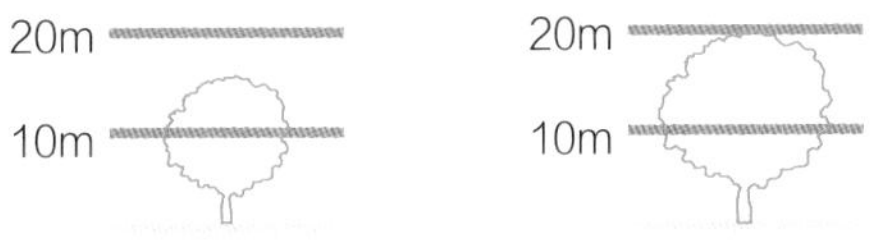
20m
10m
20m
10m

应用　　　　成树

※ 功能及应用

●公园及公共绿地、风景区、庭园、道路。

●孤植、列植、丛植、片植、群植。

※ 观赏时期

月	1	2	3	4	5	6	7	8	9	10	11	12
花												
叶			■	■	■	■	■	■	■	□	□	
实												

※ 区域生长环境

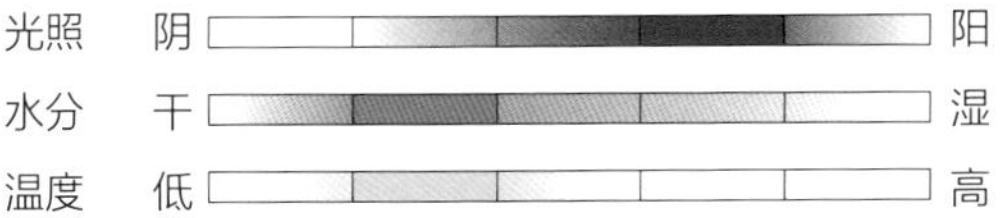
光照 阴 阳
水分 干 湿
温度 低 高

※ 简介

●树皮灰色或暗灰色，光滑。单叶互生，基部全缘，歪斜，3 主脉。果单生，熟时紫黑色。

●喜光，也较耐阴，耐寒，耐旱，稍耐盐碱和水湿，喜黏质土。

●寿命长，深根性，萌蘖力强，生长慢。播种繁殖。诱鸟，护岸固堤。易长虫瘿。

●产我国东北南部、华北、长江流域及西南各地。是城乡绿化的良好树种，最适宜公园、庭园作庭荫树，也可供街道、公路列植作行道树，还可制作树桩盆景。

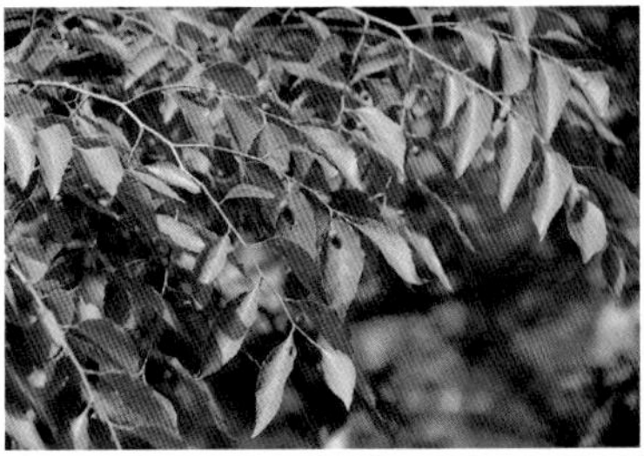

青檀

Pteroceltis tatarinowii

榆科 青檀属

※ 树形及树高

※ 功能及应用

抗污染

- 公园及公共绿地、风景区、庭园、道路。
- 孤植、列植、丛植、片植、群植。

※ 观赏时期

月	1	2	3	4	5	6	7	8	9	10	11	12
花												
叶												
实												

※ 区域生长环境

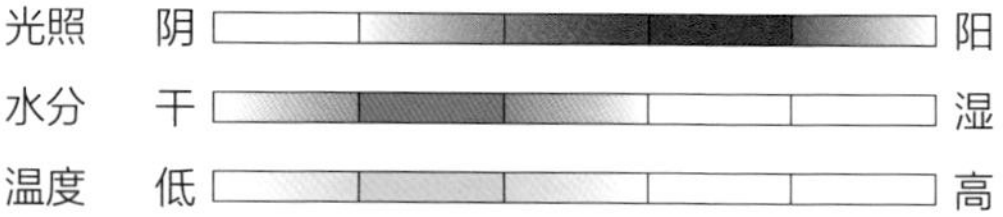

※ 简介

- 树皮暗灰色，长片状剥落。单叶互生，基部全缘，3主脉。小坚果周围有薄翅。
- 喜光，耐寒，稍耐阴，耐干旱瘠薄，稍耐盐碱，喜石灰岩山地。
- 寿命长，根系发达，萌芽性强。播种繁殖。
- 稀有种，为中国特有，黄河流域及长江流域有分布，秋叶金黄，极具观赏价值，可孤植、片植于庭园、山岭、溪边，也可作为行道树成行栽植，也是优良的盆景观赏树种。

桑(桑树)

Morus alba

桑科　桑属

※ 树形及树高

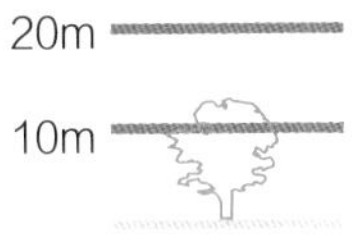

※ 功能及应用

耐烟尘，抗二氧化硫，二氧化氮，氟化氢

●公园及公共绿地、风景区、建筑环境(含居住区)、工矿区、湿地、滨水。

●孤植、丛植、群植。

※ 观赏时期

月	1	2	3	4	5	6	7	8	9	10	11	12
花												
叶			■	■	■	■	■	■	■	□	□	
实					■	■						

※ 区域生长环境

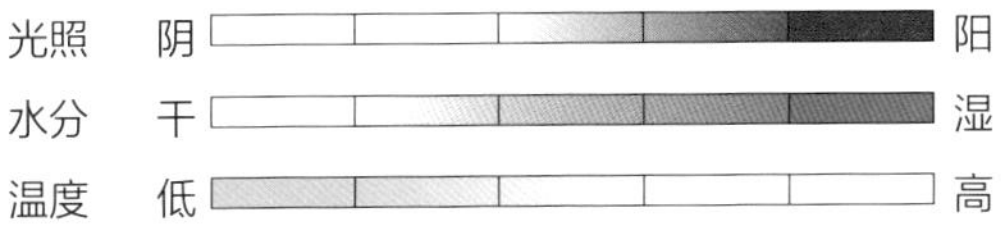

※ 简介

●树皮浅纵裂。小枝黄褐色，嫩枝及叶含乳汁。聚花果熟时常由红变紫色。

●喜光，耐湿，耐干旱，耐寒性强，耐轻度盐碱。

●适应性强，深根性，寿命长达300年。播种、扦插或嫁接繁殖。诱鸟。

●原产中国，南北各地普遍栽培。可栽作四旁绿化及工矿区绿化树种，我国古代人民有在房前屋后栽种桑树和梓树的传统，故常以“桑梓”代表故土家乡。

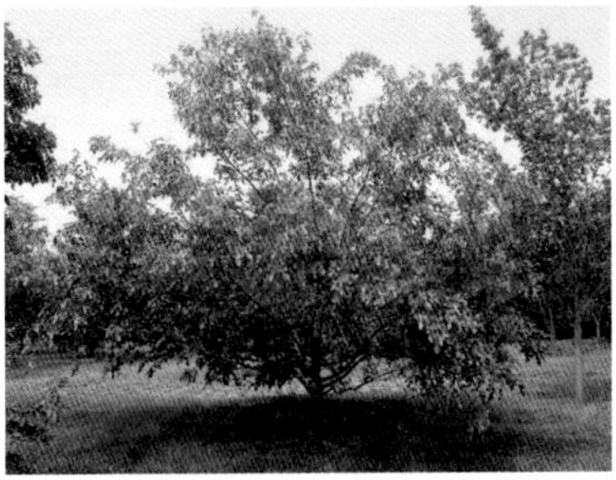

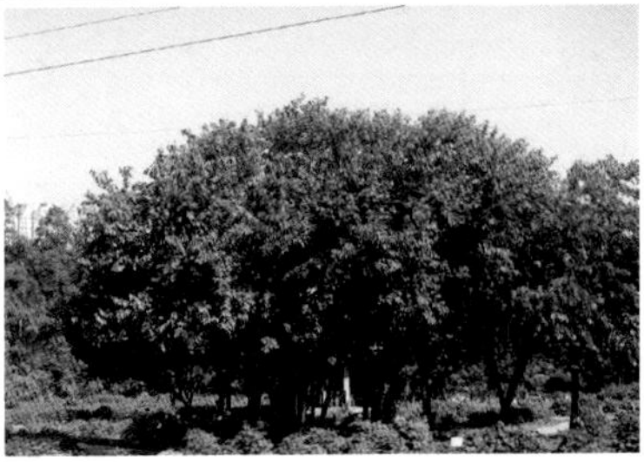

龙桑

Morus alba 'Tortuosa'

桑科 桑属

※ 树形及树高

※ 功能及应用

对硫化氢、二氧化氮等有毒气体抗性很强

●公园及公共绿地、风景区、庭园、建筑环境（含居住区）、学校、工矿区、湿地、滨水。

●孤植、丛植、群植。

※ 观赏时期

月	1	2	3	4	5	6	7	8	9	10	11	12
花												
叶			▬	▬	▬	▬	▬	▬	▬	▭	▭	
实					▨	▨						

※ 区域生长环境

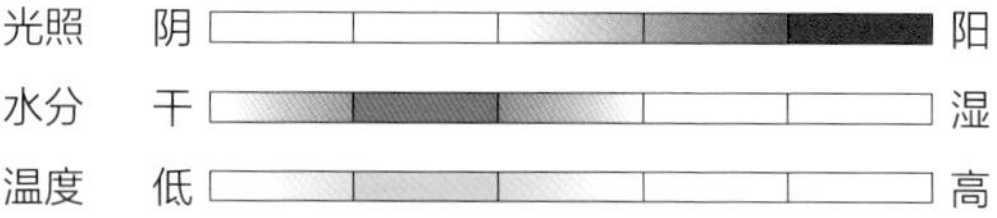

※ 简介

●树皮黄褐色，浅裂。枝条均呈龙游状扭曲。单叶互生。

●喜光，抗旱抗寒，耐瘠薄，对土壤要求不严，喜排水良好、深厚肥沃的土壤。

●适应性很强，耐修剪。可用播种、分根、压条和嫁接等法繁殖。诱鸟、诱虫、诱蝶。

●为桑树的栽培品种，原产于我国中部，栽培范围广泛，长江中下游各地栽培最多。宜孤植作庭荫树，居民新村、厂矿绿地都可以用，是农村四旁绿化的主要树种。

构树（楮）

Broussonetia papyifera

桑科 构树属

※ 树形及树高

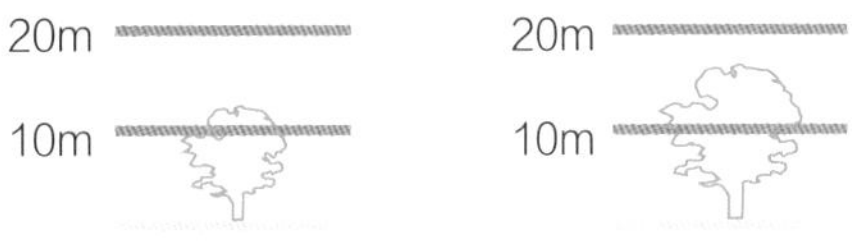

※ 功能及应用

抗氟化氢、烟尘、二氧化硫、氯气

●公园及公共绿地、风景区、庭园、林地、工矿区、湿地、滨水。

●孤植、丛植、片植、群植。

※ 观赏时期

月	1	2	3	4	5	6	7	8	9	10	11	12
花												
叶												
实												

※ 区域生长环境

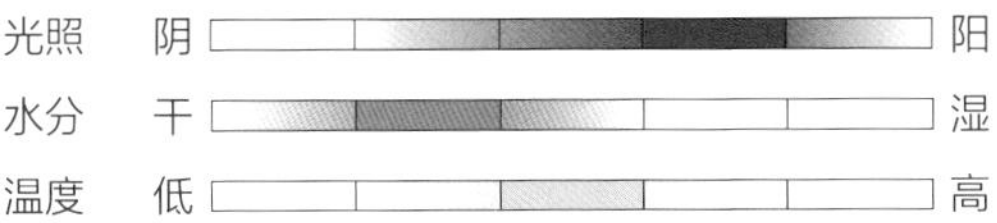

※ 简介

●树皮浅灰色，不易裂开。单叶互生，稀对生，时有不规则深裂。枝、叶、果都有乳汁。聚花果球形，熟时橘红色。

●喜光，抗性强。

●速生树种。播种或扦插繁殖。诱虫、诱鸟，抗污染。

●我国黄河流域至华南、西南各地均有分布。尤其适合用作矿区及荒山坡地绿化，亦可选作庭荫树及防护林用。

胡桃（核桃）

Juglans regia

胡桃科　胡桃属

※ 树形及树高

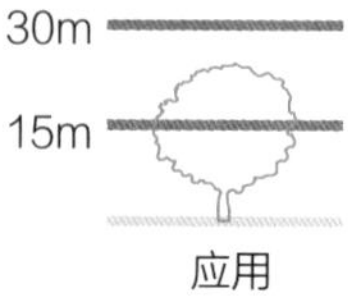

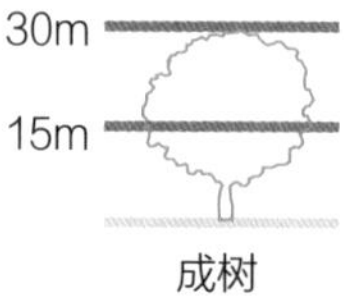

※ 功能及应用

●公园及公共绿地、风景区、庭园、林地、建筑环境(含居住区)。

●孤植、列植、丛植、片植、群植。

※ 观赏时期

月	1	2	3	4	5	6	7	8	9	10	11	12
花												
叶												
实												

※ 区域生长环境

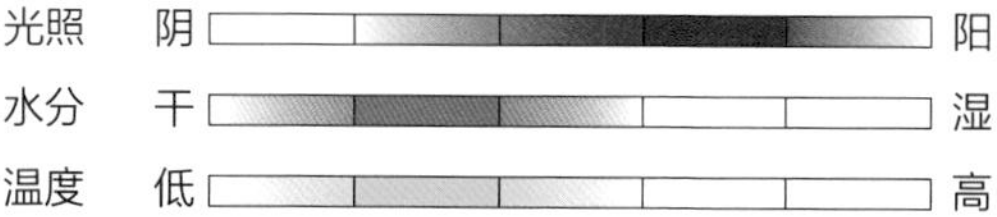

※ 简介

●树皮灰白色，深纵裂。羽状复叶互生，小叶5~9。核果大，球形，成对或单生。

●喜光，不耐庇荫，较耐干冷，不耐湿热，耐旱，喜深厚、肥沃、湿润及排水良好的微酸性至弱碱性土壤。

●深根性，寿命长，不耐移植，根际萌芽力强。播种或嫁接繁殖。诱鸟。

●有裂叶‘Laciniata’、垂枝‘Pendula’等品种。

●原产伊朗，近年我国新疆伊犁地区有野生胡桃林发现，今辽宁南部以南至华南、西南均有栽培。叶大荫浓，且有清香，也可用作庭荫树及行道树。

核桃楸（胡桃楸）

Juglans mandshurica

胡桃科 胡桃属

※ 树形及树高

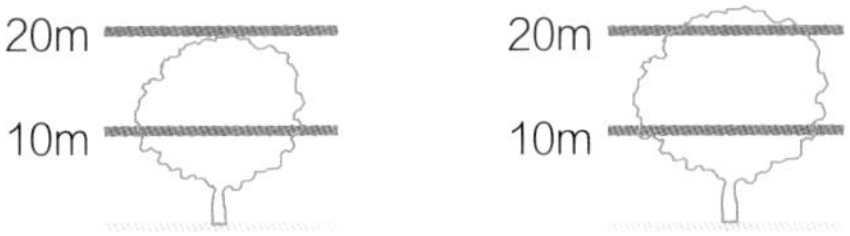

应用　　成树

※ 功能及应用

●公园及公共绿地、风景区、庭园、道路、林地。

●孤植、列植、丛植、片植、群植。

※ 观赏时期

月	1	2	3	4	5	6	7	8	9	10	11	12
花												
叶												
实												

※ 区域生长环境

光照 阴 — 阳

水分 干 — 湿

温度 低 — 高

※ 简介

●干皮纵裂。奇数羽状复叶互生，小叶 9~17。核果顶端尖，球状、卵状或椭圆状，多枚（3 枚以上）紧生。

●喜光，稍耐阴，耐寒性强，耐旱，稍耐盐碱和水湿，喜生于土层深厚、肥沃、排水良好的沟谷两旁。

●长寿，深根性。播种繁殖。诱鸟，抗风力强。

●产我国东北及华北地区，朝鲜、俄罗斯、日本也有分布，是东北、华北地区珍贵用材树种，也可栽作庭荫树及行道树。

枫杨

Pterocarya stenoptera

胡桃科 枫杨属

※ 树形及树高

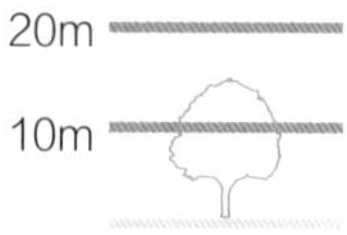

应用

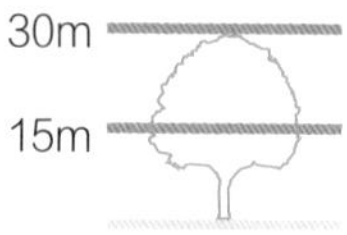

成树

※ 功能及应用

对大气中的氟有较好的净化作用

●公园及公共绿地、风景区、道路、滨水、湿地。
●孤植、丛植、列植、片植、群植。

※ 观赏时期

月	1	2	3	4	5	6	7	8	9	10	11	12
花												
叶												
实												

※ 区域生长环境

光照 阴 阳
水分 干 湿
温度 低 高

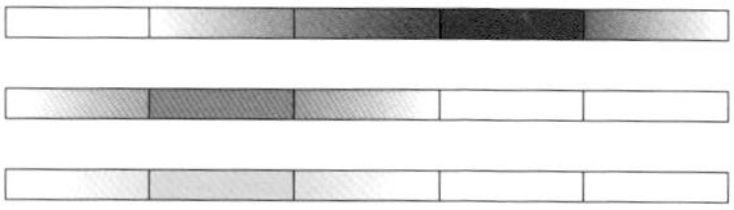

※ 简介

●树皮深纵裂。叶多为偶数或稀奇数羽状复叶，小叶10~16，叶轴上有狭翅。坚果具 2 长翅，成串下垂。
●喜光，适应性强，颇耐寒，耐浅水湿。
●播种繁殖、扦插繁殖。
●我国大范围都有分布。树干高大，树体通直粗壮，树冠丰满开展，枝叶茂盛，绿荫浓密，叶色鲜亮艳丽，形态优美典雅，广泛栽植作园庭树或行道树。

板栗

Castanea mollissima

壳斗科（山毛榉科） 栗属

※ 树形及树高

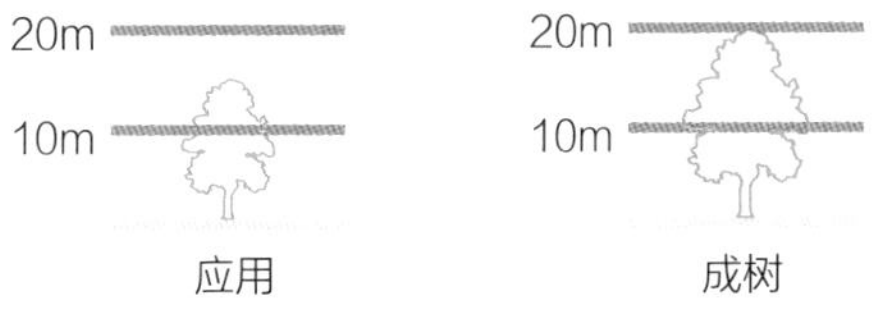

※ 功能及应用

●公园及公共绿地、风景区、林地。

●孤植、丛植、片植、群植。

※ 观赏时期

月	1	2	3	4	5	6	7	8	9	10	11	12
花												
叶			■	■	■	■	■	■	■	■	■	
实												

※ 区域生长环境

光照 阴 … 阳

水分 干 … 湿

温度 低 … 高

※ 简介

●干皮交错深纵裂。单叶互生，叶缘齿尖芒状。总苞球状，密被针刺，内含坚果 2~3 粒。

●喜光，稍耐阴，耐寒，耐旱，稍耐盐碱和水湿，喜肥沃、湿润而排水良好土壤。

●深根性，根系发达，适应性强，耐修剪。播种或嫁接繁殖。诱鸟。

●我国辽宁以南各地均有分布，华北及长江流域栽培较集中，是园林结合生产的好树种。果实素有“干果之王”的美誉，在国外还被称为“人参果”。

栓皮栎

Quercus variabilis

壳斗科（山毛榉科） 栎属

※ 树形及树高

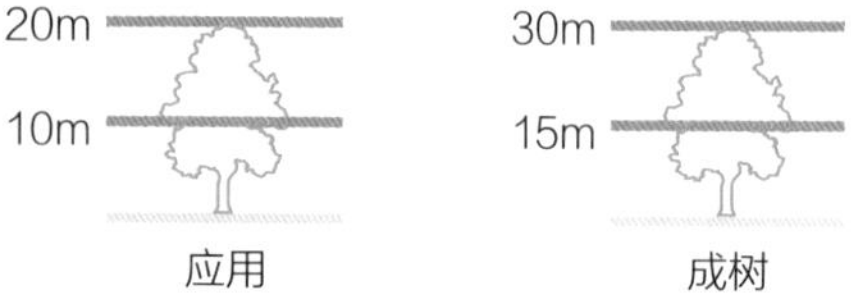

※ 功能及应用

- 公园及公共绿地、风景区、林地。
- 孤植、丛植、片植、群植。

※ 观赏时期

月	1	2	3	4	5	6	7	8	9	10	11	12
花												
叶												
实												

※ 区域生长环境

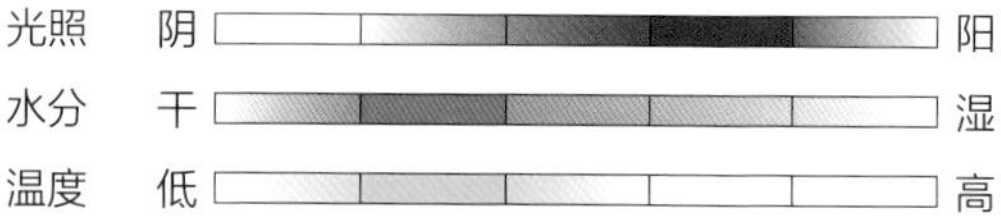

※ 简介

- 树皮黑褐色，深纵裂。单叶互生，叶齿端具刺芒状尖头，叶背密被灰白色星状毛。坚果近球形或宽卵形。
- 喜光，稍耐阴，耐寒，耐干旱瘠薄，稍耐水湿，不耐盐碱。
- 寿命长，深根性，萌芽力强，生长较快。播种繁殖。诱鸟，防火，防风固沙。
- 产华北、华东、中南及西南各地，鄂西、秦岭及大别山区为其分布中心。良好的绿化观赏树种，也是营造防风林、防火林、水源涵养林及防护林的优良树种。

夏栎（英国栎，欧洲白栎）

Quercus robur

壳斗科（山毛榉科） 栎属

※ 树形及树高

※ 功能及应用

抗烟尘

●公园及公共绿地、风景区、庭园、道路、林地、建筑环境（含居住区）、工矿区。

●孤植、丛植、片植、群植。

※ 观赏时期

月	1	2	3	4	5	6	7	8	9	10	11	12
花												
叶												
实												

※ 区域生长环境

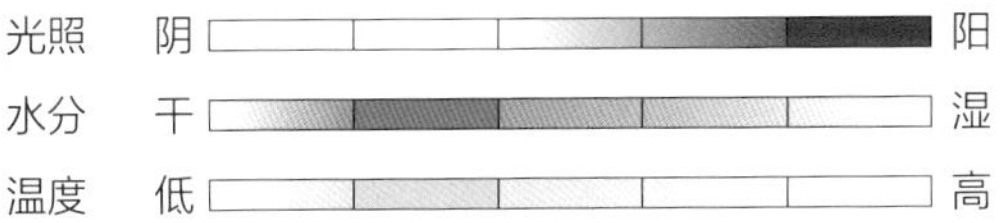

※ 简介

●树皮暗灰色，深纵裂。单叶互生，叶倒卵形或倒卵状长椭圆形。果序纤细，壳斗钟形，坚果卵形或椭圆形。

●喜光，极耐寒，也耐高温干旱，耐短期水湿，较耐盐碱，喜深厚、湿润而排水良好土壤，在干旱贫瘠砾石沙壤土上栽培也能正常生长。

●寿命长，深根性。播种繁殖。诱鸟，抗烟尘。

●产欧洲、北非及亚洲西南部；我国新疆及辽宁、山东、北京等地有栽培。

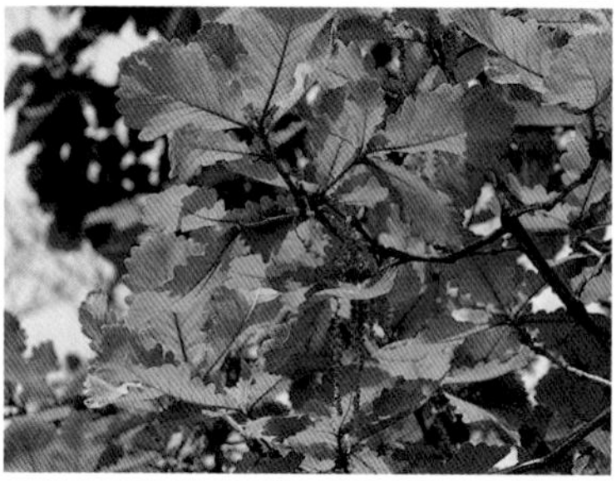

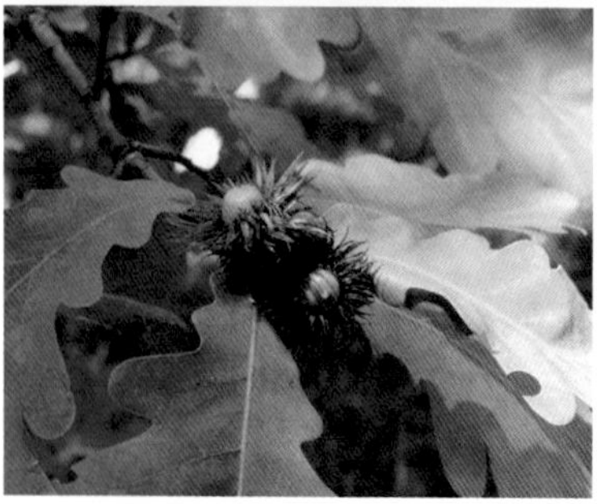

槲树（柞栎，波罗栎）

Quercus dentata

壳斗科（山毛榉科） 栎属

※ 树形及树高

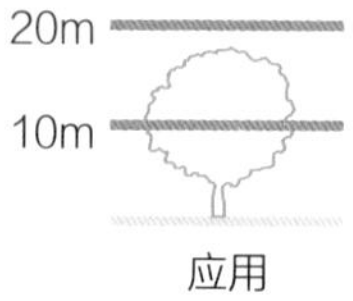

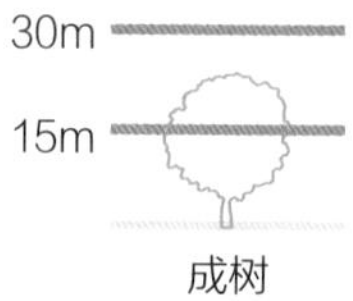

※ 功能及应用

抗烟尘

●公园及公共绿地、风景区、林地、工矿区。

●孤植、丛植、片植、群植。

※ 观赏时期

月	1	2	3	4	5	6	7	8	9	10	11	12
花												
叶												
实												

※ 区域生长环境

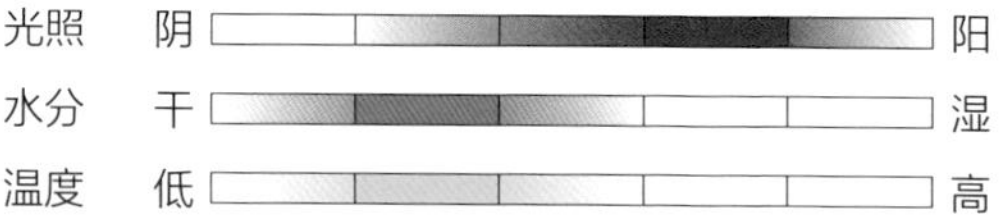

※ 简介

●树皮暗灰褐色，深纵裂。单叶互生，倒卵形或倒卵状椭圆形。壳斗杯形，坚果卵形至宽卵形。

●强阳性树种，喜光，稍耐阴，耐寒，耐旱，在酸性土、钙质土及轻度石灰性土上均能生长。

●寿命长，深根性，萌芽、萌蘖能力强，生长速度较慢。播种繁殖。诱鸟，防火，防风。

●产我国东北、华北、西北、华东、华中及西南各地。北方荒山造林树种之一，也可栽植于园林绿地及工矿区，叶片入秋呈橙黄色且经久不落，季相色彩极其丰富。

槲栎

Quercus aliena

壳斗科（山毛榉科） 栎属

※ 树形及树高

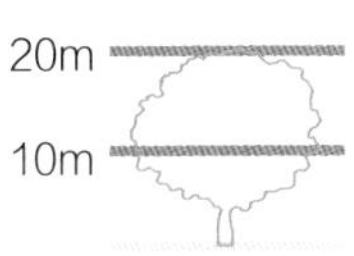

应用

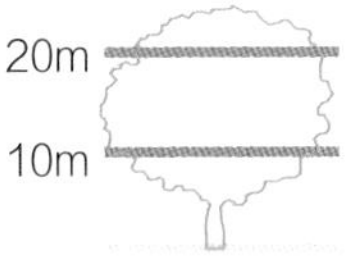

成树

※ 功能及应用

抗烟尘

●公园及公共绿地、风景区、林地、工矿区。

●孤植、丛植、片植、群植。

※ 观赏时期

月	1	2	3	4	5	6	7	8	9	10	11	12
花												
叶												
实												

※ 区域生长环境

光照 阴 阳

水分 干 湿

温度 低 高

※ 简介

●树皮暗灰色，深纵裂。单叶互生，叶倒卵状椭圆形。壳斗杯形，坚果椭圆形至卵形。

●喜光，稍耐阴，耐寒，耐干旱瘠薄，稍耐盐碱和水湿，对气候适应性较强。

●寿命长。播种繁殖。诱鸟。

●产华北至华南、西南各地。暖温带落叶阔叶林主要树种之一，叶片大且肥厚，叶形奇特、美观，适宜浅山风景区造景之用。

蒙古栎(柞树)

Quercus mongolica

壳斗科(山毛榉科) 栎属

※ 树形及树高

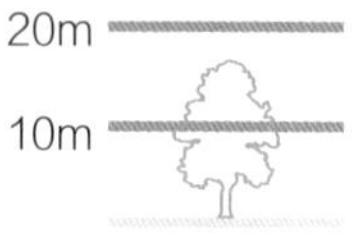

应用

成树

※ 功能及应用

●公园及公共绿地、风景区、林地。

●孤植、丛植、片植、群植。

※ 观赏时期

月	1	2	3	4	5	6	7	8	9	10	11	12
花												
叶												
实												

※ 区域生长环境

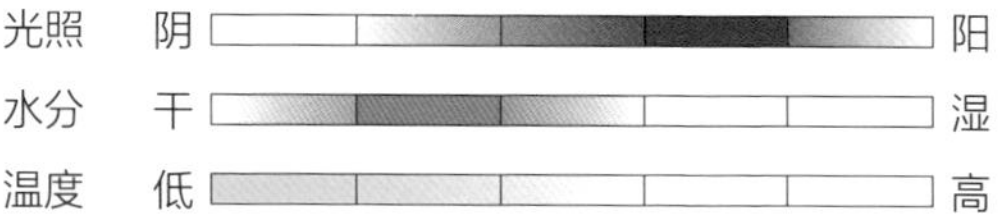

※ 简介

●树皮灰褐色,纵裂。单干或丛干状。单叶互生,常集生枝端。坚果卵形或椭圆形。

●喜光,稍耐阴,喜温暖湿润气候,耐寒性强,耐干旱瘠薄,稍耐盐碱。

●寿命长,根系发达,生长速度中等偏慢,萌芽性强。播种繁殖。诱鸟,防火,防风,抗病虫害。

●产我国北部及东北部地区,朝鲜、日本、俄罗斯也有分布。北方荒山造林树种之一,也可作为园林绿化树种,是营造防风林、水源涵养林及防火林的优良树种。

辽东栎（柞树）

Quercus wutaishanica

壳斗科（山毛榉科） 栎属

※ 树形及树高

※ 功能及应用

●公园及公共绿地、风景区、林地。

●孤植、丛植、片植、群植。

※ 观赏时期

月	1	2	3	4	5	6	7	8	9	10	11	12
花												
叶												
实												

※ 区域生长环境

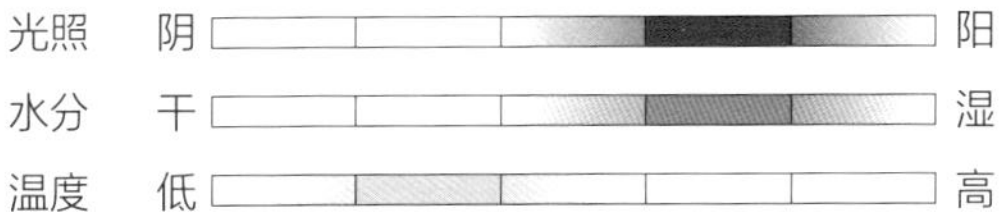

※ 简介

●树皮灰褐色，纵裂。单叶互生。壳斗浅杯形，坚果卵形至卵状椭圆形。

●喜光，喜温凉湿润环境，耐寒性强，耐瘠薄。

●萌芽性强，生长缓慢。播种繁殖。诱鸟。

●产黄河流域及东北各省。东北主栽造林树种及城镇园林绿化树种。

硕桦（黄桦）

Betula costata

桦木科 桦木属

※ 树形及树高

※ 功能及应用

●公园及公共绿地、风景区、林地。

●孤植、丛植、片植、群植。

※ 观赏时期

月	1	2	3	4	5	6	7	8	9	10	11	12
花												
叶			■	■	■	■	■	■	▒	▒		
实												

※ 区域生长环境

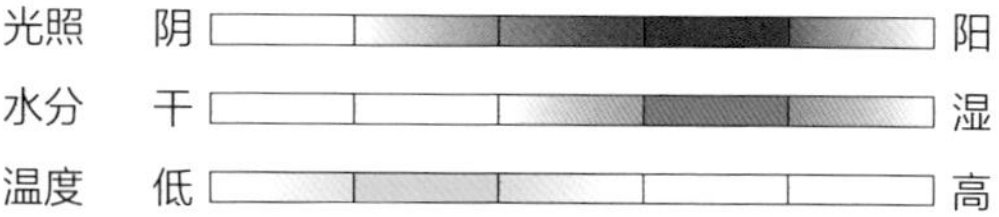

※ 简介

●树皮灰褐色，幼时黄褐色，光滑，纸质，层片状剥落。单叶互生。

●较耐阴，较耐寒，喜冷湿环境。

●播种繁殖。

●产于东北、河北。硕桦的树皮白里带粉红色或黄色，秋天树叶金黄，是优良的观干及秋色树种。

白桦
Betula platyphylla
桦木科 桦木属

※ 树形及树高

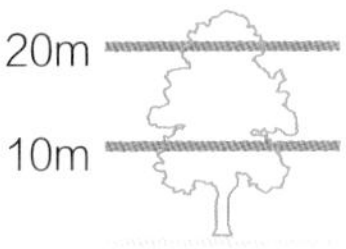

应用

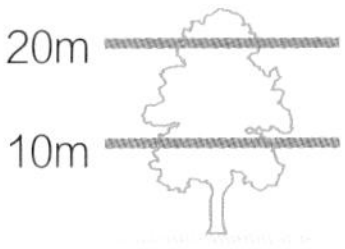

成树

※ 功能及应用

●公园及公共绿地、风景区、庭园。
●孤植、丛植、片植、群植。

※ 观赏时期

月	1	2	3	4	5	6	7	8	9	10	11	12
花												
叶												
实												

※ 区域生长环境

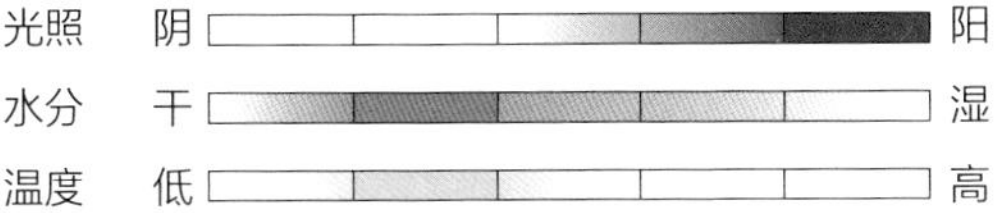

※ 简介

●树皮白色，多层纸状剥离，小枝红褐色。叶菱状三角形，互生。
●阳性喜光树种，耐严寒，喜酸性土。
●生长快。播种繁殖。
●产东北林区及华北高山。枝叶扶疏，姿态优美，树皮光滑洁白，十分引人注目，有独特的观赏价值，可栽作园林绿化及风景树种。

鹅耳枥

Carpinus turczaninowii

桦木科 鹅耳枥属

※ 树形及树高

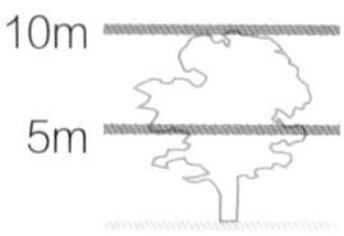

应用

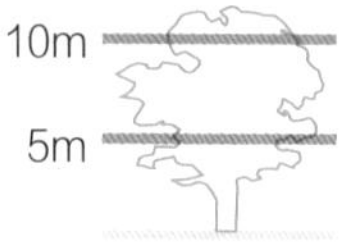

成树

※ 功能及应用

●公园及公共绿地、风景区、庭园、道路。

●孤植、丛植、片植、列植、群植。

※ 观赏时期

月	1	2	3	4	5	6	7	8	9	10	11	12
花												
叶			■	■	■	■	■	■	■	■		
实												

※ 区域生长环境

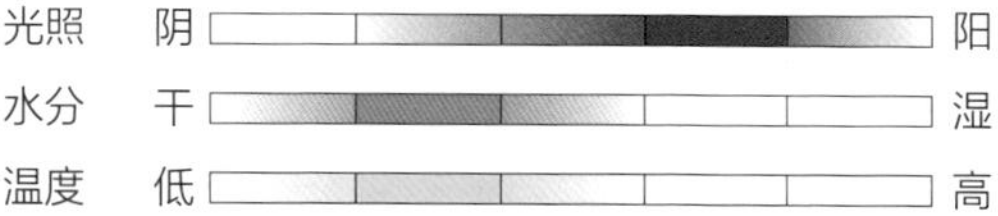

※ 简介

●干皮较光滑，常不平整有凹陷。冬芽褐色。单叶互生。小坚果生于叶状总苞片基部，果序稀疏下垂。

●喜光，稍耐阴，耐寒，耐干旱瘠薄，稍耐盐碱和水湿，喜肥沃湿润的中性及石灰质土壤。

●萌芽性强，移栽易成活。播种繁殖。诱鸟。

●产我国辽宁南部、华北及黄河流域，常生于低山深谷及林业较阴湿处，日本、朝鲜也有分布。可植于庭园观赏，也是北方制作盆景的好材料。

糠椴(大叶椴)

Tilia mandshurica

椴树科　椴树属

※ 树形及树高

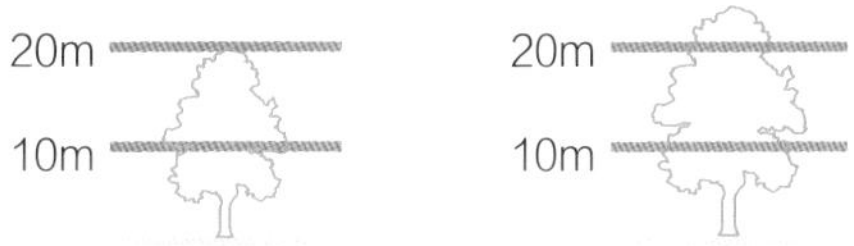

应用　　成树

※ 功能及应用

●公园及公共绿地、风景区、庭园、道路。

●孤植、列植、丛植、片植、群植。

※ 观赏时期

月	1	2	3	4	5	6	7	8	9	10	11	12
花												
叶												
实												

※ 区域生长环境

光照　阴 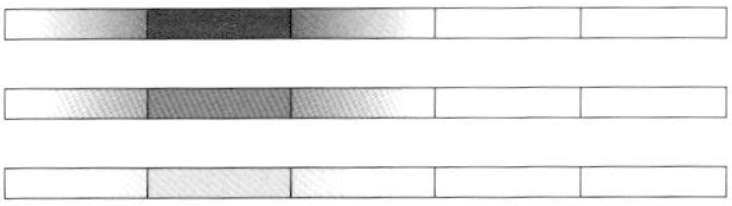 阳

水分　干　湿

温度　低　高

※ 简介

●树皮灰色。单叶互生，背面灰白色有毛。花黄绿色，聚伞花序具花 7~12 朵，花序梗基部有一舌状大苞片，花香。

●喜光，也耐阴，喜凉润气候，耐寒，耐旱，稍耐盐碱和水湿。

●深根性，生长速度中等。诱虫、诱鸟。

●主产我国东北，华北也有分布，喜生于潮湿山地或干湿适中的平原。树姿雄伟，叶大荫浓，秋叶黄。在北方可栽作庭荫树及行道树，可作香花蜜源。

蒙椴（小叶椴）

Tilia mongolica

椴树科 椴树属

※ 树形及树高

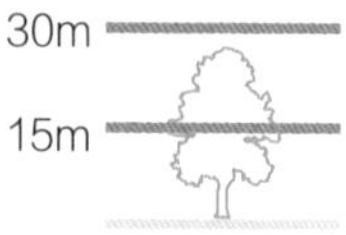

应用

成树

※ 功能及应用

抗污染

●公园及公共绿地、风景区、庭园、道路、工矿区。

●孤植、列植、丛植、片植、群植。

※ 观赏时期

月	1	2	3	4	5	6	7	8	9	10	11	12
花					■	■						
叶			■	■	■	■	■	■	□	□	□	
实												

※ 区域生长环境

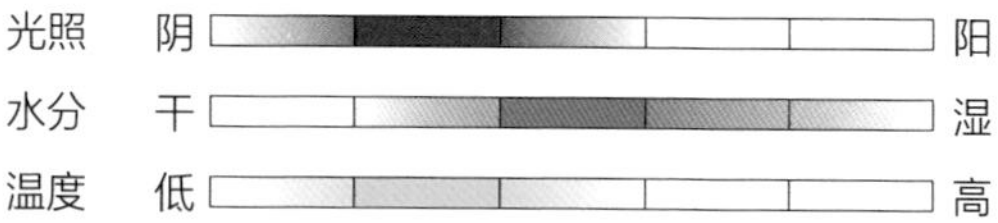

※ 简介

●树皮淡灰色，有不规则薄片状脱落。单叶互生，有时3浅裂，嫩叶带红色。花黄绿色，10~20朵成聚伞花序，花序梗基部有一舌状大苞片，花香。

●喜光，亦相当耐阴，喜冷凉湿润气候，耐寒性强，稍耐旱，稍耐盐碱和水湿，抗污染能力强，喜肥厚湿润土壤。

●根系发达，主根深。播种繁殖。有诱虫、诱鸟、水土保持的特性。

●主产华北，东北及内蒙古也有分布。宜植于园林绿地观赏或作庭荫树，可作香花蜜源。

紫椴（籽椴）

Tilia amurensis

椴树科 椴树属

※ 树形及树高

※ 功能及应用

 杀菌  抗烟尘，吸收二氧化硫

●公园及公共绿地、风景区、庭园、道路、工矿区。

●孤植、列植、丛植、片植、群植。

※ 观赏时期

月	1	2	3	4	5	6	7	8	9	10	11	12
花												
叶												
实												

※ 区域生长环境

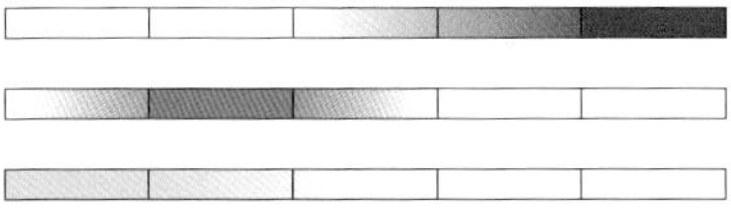

※ 简介

●树皮灰色。单叶互生。花黄绿色，聚伞花序有花3~20朵，苞片狭带形。

●喜光，能耐侧方庇荫，喜温凉、湿润气候，耐寒性强，稍耐旱，稍耐盐碱，不耐水湿，对土壤要求较严格，喜肥、喜排水良好的湿润土壤，虫害少。

●深根性，萌蘖性强。播种繁殖。诱虫、诱鸟，有水土保持、固碳释氧、降温增湿等特性。

●主产我国东北及华北，是长白山和小兴安岭林区混交林常见树种之一，朝鲜、俄罗斯也有分布，是东北地区优良的行道树、庭荫树及工厂绿化树种。

梧桐（青桐）

Firmiana simplex

梧桐科 梧桐属

※ 树形及树高

※ 功能及应用

●公园及公共绿地、风景区、庭园、道路、建筑环境（含居住区）。

●孤植、丛植、列植、群植。

※ 观赏时期

月	1	2	3	4	5	6	7	8	9	10	11	12
花												
叶												
实												

※ 区域生长环境

光照 阴 阳

水分 干 湿

温度 低 高

※ 简介

●树干通直光滑，绿色。叶互生，掌状 3~5 裂。圆锥花序顶生，花淡黄绿色。蓇葖果膜质，成熟前开裂成叶状。

●喜肥沃、湿润、深厚而排水良好的土壤，在酸性、中性及钙质土上均能生长。

●播种繁殖，扦插繁殖。中生树。

●华北至华南、西南广泛栽培，尤以长江流域为多。梧桐有“皮青如翠、叶缺如花”之美誉，古典园林中亦有“梧桐栖凤”之说。全年观干，夏季浓荫，秋叶金黄。适于草坪、庭院孤植或丛植，是优良的庭荫树及行道树种。

毛叶山桐子

Idesia polycarpa var. *vestita*

大风子科　山桐子属

※ 树形及树高

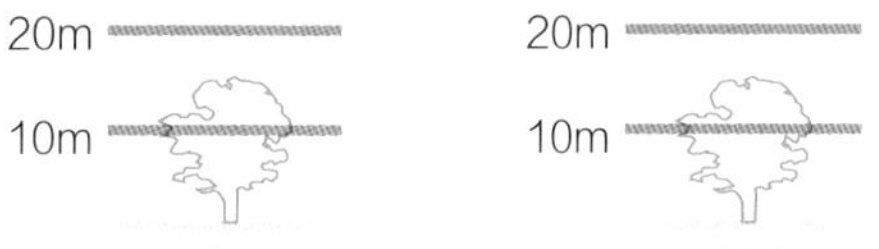

应用　　成树

※ 功能及应用

●公园及公共绿地、风景区、庭园。

●孤植、丛植、片植、群植。

※ 观赏时期

月	1	2	3	4	5	6	7	8	9	10	11	12
花												
叶			▬	▬	▬	▬	▬	▬	▬	░	░	
实									▬	▬		

※ 区域生长环境

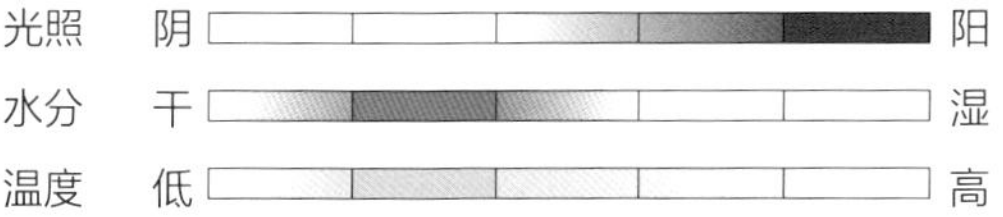

※ 简介

●干皮灰白色，不裂。单叶互生，广卵形，背面密生短柔毛，叶柄长，中下部有 2~4 扁平大腺体。无花瓣，萼片黄绿色，顶生圆锥花序。浆果球形，红色。

●阳性速生树种，对气候条件要求不严，生长适应性强，耐高温低寒，耐旱，耐贫瘠，喜温暖气候和肥沃土壤，在弱酸性、中性和弱碱性沙质土壤里均能正常生长。

●播种繁殖。诱虫、诱鸟。

●产河南（伏牛山）、河北、陕西、甘肃至长江流域。宜栽作庭荫树及观赏树。

毛白杨

Populus tomentosa

杨柳科 杨属

※ 树形及树高

应用 成树

※ 功能及应用

! 有飞絮　　抗烟尘及有害气体

●公园及公共绿地、风景区、道路、林地。

●列植、丛植、片植、群植。

※ 观赏时期

月	1	2	3	4	5	6	7	8	9	10	11	12
花												
叶												
实												

※ 区域生长环境

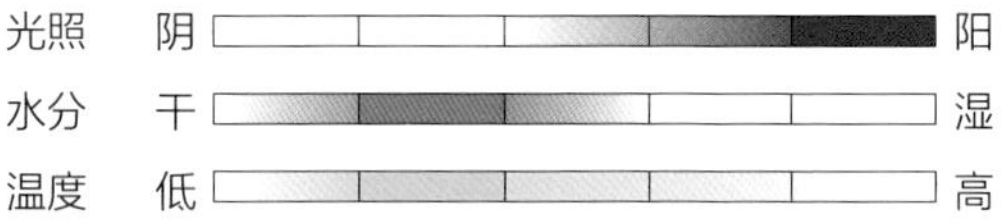

※ 简介

●树皮青白色，皮孔菱形。单叶互生，三角状卵形。

●喜光，喜温凉气候，耐旱力较强，黏土、壤土、沙壤上或低湿轻度盐碱土均能生长。

●寿命较长，深根性，生长快。多用埋条法繁殖。有诱鸟，护岸固堤等特性。

●栽培变种有抱头毛白杨‘Fastigiata’。

●中国特产，以黄河中下游为分布中心，南达长江下游。宜作行道树、防护林及用材林树种。

新疆杨

Populus bolleana

杨柳科　杨属

※ 树形及树高

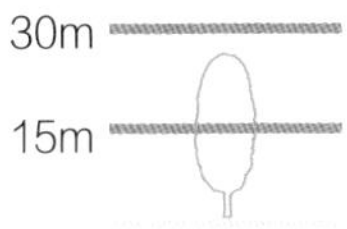

应用

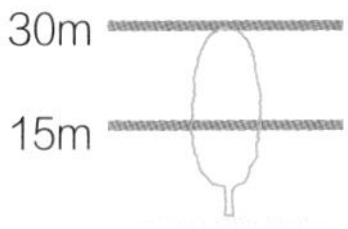

成树

※ 功能及应用

有飞絮　抗烟尘

●公园及公共绿地、风景区、道路。

●孤植、列植、丛植、片植、群植。

※ 观赏时期

月	1	2	3	4	5	6	7	8	9	10	11	12
花												
叶												
实												

※ 区域生长环境

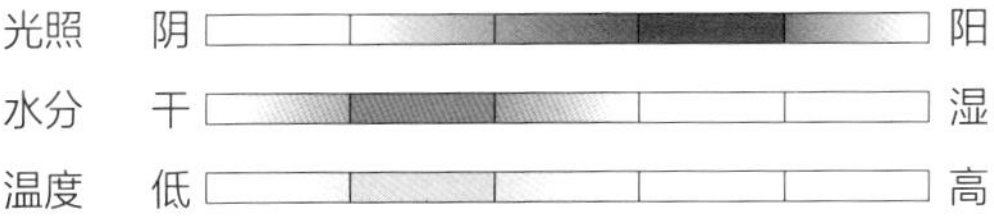

※ 简介

●树干灰绿色，老则灰白色。短枝之叶近圆形，长枝之叶常掌状 3~5 裂。

●喜光，稍耐阴，耐寒，耐旱，耐大气干旱及盐渍土，稍耐水湿，抗烟尘，抗风力强。

●深根性，生长快。扦插易活。有诱鸟，防风固沙的特性。

●栽培变种有宽冠新疆杨‘Ovoidea’。

●产我国新疆、内蒙古及俄罗斯南部地区，西安、北京等地有引种栽培。是优美的风景树、行道树、防护林及四旁绿化树种。

河北杨

Populus hopeiensis

杨柳科 杨属

※ 树形及树高

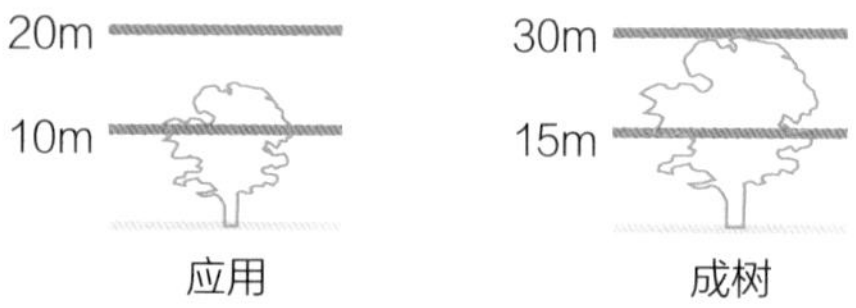

※ 功能及应用

! 有飞絮

- 公园及公共绿地、风景区、庭园、道路、林地。
- 孤植、列植、丛植、片植、群植。

※ 观赏时期

月	1	2	3	4	5	6	7	8	9	10	11	12
花												
叶												
实												

※ 区域生长环境

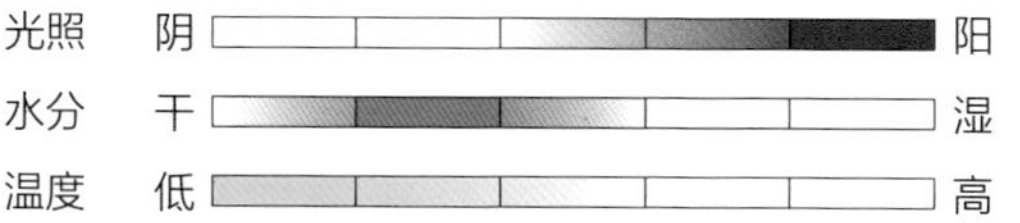

※ 简介

- 树皮灰白色，光滑。叶卵圆形或近圆形，互生，背面青白色。
- 喜光，抗病，抗寒，抗旱，耐瘠薄，但不耐水湿。
- 生长迅速，根系发达，根蘖力强。无性繁殖为主。有防风固沙的特性。
- 主产华北及西北山地，能生长在寒冷多风的黄土高原上。树皮灰白洁净，树冠圆整，是优美的庭荫树、行道树及风景树种，也可作华北、西北丘陵地造林绿化树种。

加杨（加拿大杨，欧美杨）

Populus × canadensis

杨柳科　杨属

※ 树形及树高

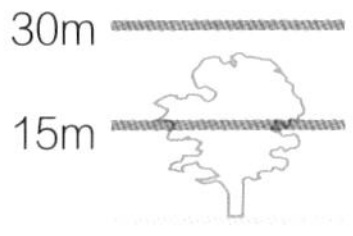

应用

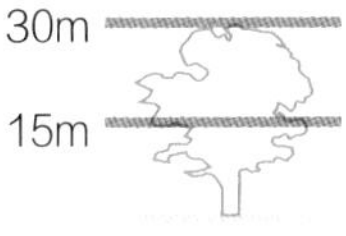

成树

※ 功能及应用

! 有飞絮

●公园及公共绿地、风景区、道路、林地。
●列植、丛植、片植、群植。

※ 观赏时期

月	1	2	3	4	5	6	7	8	9	10	11	12
花												
叶												
实												

※ 区域生长环境

光照　阴　阳
水分　干　湿
温度　低　高

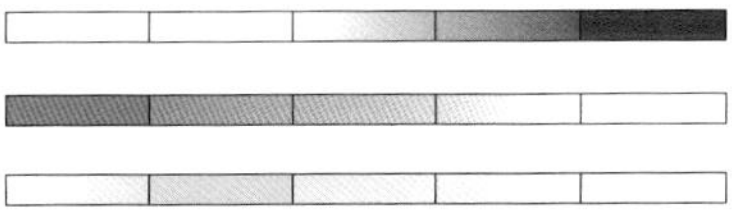

※ 简介

●树皮纵裂。叶近等边三角形，互生。
●喜光，喜温凉气候，也能适应暖热气候，较耐寒，有较强的耐旱能力，也耐水湿和轻盐碱土，喜湿润土壤。
●生长迅速。扦插极易成活。有诱鸟、防风固沙的特性。
●美洲黑杨（*P. deltoides*）与欧洲黑杨（*P. nigra*）之杂交种。多系雄株，不飞絮。
●现广植于欧洲、亚洲及美洲各地，我国华北至长江流域普遍栽培，东北南部也有引种。常作行道树及防护林树种。

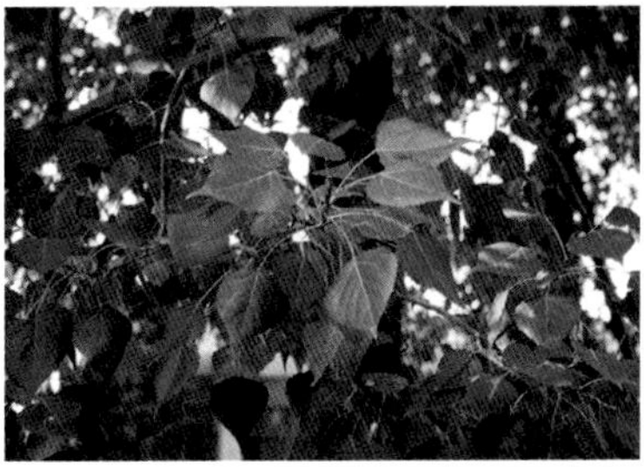

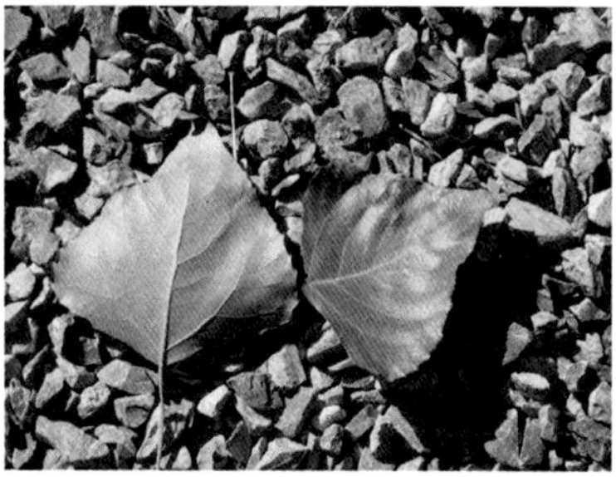

钻天杨

Populus nigra 'Italica'

杨柳科 杨属

※ 树形及树高

※ 功能及应用

! 有飞絮

- 公园及公共绿地、风景区、道路、林地。
- 列植、丛植、片植、群植。

※ 观赏时期

月	1	2	3	4	5	6	7	8	9	10	11	12
花												
叶												
实												

※ 区域生长环境

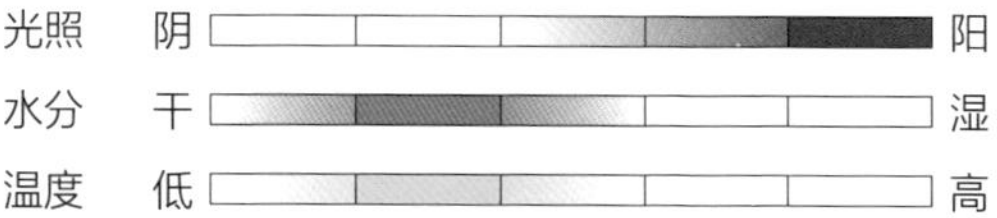

※ 简介

- 树皮暗灰色，纵裂。单叶互生，长枝上叶扁三角形，短枝上叶菱状卵形。
- 喜光，稍耐阴，耐寒，耐干旱气候，稍耐盐碱和水湿，但在低洼常积水处生长不良，在南方湿热地区生长不好。
- 生长快，易遭风折。播种或扦插繁殖。诱鸟。
- 广植于欧洲、亚洲和美洲，我国哈尔滨以南至长江流域有栽培，适生华北、西北地区。丛植于草地或列植堤岸、路边，有高耸挺拔之感，在北方园林常见，也常作防护林用。

箭杆杨

Populus nigra 'Thevestina'

杨柳科 杨属

※ 树形及树高

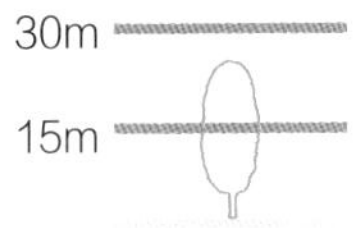

应用

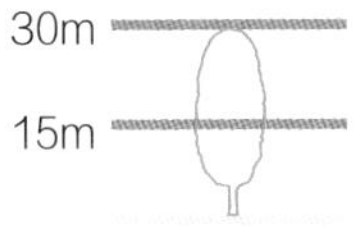

成树

※ 功能及应用

! 有飞絮

●公园及公共绿地、风景区、道路。

●对植、丛植、列植、片植、群植。

※ 观赏时期

月	1	2	3	4	5	6	7	8	9	10	11	12
花												
叶												
实												

※ 区域生长环境

光照 阴 — 阳

水分 干 — 湿

温度 低 — 高

※ 简介

●树干通直，干皮灰白色，光滑。单叶互生，叶形变化较大，一般为三角状卵形至菱形。

●喜光，耐寒，抗大气干旱，稍耐盐碱，对土壤水分条件要求较高，根系有趋水性，但不耐水湿。

●生长快。扦插易成活。

●分布于中国黄河上、中游一带，陕西、甘肃、山西南部、河南西部等地栽培较多。多作公路行道树、农田防护林及四旁绿化树种。

小叶杨（南京白杨）

Populus simonii

杨柳科 杨属

※ 树形及树高

※ 功能及应用

! 有飞絮

●公园及公共绿地、风景区、道路、林地。

●孤植、列植、丛植、片植、群植。

※ 观赏时期

月	1	2	3	4	5	6	7	8	9	10	11	12
花												
叶												
实												

※ 区域生长环境

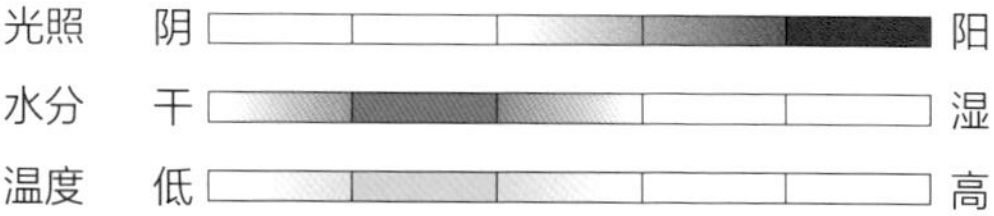

※ 简介

●树皮灰绿色，老时灰黑色，沟裂。单叶互生，菱状卵形至菱状倒卵形。

●喜光，不耐荫蔽，喜冷凉，不太耐热，适应性强，耐寒，耐干旱瘠薄，抗风，抗病虫，对土壤要求不严。

●寿命较短，根系发达。播种或扦插繁殖。

●有塔形小叶杨‘Fastigiata’、垂枝小叶杨‘Pendula’等品种。

●产东北、华北、西北、华中及四川等地，欧洲、朝鲜也有分布。是良好的防风、固沙、保土及绿化树种，主要用于荒山造林改成主要用于山林绿化，东北及山区多应用。

北京杨

Populus × beijingensis

杨柳科 杨属

※ 树形及树高

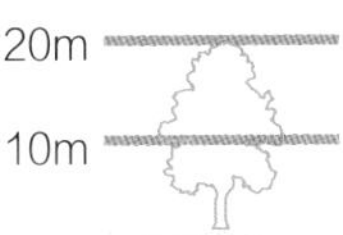

应用

成树

※ 功能及应用

! 有飞絮

●公园及公共绿地、风景区、道路、林地。

●孤植、列植、丛植、片植、群植。

※ 观赏时期

月	1	2	3	4	5	6	7	8	9	10	11	12
花												
叶												
实												

※ 区域生长环境

光照 阴 阳

水分 干 湿

温度 低 高

※ 简介

●钻天杨（*P. nigra* ‘Italica’）与青杨（*P. cathayana*）的人工杂交种，性状介于二者之间。树干通直，光滑，皮孔密集。单叶互生，短枝叶片卵形，长枝或萌枝叶广卵圆形或三角状广卵圆形。

●喜光，稍耐寒，耐旱，但在干旱瘠薄和含盐碱的土壤上生长较差，在吉林以北易受冻害。

●生长迅速。扦插繁殖。有防风固沙的特性。

●在华北、西北及东北南部广泛栽培，是防护林及四旁绿化优良树种。

胡杨

Populus euphratica

杨柳科 杨属

※ 树形及树高

※ 功能及应用

! 有飞絮

- 公园及公共绿地、风景区、林地。
- 孤植、丛植、片植、群植。

※ 观赏时期

月	1	2	3	4	5	6	7	8	9	10	11	12
花												
叶												
实												

※ 区域生长环境

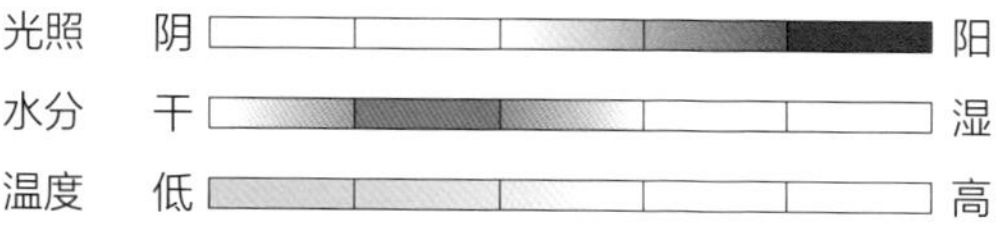

※ 简介

- 落叶乔木，有时灌木状。树皮厚，淡灰褐色，下部条裂。单叶互生，叶两面均为灰蓝色，叶形多变。
- 适合干旱大陆性气候，喜光，抗热，抗大气干旱及寒冷，耐盐碱，抗风沙，喜沙质土壤。
- 长寿，根萌蘖性强。常播种繁殖，插条难于成活。
- 产我国西北地区，以新疆最为普遍，常于沙漠地区水源附近形成绿洲。入秋叶色金黄，是西北地区碱地、沙荒地造林、绿化的好树种，亦可作为优良的彩色叶树种应用于城市园林绿化。

山杨

Populus davidiana

杨柳科 杨属

※ 树形及树高

※ 功能及应用

! 有飞絮

●公园及公共绿地、风景区、林地。

●孤植、丛植、片植、群植。

※ 观赏时期

月	1	2	3	4	5	6	7	8	9	10	11	12
花												
叶												
实												

※ 区域生长环境

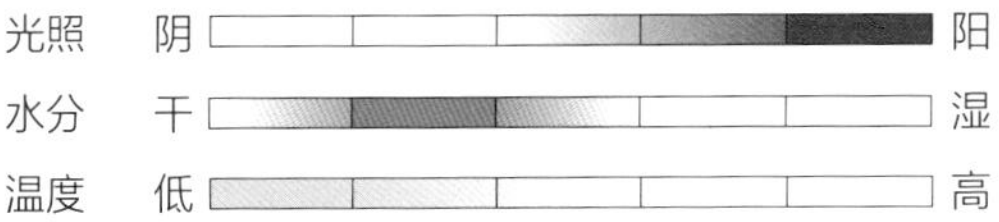

※ 简介

●树皮灰绿色，后剥裂变暗灰色。单叶互生，叶近圆形，缘具波状钝齿。

●喜光，耐寒性强，耐干旱瘠薄，对土壤要求不严，在微酸性至中性土壤皆可生长。

●播种繁殖、分蘖繁殖。

●我国大范围都有分布，主要用作荒山绿化造林。幼叶红艳美丽，秋叶色金黄，是较好的秋季观叶树种。

旱柳（柳树）

Salix matsudana

杨柳科 柳属

※ 树形及树高

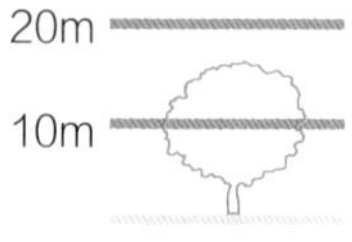

应用

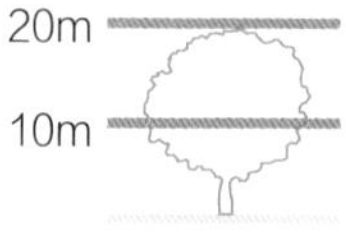

成树

※ 功能及应用

有飞絮　抗污染

●公园及公共绿地、道路、林地、滨水。

●孤植、列植、对植、丛植、片植、群植。

※ 观赏时期

月	1	2	3	4	5	6	7	8	9	10	11	12
花												
叶												
实												

※ 区域生长环境

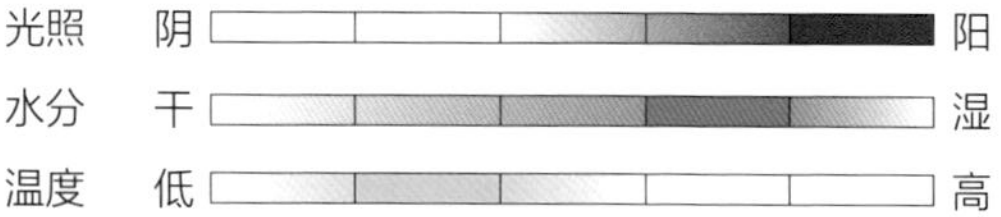

※ 简介

●树皮暗灰黑色，有裂沟。小枝直立或斜展，黄绿色。叶披针形至狭披针形。

●喜光，稍耐阴，耐寒，极耐涝，湿地、旱地皆能生长，稍耐盐碱，抗风力强，喜湿润而排水良好土壤。

●根系发达，生长快。扦插极易成活，亦可播种繁殖。有诱鸟，抗风，护岸固堤的特性。

●栽培变种龙须柳‘Tortuosa’、金枝龙须柳‘Tortuosa Aurea’、馒头柳‘Umbraculifera’、绦柳‘Pendula’。

●产我国东北、华北、西北，南至淮河流域，北方平原地区更为常见；俄罗斯、朝鲜、日本也有分布。

馒头柳

Salix matsudana 'Umbraculifera'

杨柳科 柳属

※ 树形及树高

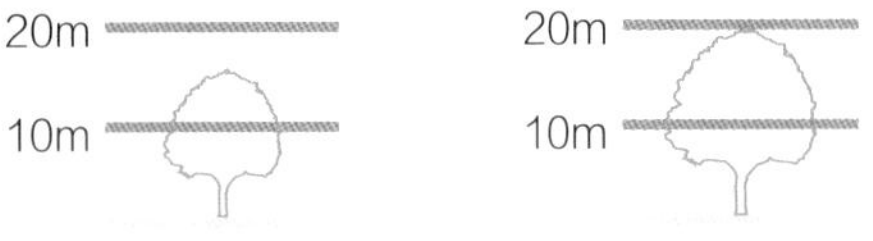

应用　　成树

※ 功能及应用

有飞絮　抗污染

●公园及公共绿地、风景区、庭园、道路、林地、滨水、湿地。

●孤植、列植、丛植、群植。

※ 观赏时期

月	1	2	3	4	5	6	7	8	9	10	11	12
花												
叶												
实												

※ 区域生长环境

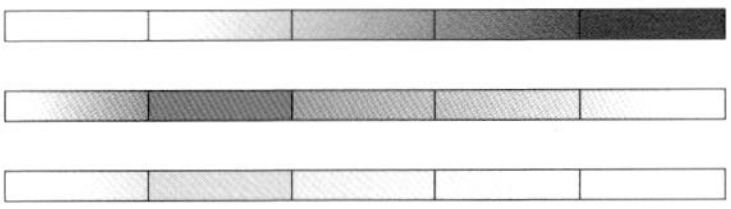

※ 简介

●分枝密，端梢齐整，树冠半圆球形，状如馒头。树皮暗灰黑色，有裂沟。叶互生，披针形，下面苍白色或带白色。

●阳性树种，稍耐阴，喜温凉气候，耐寒，耐旱，也耐水湿，稍耐盐碱，耐污染。

●长寿，速生树种，常扦插繁殖。有诱鸟，抗风，护岸固堤的特性。

●以中国黄河流域为栽培中心，分布于东北、华北、华东、西北等地，是新疆常见树种，在甘肃河西走廊园林绿化中应用较多，北京亦常见栽培。

绦柳（旱垂柳）

Salix matsudana 'Pendula'

杨柳科 柳属

※ 树形及树高

应用　　成树

※ 功能及应用

有飞絮　　抗污染、二氧化硫及尘埃

● 公园及公共绿地、风景区、道路、滨水、湿地、工矿区。

● 孤植、列植、丛植、群植。

※ 观赏时期

月	1	2	3	4	5	6	7	8	9	10	11	12
花												
叶												
实												

※ 区域生长环境

光照 阴 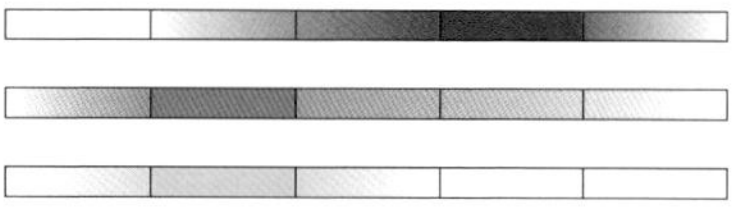 阳

水分 干 湿

温度 低 高

※ 简介

● 树皮暗灰黑色，有裂沟。枝条细长下垂，小枝较短，黄色。叶互生，线状披针形，背面为绿灰白色。

● 喜光，稍耐阴，耐寒性强，耐水湿又耐干旱，稍耐盐碱，对土壤要求不严，干瘠沙地、低湿沙滩和弱盐碱地上均能生长。

● 长寿，生长迅速，常扦插繁殖。有诱鸟，抗风，护岸固堤的特性。

● 产东北、华北、西北、上海等地，我国北方城市常栽培，常被误认为是垂柳。

金丝垂柳（金丝白垂柳）

Salix alba 'Tristis'

杨柳科 柳属

※ 树形及树高

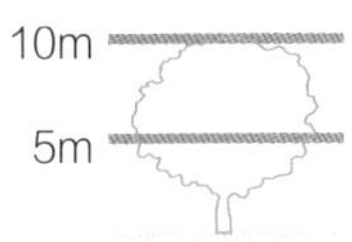
10m
5m

应用

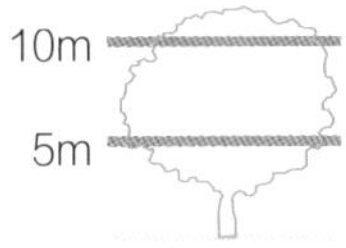
10m
5m

成树

※ 功能及应用

 抗有毒气体，吸收二氧化硫

●公园及公共绿地、风景区、滨水。

●孤植、列植、丛植、群植。

※ 观赏时期

月	1	2	3	4	5	6	7	8	9	10	11	12
花												
叶			■	■	■	■	■	■	■	□	□	
实												

※ 区域生长环境

光照 阴 阳
水分 干 湿
温度 低 高

※ 简介

●树皮暗灰色，深纵裂。小枝亮黄色，细长下垂。叶狭披针形，背面发白。

●喜光，喜温暖湿润气候，较耐寒，喜水湿，也能耐干旱，耐盐碱，喜潮湿深厚、排水良好的酸性及中性土壤。

●萌芽力强，根系发达，生长迅速。扦插或嫁接繁殖。有诱鸟，护岸固堤特性。

● 是金枝白柳（*S. alba*'Vitellina'）与垂柳（*S. babylonica*）的杂交种，具有不飞毛、年生长量大、育苗周期短、主干无疤结等特性。

●在我国北方城市多有栽培。

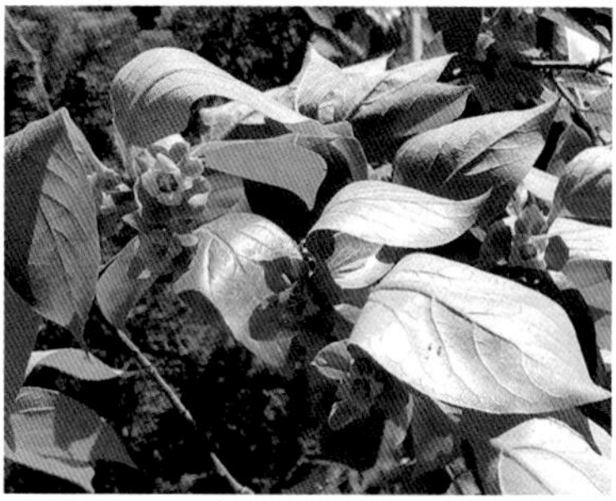

柿树

Diospyros kaki

柿树科 柿树属

※ 树形及树高

※ 功能及应用

●公园及公共绿地、风景区、庭园。

●孤植、丛植、片植、群植。

※ 观赏时期

月	1	2	3	4	5	6	7	8	9	10	11	12
花												
叶			■	■	■	■	■	■	■	■	■	
实									■	■	■	■

※ 区域生长环境

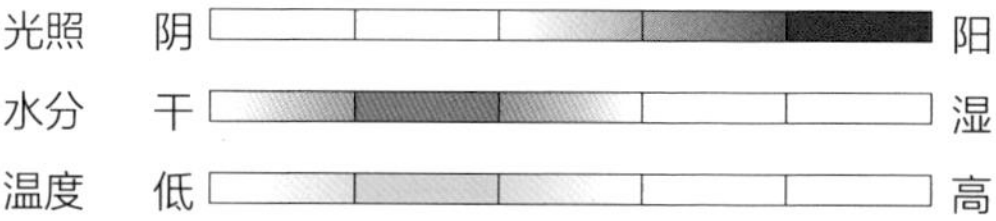

※ 简介

●树皮方块状开裂。单叶互生，完全叶光亮而革质。浆果熟时呈橙黄色或橘红色。

●喜光，耐寒，耐干旱瘠薄，不耐水湿和盐碱。

●深根性，寿命长。播种或嫁接繁殖。诱鸟、诱虫、诱蝶。

●产我国长江流域至黄河流域及日本。现东北南部至华南广作果树栽培，而以华北栽培最盛。入秋叶色红艳，果实满树，能为秋景增色。

君迁子(软枣,黑枣)
Diospyros lotus

柿树科 柿树属

※ 树形及树高

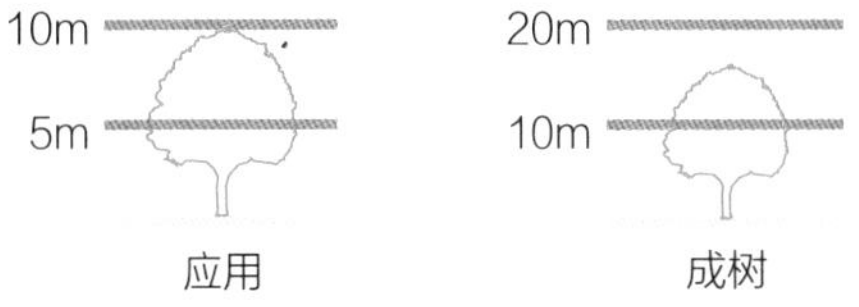

※ 功能及应用

抗二氧化硫

●公园及公共绿地、风景区、庭园。

●孤植、丛植、片植、群植。

※ 观赏时期

月	1	2	3	4	5	6	7	8	9	10	11	12
花												
叶												
实												

※ 区域生长环境

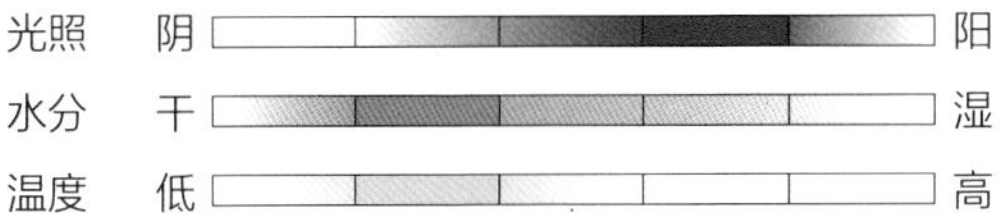

※ 简介

●树皮方块状开裂。单叶互生。花冠壶形,带红色或淡黄色。浆果近球形,由黄变蓝黑色。

●喜光,也耐半阴,耐寒,既耐旱,也耐水湿,耐盐碱,抗二氧化硫的能力较强。

●寿命较长,根系发达。播种繁殖。有诱虫、诱鸟特性。

●产我国东北南部、华北至中南、西南各地,亚洲西部、欧洲南部及日本也有分布。入秋叶色变红,果实满树,是园林结合生产的优良树种。

李

Prunus salicina

蔷薇科 李属

※ 树形及树高

应用

成树

※ 功能及应用

●公园及公共绿地、风景区、庭园。

●孤植、丛植、片植、群植。

※ 观赏时期

月	1	2	3	4	5	6	7	8	9	10	11	12
花												
叶												
实												

※ 区域生长环境

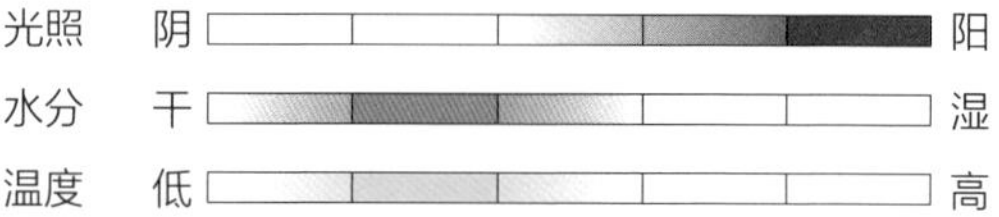

※ 简介

●树皮灰褐色，起伏不平。单叶互生。花白色，3 朵簇生。核果近球形，黄色或红色，有时为绿色或紫色。先花后叶。

●适应性强，喜光，耐旱，但极不耐积水，管理粗放。

●嫁接或播种繁殖。诱蝶、诱虫、诱鸟。

●产我国东北南部、华北、华东及华中地区，我国各省及世界各地均有栽培。可植于庭园观赏。

杏

Prunus armeniaca

蔷薇科 李属

※ 树形及树高

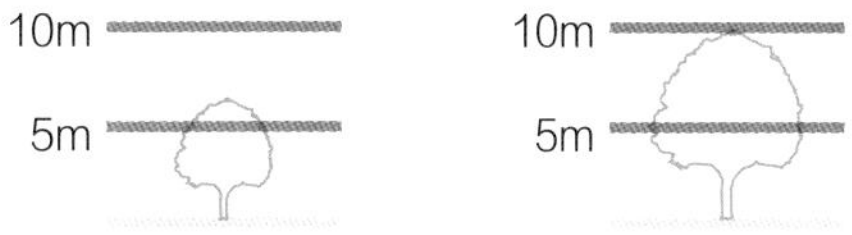

应用　　成树

※ 功能及应用

- 公园及公共绿地、风景区、庭园。
- 孤植、丛植、片植、群植。

※ 观赏时期

月	1	2	3	4	5	6	7	8	9	10	11	12
花												
叶												
实												

※ 区域生长环境

光照　阴　阳

水分　干　湿

温度　低　高

※ 简介

- 树皮灰褐色，纵裂。单叶互生。花常单生，淡粉红色或近白色。果球形，黄色或带红晕。先花后叶。
- 阳性树种，喜光，稍耐阴，耐寒与耐旱力强，抗盐性较强，但不耐涝。
- 寿命长，深根性。播种或嫁接繁殖。有诱蝶、诱虫、诱鸟，防风的特性。
- 产东北、华北、西北、西南及长江中下游各地。早春叶前满树繁花，美丽壮观，在园林绿地中宜成林成片种植，也可作荒山造林树种。

‘辽梅’山杏

Prunus sibirica ‘Pleniflora’

蔷薇科 李属

※ 树形及树高

应用 成树

※ 功能及应用

●公园及公共绿地、风景区、庭园。

●孤植、丛植、片植、群植。

※ 观赏时期

月	1	2	3	4	5	6	7	8	9	10	11	12
花												
叶												
实												

※ 区域生长环境

光照 阴 阳

水分 干 湿

温度 低 高

※ 简介

●树皮灰褐色，纵裂。单叶互生。花大而重瓣，深粉红色，花朵密，形似梅花，具清香。果实较小，扁圆形。

●喜光，稍耐阴，耐寒性强，耐干旱瘠薄，不耐盐碱和水湿。

●寿命长。嫁接繁殖。有诱蝶、诱虫、诱鸟的特性。

●产辽宁西部及南部，沈阳、鞍山、北京等地有栽培。可植于园林绿地、庭园观赏。

山桃

Prunus davidiana

蔷薇科 李属

※ 树形及树高

※ 功能及应用

●公园及公共绿地、风景区、庭园、建筑环境（含居住区）、医院、学校。

●孤植、丛植、片植、群植。

※ 观赏时期

月	1	2	3	4	5	6	7	8	9	10	11	12
花												
叶												
实												

※ 区域生长环境

光照 阴 阳

水分 干 湿

温度 低 高

※ 简介

●树皮暗紫色，光滑。单叶互生。花单生，粉红色。果实近球形，淡黄色。先花后叶。

●适应性强，耐旱，耐寒，耐贫瘠，忌水湿。

●播种繁殖、扦插繁殖。诱鸟、诱虫、诱蝶。

●产我国黄河流域。开花特早（北京 3 月底即开放），是北方园林中早春重要的观花树种。

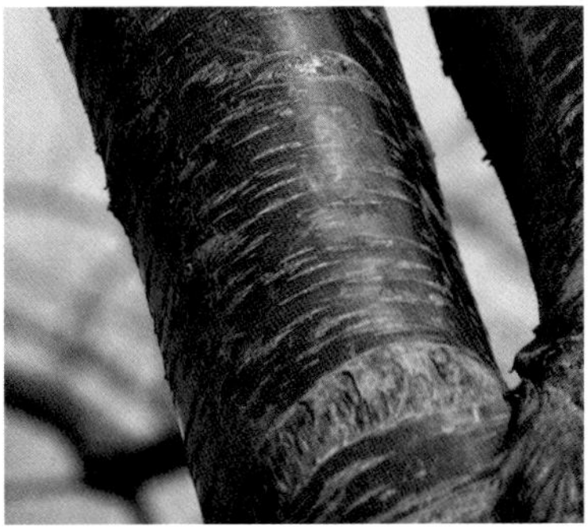

白花山碧桃

Prunus davidiana 'Albo-plena'

蔷薇科 李属

※ 树形及树高

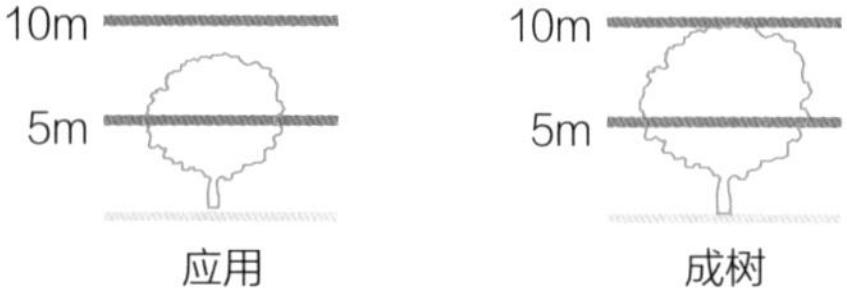

※ 功能及应用

●公园及公共绿地、风景区、庭园、建筑环境（含居住区）、医院、学校。

●孤植、丛植、片植、群植。

※ 观赏时期

月	1	2	3	4	5	6	7	8	9	10	11	12
花												
叶												
实												

※ 区域生长环境

光照 阴  阳

水分 干  湿

温度 低  高

※ 简介

●树体较大而开展，树皮光滑。单叶互生。花白色，重瓣。

●喜光，耐寒，耐旱，较耐盐碱，忌水湿，喜沙质土壤。

●嫁接繁殖。有诱蝶、诱虫、诱鸟的特性。

●杂交种，花期介于山桃与观赏桃之间，弥补了桃花类的观赏空期，生长势强健，观赏价值高，华北地区多栽培。

●近年，研究人员利用合欢二色桃、绛桃与白花山碧桃杂交获得粉花山碧桃品种‘品霞’、‘品虹’，花开绚烂（左图5）。

大山樱

Prunus sargentii

蔷薇科 李属

※ 树形及树高

※ 功能及应用

●公园及公共绿地、风景区、庭园、建筑环境（含居住区）、医院、学校。

●孤植、丛植、片植、群植。

※ 观赏时期

月	1	2	3	4	5	6	7	8	9	10	11	12
花			■	■								
叶					■	■	■	■	■	■		
实						■	■					

※ 区域生长环境

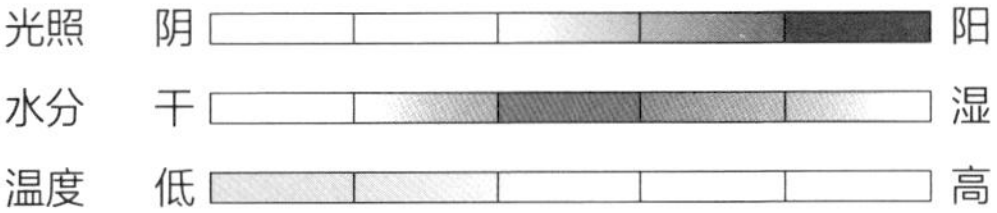

※ 简介

●干皮光滑，栗褐色。单叶互生，缘具不规则尖锐锯齿，叶柄、托叶和锯齿常有腺体。花粉红色，2~4（6）朵簇生。果紫黑色。先花后叶。

●喜光，稍耐阴，喜湿润气候，耐寒性较强，不耐烟尘，在排水良好、含腐殖质较多的沙质壤土和黏质壤土中能很好地生长。

●嫁接繁殖。有诱蝶、诱虫、诱鸟的特性。

●产日本北部及朝鲜，我国大连、丹东、沈阳、北京等地有栽培。早春开花，极为美丽，秋天叶很早变为橙或红色，是很好的庭园观赏树。

东京樱花（日本樱花，江户樱）

Prunus × yedoensis

蔷薇科 李属

※ 树形及树高

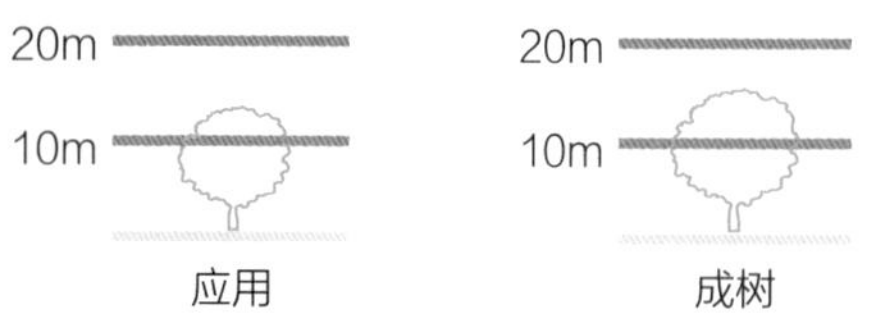

※ 功能及应用

●公园及公共绿地、风景区、庭园、道路、建筑环境（含居住区）、医院、学校、滨水。

●孤植、丛植、列植、片植、群植。

※ 观赏时期

月	1	2	3	4	5	6	7	8	9	10	11	12
花												
叶												
实												

※ 区域生长环境

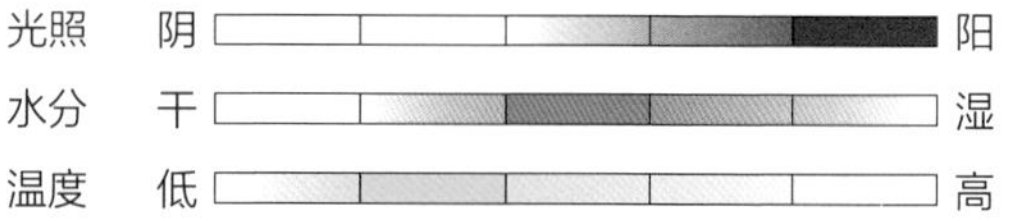

※ 简介

●树皮暗灰色，平滑。单叶互生，缘具尖锐重锯齿，叶柄、托叶和锯齿常有腺体。花白色或淡粉红色，先端凹缺，有香气，4~6 朵成伞形或短总状花序。果黑色。先花后叶。

●喜光，喜湿润气候，适宜在土层深厚、土质疏松、透气性好、保水力较强的砂壤土或砾质壤土中栽培。

●寿命较短，生长快。扦插或嫁接繁殖。有诱蝶、诱虫、诱鸟的特性。

●原产日本，我国各地有栽培。著名观花树种，但花期很短，只能保持 5~6 天。应用最广泛、最著名的品种即‘染井吉野’（‘Somei-yoshino’）。

日本晚樱（里樱）

Prunus serrulata var. *lannesiana* cvs.

蔷薇科 李属

※ 树形及树高

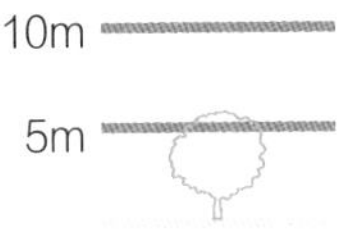

应用

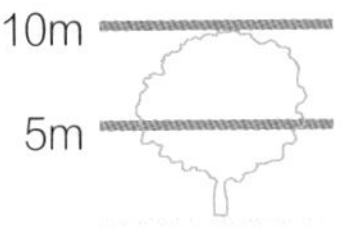

成树

※ 功能及应用

●公园及公共绿地、风景区、庭园、建筑环境（含居住区）、医院、学校。

●孤植、丛植、片植、群植。

※ 观赏时期

月	1	2	3	4	5	6	7	8	9	10	11	12
花												
叶												
实												

※ 区域生长环境

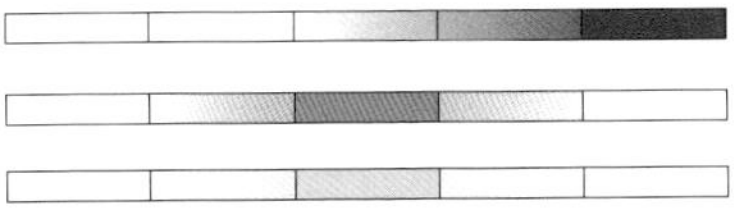

※ 简介

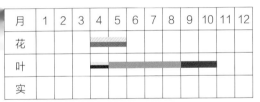

●乔木或小乔木状应用。干皮浅灰色，有唇形皮孔。叶互生，叶缘重锯齿具长芒，叶柄、托叶和锯齿常有腺体，新叶一般古铜色或黄绿色。花白色或粉红色，单瓣到重瓣（品种），2~3 朵聚生。严格来讲本种应指一个或多个晚花期的杂交品种群，品种众多，花型（单瓣到重瓣）及颜色丰富。花叶同放。

●喜光，有一定的耐寒能力，喜深厚肥沃而排水良好的土壤。

●浅根性树种。可扦插繁殖。诱鸟、诱虫、诱蝶。

●几乎多数品种为日本培育，国内广泛栽培，花期较其他樱花晚。可植于庭园或园林绿地观赏。

垂枝樱

Prunus subhirtella 'Pendula'

蔷薇科 李属

※ 树形及树高

※ 功能及应用

●公园及公共绿地、风景区、庭园、建筑环境（含居住区）、医院、学校。

●孤植、对植、丛植、群植。

※ 观赏时期

月	1	2	3	4	5	6	7	8	9	10	11	12
花												
叶												
实												

※ 区域生长环境

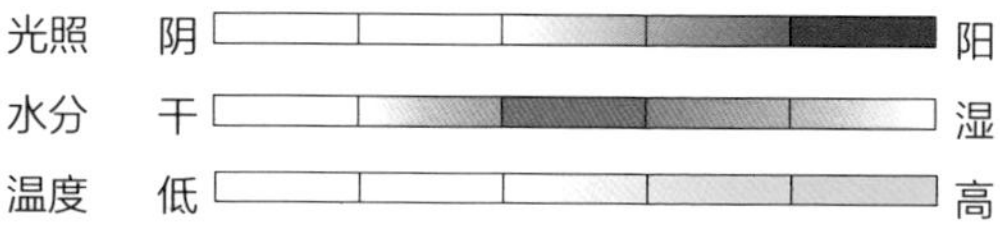

※ 简介

●乔木或小乔木状应用。树皮暗栗褐色。单叶互生，叶缘先端有芒齿，叶柄上有腺点。枝下垂。花粉红色，常重瓣。先花后叶。

●喜光，喜温暖湿润的气候环境，对土壤的要求不严，以深厚肥沃的沙质壤土生长最好。

●以播种、扦插和嫁接繁殖为主。根系浅，对烟及风抗力弱。

●原种产于日本。中国各地有引种栽培，是美丽的庭园、园林绿地观花树种。

稠李

Prunus padus

蔷薇科 李属

※ 树形及树高

※ 功能及应用

●公园及公共绿地、风景区、庭园、建筑环境（含居住区）、医院、学校。

●孤植、丛植、片植、群植。

※ 观赏时期

月	1	2	3	4	5	6	7	8	9	10	11	12
花												
叶												
实												

※ 区域生长环境

光照 阴 阳

水分 干 湿

温度 低 高

※ 简介

●乔木或小乔木状应用。树皮粗糙而多斑纹。单叶互生叶柄顶端常有腺体。花白色，有清香，约 20 朵排成下垂总状花序。果黑色。

●稍耐阴，耐寒性强，喜肥沃湿润而排水良好的土壤，不耐干旱瘠薄，耐轻度盐碱，对病虫害抵抗能力强。

●根系发达，长寿。可用播种或扦插进行繁殖。诱鸟、诱虫、诱蝶。

●产我国东北、华北、内蒙古及西北地区，北欧、俄罗斯、朝鲜、日本也有分布。是一种良好的园林观赏树种。

山楂

Crataegus pinnatifida

蔷薇科 山楂属

※ 树形及树高

※ 功能及应用

●公园及公共绿地、风景区、庭园、建筑环境(含居住区)、医院、学校。

●孤植、丛植、片植、群植。

※ 观赏时期

月	1	2	3	4	5	6	7	8	9	10	11	12
花												
叶												
实												

※ 区域生长环境

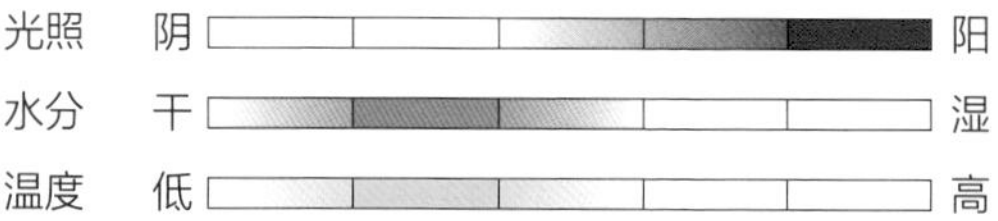

※ 简介

●树皮粗糙,暗灰色或灰褐色。常有枝刺。单叶互生,羽状 5~9 裂。花白色,成顶生伞房花序。梨果近球形,红色。

●喜光、耐寒,喜冷凉干燥气候及排水良好土壤。

●播种、扦插或嫁接繁殖。有诱蝶、诱虫、诱鸟特性。

●园林常用品种山里红(大山楂)*Crataegus pinnatifida* var. *major*。

●产黑龙江、吉林、辽宁、内蒙古、河北、河南、山东、山西、陕西、江苏,朝鲜和西伯利亚也有分布。可作庭园绿化及观赏树种。

水榆花楸（水榆）

Sorbus alnifolia

蔷薇科 花楸属

※ 树形及树高

应用　　　　成树

※ 功能及应用

●公园及公共绿地、风景区、庭园、建筑环境（含居住区）、医院、学校。

●孤植、丛植、片植、群植。

※ 观赏时期

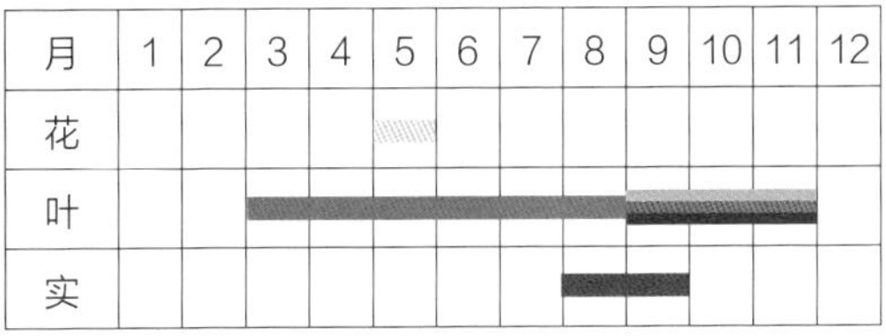

※ 区域生长环境

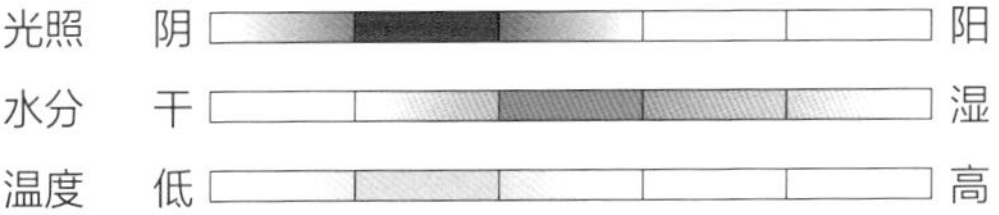

※ 简介

●树皮光滑，灰色。单叶互生。花白色，复伞房花序。果椭球形，红色或黄色。

●中性树种，耐阴，耐寒，喜湿润而排水良好的微酸性或中性土壤。

●播种繁殖。有诱蝶、诱虫、诱鸟的特性。

●产我国东北、华北、长江中下游及西北地区，朝鲜、日本也有分布。秋叶变红或金黄色，又有果实累累，可作园林风景树栽植。

百华花楸（花楸树）

Sorbus pohuashanensis

蔷薇科　花楸属

※ 树形及树高

※ 功能及应用

●公园及公共绿地、风景区、庭园、建筑环境（含居住区）、医院、学校。

●孤植、丛植、片植、群植。

※ 观赏时期

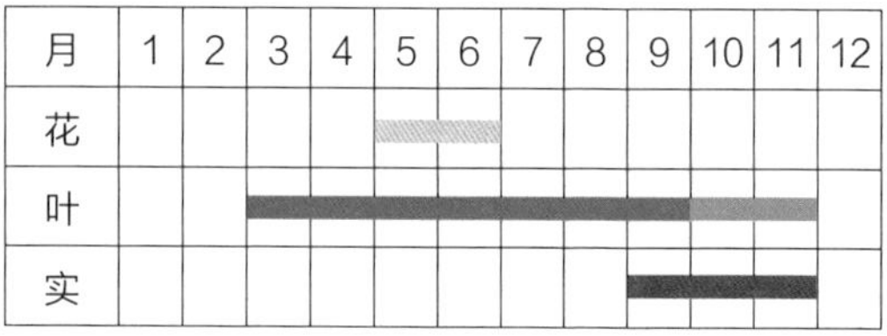

※ 区域生长环境

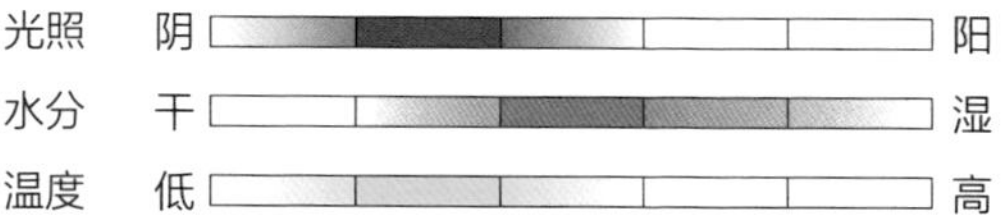

※ 简介

●树皮棕灰色，光滑不开裂。羽状复叶互生，小叶11~15。花小而白色，顶生复伞房花序。梨果红色。

●中性树种，喜冷凉湿润气候，稍耐阴，耐寒，喜湿润的酸性或微酸性土壤。

●播种繁殖。

●产我国东北、华北、内蒙古高山地区。本种花叶美丽，入秋红果累累，叶也变红，宜植于庭园及风景区观赏。

苹果

Malus pumila

蔷薇科 苹果属

※ 树形及树高

※ 功能及应用

●公园及公共绿地、风景区、庭园。

●孤植、丛植、片植、群植。

※ 观赏时期

月	1	2	3	4	5	6	7	8	9	10	11	12
花					■	■						
叶			■	■	■	■	■	■	■	■		
实									■	■	■	

※ 区域生长环境

光照 阴 —— 阳

水分 干 —— 湿

温度 低 —— 高

※ 简介

●老皮有不规则的纵裂或片状剥落，小枝光滑。单叶互生。花白色或带红晕，伞房花序。果大，黄色或红色。

●喜光，喜冷凉干燥气候，在湿热气候下生长不良。喜肥沃深厚而排水良好的喜微酸性到中性土壤。

●嫁接繁殖。有诱蝶、诱虫、诱鸟的特性。

●原产欧洲及亚洲中西部，著名温带果树，我国北部多栽培。春花秋果，是园林结合生产的优良树种，品种多达 1000 个以上，我国栽培的主要品种有‘国光’‘青香蕉’‘金帅’‘红玉’‘祝’等。

山荆子（山定子、山丁子）

Malus baccata

蔷薇科 苹果属

※ 树形及树高

※ 功能及应用

●公园及公共绿地、风景区、庭园、建筑环境（含居住区）、医院、学校。

●孤植、丛植、片植、群植。

※ 观赏时期

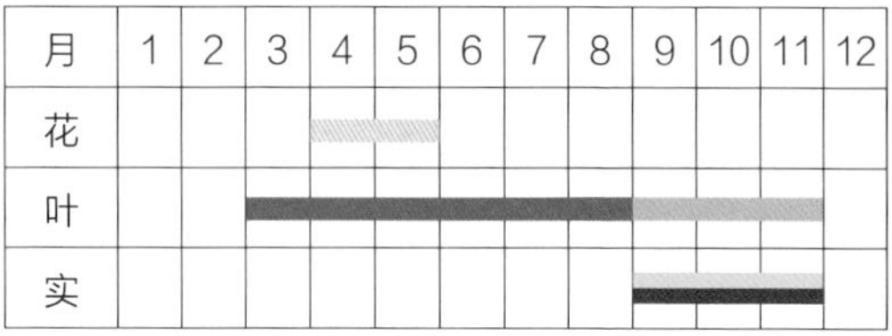

※ 区域生长环境

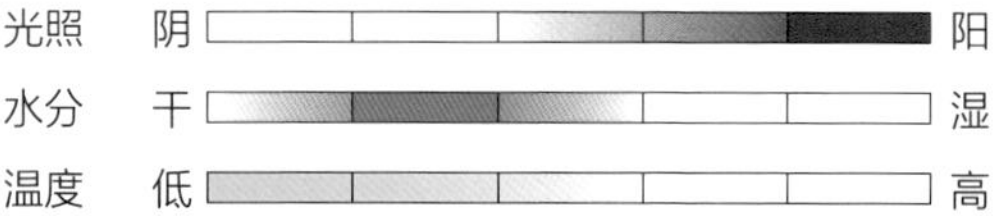

※ 简介

●树皮块状剥落。单叶互生。花白色或淡粉红色，密集，有香气。果近球形，亮红色或黄色，经冬不落。

●喜光，稍耐阴，耐寒性强，耐干旱瘠薄，稍耐盐碱和水湿。

●寿命较长，深根性。多用播种繁殖。有诱蝶、诱虫、诱鸟的特性。

●产我国东北、内蒙古及黄河流域各地，俄罗斯、蒙古、朝鲜、日本也有分布。树姿优雅，白花繁密，果红而多，是优良的观赏树种。

杜梨

Pyrus betulaefolia

蔷薇科 梨属

※ 树形及树高

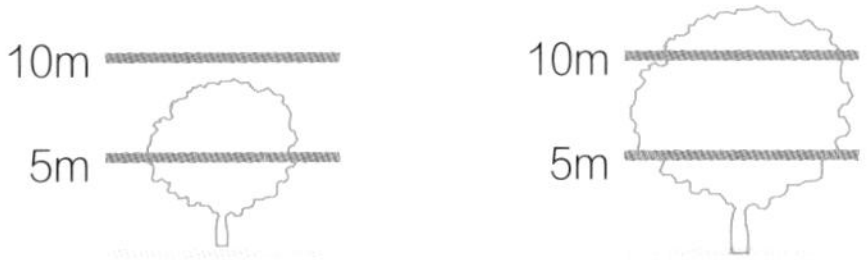

应用　　成树

※ 功能及应用

●公园及公共绿地、风景区、庭园、林地、建筑环境（含居住区）、医院、学校。

●孤植、丛植、片植、群植。

※ 观赏时期

月	1	2	3	4	5	6	7	8	9	10	11	12
花												
叶												
实												

※ 区域生长环境

光照 阴 阳

水分 干 湿

温度 低 高

※ 简介

●树皮灰褐色，纵裂。单叶互生。花白色，伞形总状花序。果小，褐色。先花后叶。

●喜光，耐寒凉，耐干旱瘠薄，耐盐碱，耐涝性在梨属中最强。

●寿命长，深根性，根萌性强。播种繁殖。有诱蝶、诱虫、诱鸟，防风固沙，水土保持的特性。

●产东北南部、内蒙古、黄河流域至长江流域各地。白花繁多而美丽，可植于庭园观赏，也可在华北作防护林及沙荒造林树种。

合欢

Albizia julibrissin

含羞草科 合欢属

※ 树形及树高

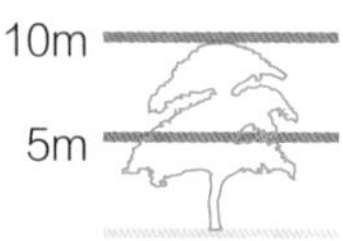

应用

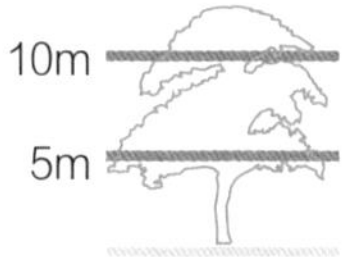

成树

※ 功能及应用

抗二氧化硫、氯化氢

●公园及公共绿地、风景区、庭园、道路、建筑环境(含居住区)、医院、学校、工矿区。

●孤植、丛植、列植、片植、群植。

※ 观赏时期

月	1	2	3	4	5	6	7	8	9	10	11	12
花						■	■					
叶			■	■	■	■	■	■	■	■	■	
实												

※ 区域生长环境

光照 阴 阳

水分 干 湿

温度 低 高

※ 简介

●树干浅灰褐色,树皮轻度纵裂。二回偶数羽状复叶互生,复叶具羽片 4~12(20)对,各羽片具小叶 10~30 对。花丝粉红色,细长如绒缨,头状花序排列成伞房状。

●喜温暖湿润和阳光充足环境,稍耐阴,较耐寒,耐干旱瘠薄及轻度盐碱,不耐水湿,宜在排水良好、肥沃土壤生长。

●生长迅速。播种繁殖。有诱虫、诱鸟特性。

●产亚洲中部、东部及非洲,我国黄河流域及其以南地区均有分布。树形优美,盛夏红色绒花满树,是良好的城乡绿化及观赏树种,尤宜作庭荫树及行道树。

皂荚（皂角）

Gleditsia sinensis

苏木科（云实科） 皂荚属

※ 树形及树高

应用 成树

※ 功能及应用

有刺 抗污染

●公园及公共绿地、风景区、庭园、建筑环境（含居住区）、工矿区。

●孤植、丛植、片植、群植。

※ 观赏时期

月	1	2	3	4	5	6	7	8	9	10	11	12
花												
叶												
实												

※ 区域生长环境

光照 阴 阳

水分 干 湿

温度 低 高

※ 简介

●树干或大枝具分枝圆刺。一回羽状复叶互生，小叶3~7对。荚果直而扁平，较肥厚。

●喜光，较耐寒，耐旱，喜深厚、湿润而肥沃土壤，在石灰岩山地、石灰质土、微酸性及轻盐碱土上都能正常生长。

●深根性，寿命长。播种繁殖。诱鸟、诱虫。

●产我国黄河流域及其以南各地。树冠广阔，树形优美，是良好的庭荫树及四旁绿化树种。

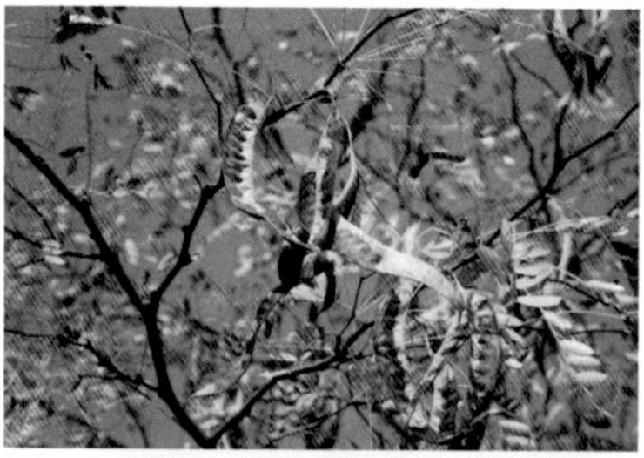

山皂荚（日本皂荚）

Gleditsia japonica

苏木科（云实科） 皂荚属

※ 树形及树高

※ 功能及应用

! 有刺

●公园及公共绿地、风景区、庭园、建筑环境（含居住区）。

●孤植、丛植、片植、群植。

※ 观赏时期

月	1	2	3	4	5	6	7	8	9	10	11	12
花												
叶												
实												

※ 区域生长环境

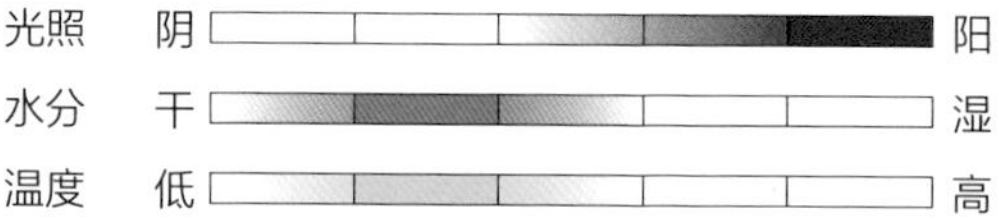

※ 简介

●树干或大枝具扁分枝刺。一回兼有二回羽状复叶，互生。花小，总状花序。荚果质薄而常扭曲，或呈镰刀状。

●喜光，稍耐阴，耐寒，耐旱，不耐水湿，稍耐盐碱，少病虫害，喜肥沃深厚土壤，在石灰质及轻盐碱土上也能生长。

●深根性，长寿。播种繁殖。诱鸟、诱虫。

●产我国东北南部、华北至华东地区，日本、朝鲜也有分布。良好的庭荫树及四旁绿化树种。

美国肥皂荚（北美肥皂荚）

Gymnocladus dioicus

苏木科 肥皂荚属

※ 树形及树高

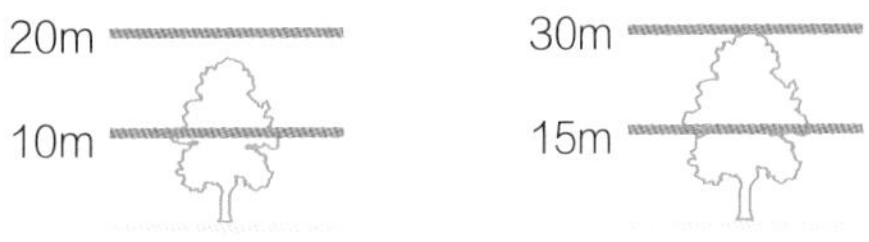

应用　　成树

※ 功能及应用

! 有刺

●公园及公共绿地、风景区、庭园、道路、建筑环境（含居住区）、医院、学校、滨水。

●孤植、丛植、列植、片植、群植。

※ 观赏时期

月	1	2	3	4	5	6	7	8	9	10	11	12
花												
叶												
实												

※ 区域生长环境

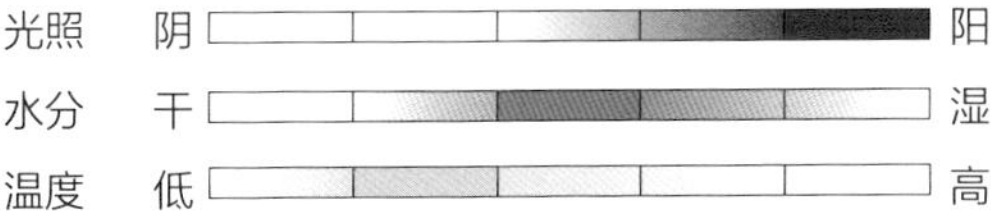

※ 简介

●树皮粗糙、灰色，老树呈薄片状开裂。二回偶数羽状复叶，羽片 3~7 对，上部羽片具小叶 3~7 对，最下部常减少成一片小叶。花绿白色。

●喜光，喜温暖湿润的气候及深厚肥沃的土壤，耐寒。

●寿命长。播种繁殖。

●原产北美地区，我国山东、北京、浙江、江苏等地有引种栽培。可作园林观赏树及庭荫树。

槐树（国槐）

Sophora japonica

蝶形花科 槐树属

※ 树形及树高

应用

成树

※ 功能及应用

抗烟尘、二氧化硫、氯气

●公园及公共绿地、风景区、庭园、道路、建筑环境（含居住区）、医院、学校。

●孤植、列植、丛植、片植、群植。

※ 观赏时期

月	1	2	3	4	5	6	7	8	9	10	11	12
花												
叶			■	■	■	■	■	■	■	■		
实												

※ 区域生长环境

光照 阴 阳

水分 干 湿

温度 低 高

※ 简介

●树皮灰褐色，浅裂，小枝绿色。奇数羽状复叶互生，小叶 7~17。花冠蝶形，白色或略淡黄，顶生圆锥花序。荚果在种子间缢缩成念珠状。

●喜光，稍耐阴，耐寒，稍耐盐碱，喜肥沃湿润而排水良好土壤，在石灰岩及轻盐碱土上也能正常生长。

●播种或扦插繁殖。诱蝶、诱虫、诱鸟、防风固沙。

●产我国北部，南北各地均有栽培，日本、朝鲜也有分布。为良好的庭荫树及行道树种，是北京，石家庄等市的市树。有金叶、金枝等品种（左图 4、图 5）及近年发现的粉花或红花变异品种（左图 3）。

刺槐（洋槐）

Robinia pseudoacacia

蝶形花科 刺槐属

※ 树形及树高

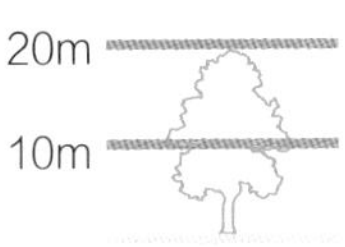

应用

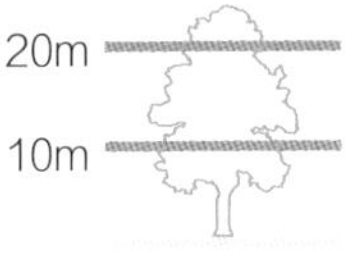

成树

※ 功能及应用

! 有刺

●公园及公共绿地、风景区、庭园、道路、建筑环境（含居住区）、医院、学校。

●孤植、列植、丛植、片植、群植。

※ 观赏时期

月	1	2	3	4	5	6	7	8	9	10	11	12
花												
叶												
实												

※ 区域生长环境

光照 阴 阳

水分 干 湿

温度 低 高

※ 简介

●干皮深纵裂。枝具托叶刺。羽状复叶互生，小叶7~19。花白色，芳香，成下垂总状花序。

●喜光，不耐阴，耐干旱瘠薄，稍耐盐碱，对土壤适应性强，浅根性。

●萌蘖性强，长寿，生长快。播种或扦插繁殖。有诱蝶、诱虫、诱鸟，防风的特性。

●原产美国中部和东部，现我国南北各地普遍栽培。可作庭荫树、行道树、防风林及城乡规划绿化先锋树种，也是重要的速生用材树种。

红花刺槐

Robinia pseudoacacia 'Decaisneana'

蝶形花科 刺槐属

※ 树形及树高

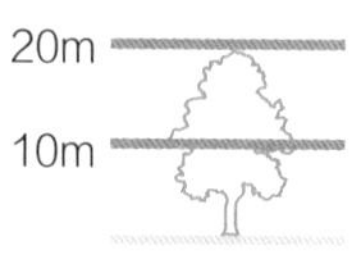

应用

成树

※ 功能及应用

! 有刺

●公园及公共绿地、风景区、庭园、道路、林地、建筑环境（含居住区）、医院、学校。

●孤植、列植、丛植、片植、群植。

※ 观赏时期

月	1	2	3	4	5	6	7	8	9	10	11	12
花												
叶												
实												

※ 区域生长环境

光照 阴 阳

水分 干 湿

温度 低 高

※ 简介

●干皮深纵裂。羽状复叶互生，小叶 7~19。花亮玫瑰红色，2~7 朵成稀疏的总状花序。

●适应性强，喜光，怕荫蔽和水湿，耐寒，浅根性，侧根发达，喜排水良好的土壤，燥地及海岸均能生长。

●常嫁接繁殖。有诱蝶、诱虫、诱鸟，水土保持的特性。

●杂种起源，我国各地常见栽培。可作庭荫树、行道树、防护林及城乡绿化先锋树种。

香花槐

Robinia pseudoacacia 'Idaho'

蝶形花科 刺槐属

※ 树形及树高

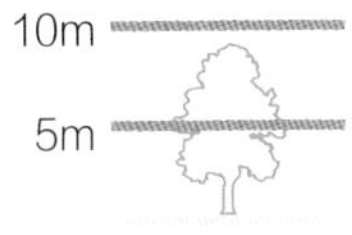

应用

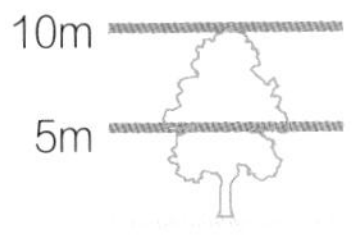

成树

※ 功能及应用

抗二氧化硫、氯气、氮氧化物和化学烟雾

! 枝有少量刺

●公园及公共绿地、风景区、庭园、道路、建筑环境（含居住区）、医院、学校。

●孤植、列植、丛植、片植、群植。

※ 观赏时期

月	1	2	3	4	5	6	7	8	9	10	11	12
花												
叶												
实												

※ 区域生长环境

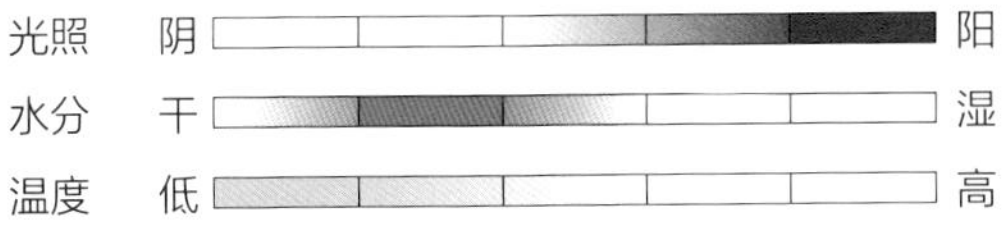

※ 简介

●干皮深纵裂。羽状复叶互生，小叶 7~19。总状花序，花紫红至深粉红色，浓郁芳香。

●喜光，耐寒，耐干旱瘠薄，对土壤要求不严。

●抗病力强，适应性强，生长快。扦插或嫁接繁殖。有诱蝶、诱虫、诱鸟，防风固沙，水土保持的特性。

● 1996 年从朝鲜引入中国。在我国南方春至秋季连续开花，在北方 5 月和 7~8 月开花两次，是很好的园林观赏树种。

朝鲜槐（山槐）

Maackia amurensis

蝶形花科　马鞍树属

※ 树形及树高

应用　　成树

※ 功能及应用

●公园及公共绿地、风景区、庭园、道路。

●孤植、丛植、列植、片植、群植。

※ 观赏时期

月	1	2	3	4	5	6	7	8	9	10	11	12
花												
叶												
实												

※ 区域生长环境

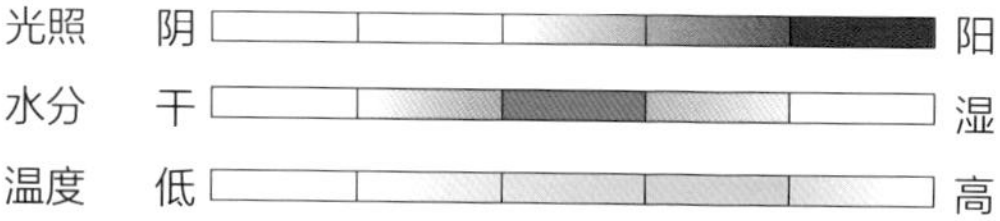

※ 简介

●树皮薄片状裂。羽状复叶互生，小叶 7~11。花白色，复总状花序。

●喜光，稍耐阴，耐寒力强，喜肥沃湿润土壤。

●产朝鲜和我国东北小兴安岭、长白山及内蒙古、河北、山东等地。在北方可栽作行道树及庭荫树。

沙枣(桂香柳)

Elaeagnus angustifolia

胡颓子科　胡颓子属

※ 树形及树高

应用　　成树

※ 功能及应用

吸收粉尘，固氮释氧

●公园及公共绿地、风景区、建筑环境(含居住区)。

●孤植、丛植、片植、群植。

※ 观赏时期

月	1	2	3	4	5	6	7	8	9	10	11	12
花												
叶												
实												

※ 区域生长环境

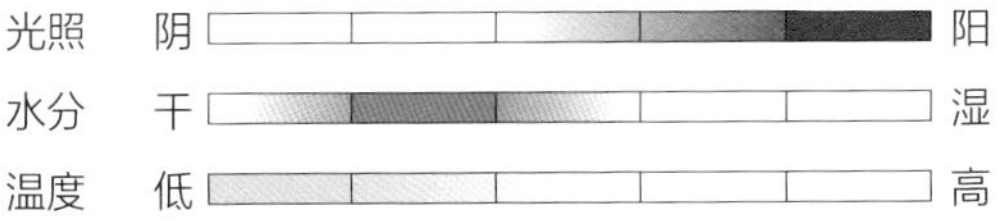

※ 简介

●全株常披鳞片，幼枝银白色，老枝红棕色，光亮。单叶互生，背面或两面银白色。花被外面银白色，里面黄色，芳香，1~3 朵腋生。核果黄色，椭球形。

●喜光，稍耐阴，耐寒，耐干冷气候，耐干旱瘠薄，耐盐碱水湿，抗风沙，干旱低湿及盐碱地可生长。

●长寿树种，深根性，根系富有根瘤菌，萌芽力强，生长较快。播种繁殖。有诱虫、诱鸟，防风固沙，水土保持的特性。

●我国主要分布于西北沙地，华北、东北也有，是北方沙荒及盐碱地营造防护林及四旁绿化的重要树种，也可植于园林绿地观赏或作背景树。

毛梾木（车梁木）

Cornus（*Swida*） *walteri*

山茱萸科　山茱萸属（梾木属）

※ 树形及树高

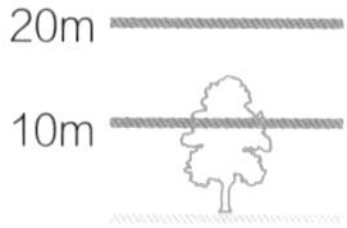

应用

成树

※ 功能及应用

吸收粉尘

●公园及公共绿地、风景区、庭园。

●孤植、丛植、片植、群植。

※ 观赏时期

月	1	2	3	4	5	6	7	8	9	10	11	12
花												
叶												
实												

※ 区域生长环境

光照　阴　　阳

水分　干　　湿

温度　低　　高

※ 简介

●树皮黑褐色，纵裂而又横裂成块状。叶对生。花白色，有香气，聚伞花序伞房状。核果球形，黑色。

●较喜光，喜生于半阳坡、半阴坡，耐寒，也耐高温，较耐干旱瘠薄，喜深厚肥沃土壤。

●深根性树种。播种、扦插或嫁接繁殖。有诱虫、诱鸟的特性。

●主产黄河流域，华东至西南地区也有分布。产区重要的油料、用材及园林绿化树种。

北枳椇（拐枣）

Hovenia dulcis

鼠李科 枳椇属

※ 树形及树高

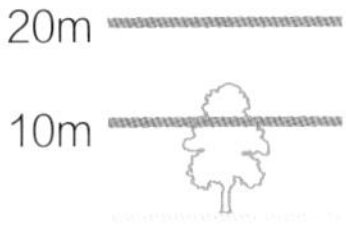

应用

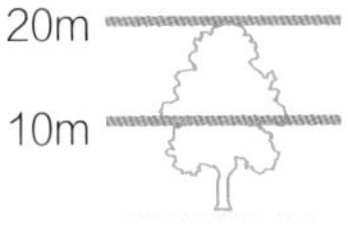

成树

※ 功能及应用

●公园及公共绿地、风景区、庭园、道路。

●孤植、列植、丛植、片植、群植。

※ 观赏时期

月	1	2	3	4	5	6	7	8	9	10	11	12
花												
叶												
实												

※ 区域生长环境

光照 阴 阳

水分 干 湿

温度 低 高

※ 简介

●树皮灰褐色，浅纵裂，不剥落。单叶互生。聚伞圆锥花序不对称，生于枝和侧枝顶端，罕兼腋生。果熟时褐色，果梗肥大肉质。

●阳性树种，喜温暖湿润气候，略抗寒，病虫害少，对土壤要求不严。

●深根性。播种繁殖。有诱虫、诱鸟、防风固沙等特性。

●产我国河北、山西、陕西至长江流域，日本、朝鲜也有分布。宜作庭荫树及行道树。

枣
Ziziphus jujuba
鼠李科　枣属

※ 树形及树高

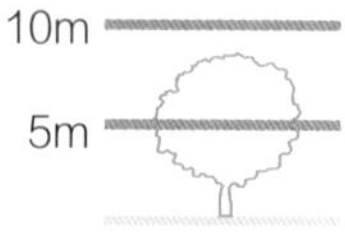

应用　　　　　　成树

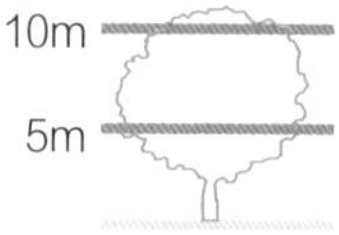

※ 功能及应用

● 公园及公共绿地、风景区、庭园。
● 孤植、丛植、片植、群植。

※ 观赏时期

月	1	2	3	4	5	6	7	8	9	10	11	12
花												
叶			■	■	■	■	■	■	■	■	■	
实								■	■			

※ 区域生长环境

光照　阴 ☐☐☐☐☐☐☐ 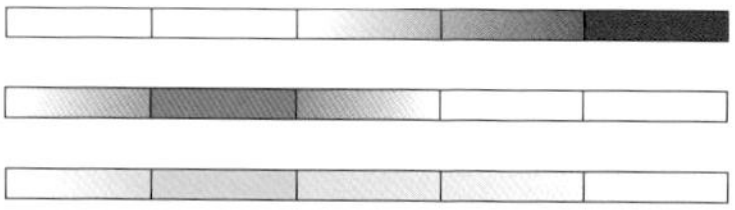 阳
水分　干 ☐☐☐☐☐☐☐ 湿
温度　低 ☐☐☐☐☐☐☐ 高

※ 简介

● 树皮褐色或灰褐色。枝常有托叶刺。单叶互生，基部三主脉。花小，黄绿色。核果椭球形，熟后暗红色。
● 喜光，喜干冷气候，也耐湿热，耐干旱瘠薄，耐盐碱，对土壤要求不严。
● 寿命长，根萌蘖力强。分株和嫁接繁殖为主。诱鸟。
● 常见变种及栽培变种有无刺枣 'Inermis'、葫芦枣 'Lagenaria'、龙枣 'Tortuosa'、酸枣 var. *spinosa*。
● 产中国至欧洲东南部，我国自东北及内蒙古南部至华南均有栽培。

栾树

Koelreuteria paniculata

无患子科　栾树属

※ 树形及树高

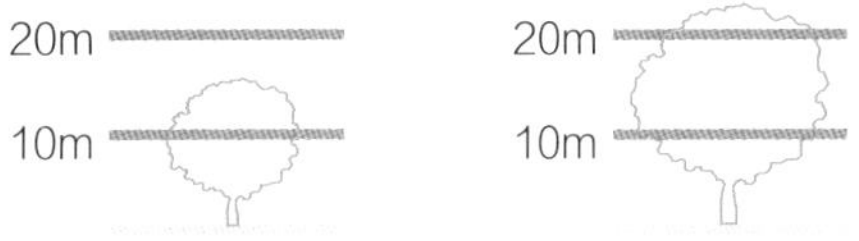

应用　　成树

※ 功能及应用

●公园及公共绿地、风景区、庭园、道路、建筑环境(含居住区)、医院、学校、工矿区。

●孤植、列植、丛植、片植、群植。

※ 观赏时期

月	1	2	3	4	5	6	7	8	9	10	11	12
花												
叶												
实												

※ 区域生长环境

光照　阴 — 阳

水分　干 — 湿

温度　低 — 高

※ 简介

●树皮灰褐色至灰黑色，老时纵裂。一至二回羽状复叶互生，小叶(7)11~18。花金黄色，顶生圆锥花序。蒴果三角状卵形，果皮膜质膨大。

●喜光，稍耐阴，耐寒，耐旱，也耐低湿和盐碱地，抗烟尘，病虫害少。

●深根性，萌芽力强。播种或根插繁殖。

●主产我国北部地区，是华北平原及低山常见树种，朝鲜、日本也有分布。夏季繁花满树，秋叶黄色，果实紫红，是理想的观赏庭荫树及行道树种。湖北宜昌市、十堰市市树。

七叶树（梭椤树）

Aesculus chinensis

七叶树科 七叶树属

※ 树形及树高

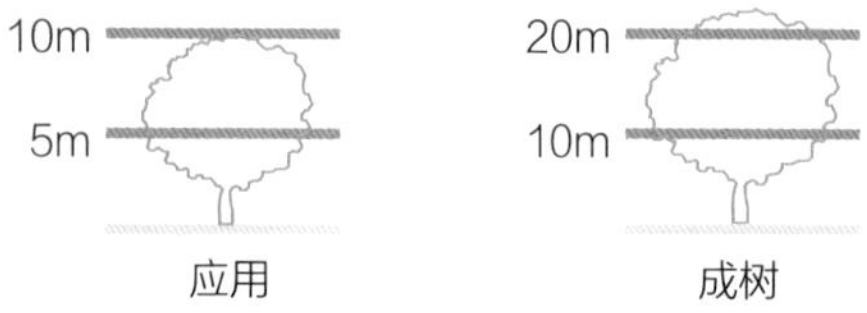

※ 功能及应用

●公园及公共绿地、风景区、庭园、道路、建筑环境（含居住区）、医院、学校。

●孤植、列植、丛植、片植、群植。

※ 观赏时期

月	1	2	3	4	5	6	7	8	9	10	11	12
花												
叶												
实												

※ 区域生长环境

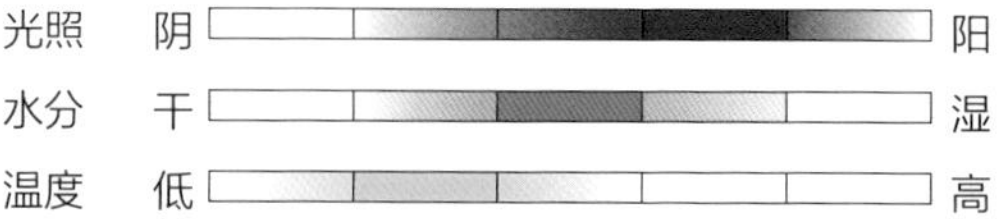

※ 简介

●树皮深褐色或灰褐色。掌状复叶对生，小叶通常7。花白色，顶生圆锥花序。

●喜光，也耐半阴，喜温和湿润气候，也能耐寒，稍耐旱，也稍耐水湿，耐盐碱，喜肥沃深厚土壤。

●寿命长，深根性，不耐移植，生长较慢。播种繁殖。有诱虫、诱鸟特性。

●主产黄河中下游地区，北京、杭州等城市多栽培。干皮较薄，易受日灼。宜作庭荫树及行道树。

欧洲七叶树

Aesculus hippocastanum

七叶树科 七叶树属

※ 树形及树高

应用 成树

※ 功能及应用

●公园及公共绿地、风景区、庭园、道路、建筑环境（含居住区）、医院、学校。

●孤植、丛植、列植、片植、群植。

※ 观赏时期

月	1	2	3	4	5	6	7	8	9	10	11	12
花												
叶												
实												

※ 区域生长环境

光照 阴 阳

水分 干 湿

温度 低 高

※ 简介

●树皮深褐色或灰褐色。掌状复叶对生，小叶无柄，5~7枚。花白色，基部有红、黄色斑，顶生圆锥花序。

●喜光，稍耐阴，耐寒，喜深厚、肥沃而排水良好的土壤。

●原产巴尔干半岛。树冠广阔，花序美丽，可作庭荫树及行道树。

元宝枫（平基槭，华北五角枫）

Acer truncatum

槭树科 槭树属

※ 树形及树高

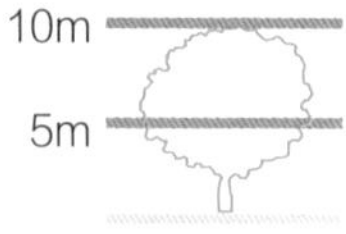

应用

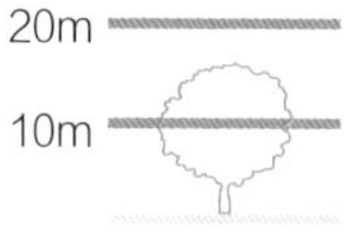

成树

※ 功能及应用

对二氧化硫、氟化氢有抗性，吸附粉尘能力强

●公园及公共绿地、风景区、庭园、道路、林地、医院、学校。

●孤植、丛植、列植、片植、群植。

※ 观赏时期

月	1	2	3	4	5	6	7	8	9	10	11	12
花												
叶												
实												

※ 区域生长环境

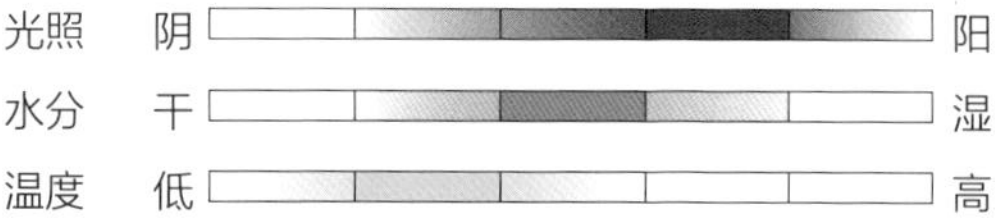

※ 简介

●树皮灰褐色或深褐色，深纵裂。单叶对生，掌状5裂。花小，黄色或黄绿色，成顶生聚伞花序。翅果扁平，形似元宝。

●弱阳性，耐半阴，喜温凉气候，不耐干热和强烈日晒，耐寒，稍耐旱，抗风力强，病虫害较少。

●深根性，寿命较长。播种繁殖。有诱虫、诱鸟，防风等特性。有品种‘丽红’。

●产我国黄河流域、东北、内蒙古及江苏、安徽，朝鲜和俄罗斯的萨哈林岛也有分布。宜作庭荫树、行道树或营造风景林。

五角枫（地锦槭，色木）

Acer mono

槭树科 槭树属

※ 树形及树高

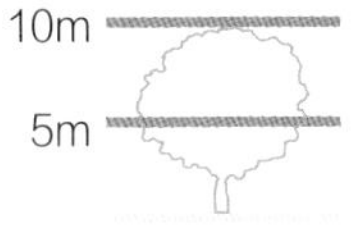

应用

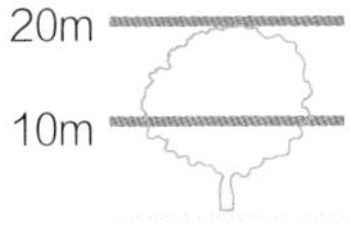

成树

※ 功能及应用

吸附烟尘，分泌挥发性杀菌物质，净化空气

●公园及公共绿地、风景区、庭园、道路、医院、学校。

●孤植、丛植、列植、片植、群植。

※ 观赏时期

月	1	2	3	4	5	6	7	8	9	10	11	12
花												
叶				■	■	■	■	■	■	■	■	
实												

※ 区域生长环境

光照 阴 — 阳

水分 干 — 湿

温度 低 — 高

※ 简介

●树皮粗糙，常纵裂，灰色。叶对生，掌状5裂。花多数，黄色或黄绿色。翅果嫩时紫绿色，成熟时淡黄色。

●稍耐阴，喜温凉湿润气候及雨量较多地区，过于干冷及炎热地区均不生长，耐寒，稍耐旱，稍耐盐碱和水湿。

●深根性。诱虫、诱鸟，防火防风。

●产我国东北、华北至长江流域，朝鲜、日本也有分布。宜作庭荫树、行道树及风景林树种。

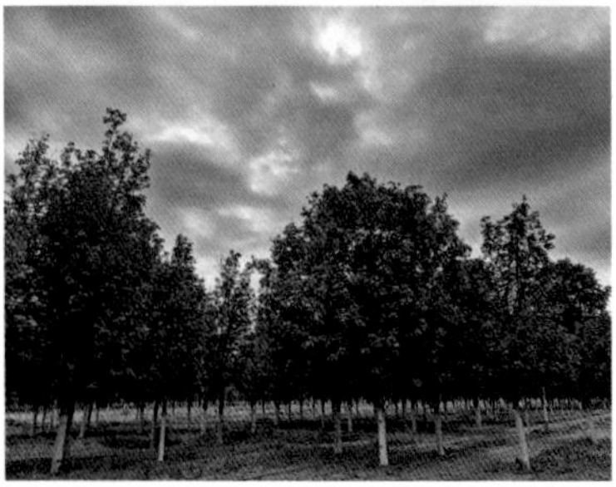

挪威槭

Acer platanoides

槭树科 槭树属

※ 树形及树高

应用

成树

※ 功能及应用

●公园及公共绿地、风景区、庭园、道路、建筑环境（含居住区）、医院、学校。

●孤植、丛植、列植、片植、群植。

※ 观赏时期

月	1	2	3	4	5	6	7	8	9	10	11	12
花												
叶												
实												

※ 区域生长环境

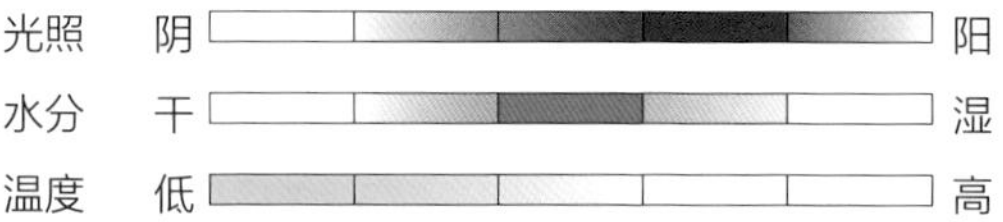

※ 简介

●树皮通常不开裂。叶对生，掌状 5 裂。花小，成多花的伞房花序。翅果下垂，两果翅展开近于平角。

●喜温凉气候，耐寒性强，喜酸性土，在肥沃有机土壤、腐殖质丰富、土壤深厚处生长旺盛，耐修剪。

●播种繁殖。

● 有‘绿宝石’（‘Emerald Queen’）、‘红王’（‘Crimson King’）、金叶‘Pinceton Gold’、银边‘Drummondii’、细裂叶‘Palmatifidum’等品种。

●产欧洲及毕加索、土耳其一带，一些品种在我国北京、大连等地已有引种栽培。是优良的庭荫树及行道树种。

糖槭（银白槭）

Acer saccharum cvs.

槭树科 槭树属

※ 树形及树高

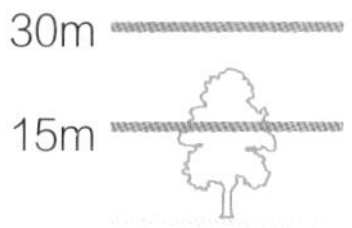

应用

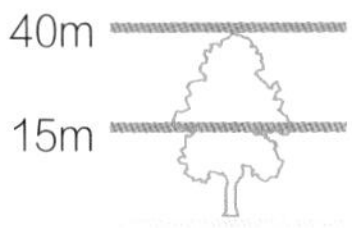

成树

※ 功能及应用

●公园及公共绿地、风景区、庭园、道路、林地、建筑环境（含居住区）、医院、学校。

●孤植、丛植、列植、片植、群植。

※ 观赏时期

月	1	2	3	4	5	6	7	8	9	10	11	12
花												
叶												
实												

※ 区域生长环境

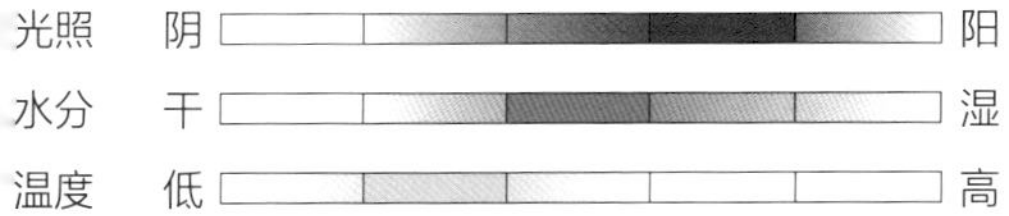

※ 简介

●干皮灰色。单叶对生，掌状 3~5 裂。花无花瓣，淡黄绿色，伞房花序簇生，下垂。翅果光滑，两翅夹角小。

●喜光，稍耐阴，喜凉爽、湿润环境，耐寒，耐干旱。

●播种繁殖。诱虫、诱鸟。

●原产北美，加拿大国旗上的图案即为糖槭的叶片，黑龙江、辽宁、庐山、南京、武汉等地有栽培。秋叶金黄、橙色至深红色，是优良的行道树、庭荫树、防护林树种。

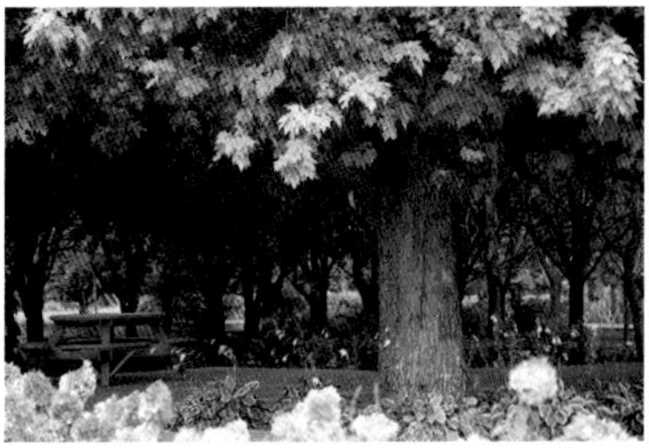

拧筋槭(三花槭)

Acer triflorum

槭树科 槭树属

※ 树形及树高

※ 功能及应用

●公园及公共绿地、风景区、庭园、林地、建筑环境(含居住区)、医院、学校。

●孤植、丛植、列植、片植、群植。

※ 观赏时期

月	1	2	3	4	5	6	7	8	9	10	11	12
花												
叶												
实												

※ 区域生长环境

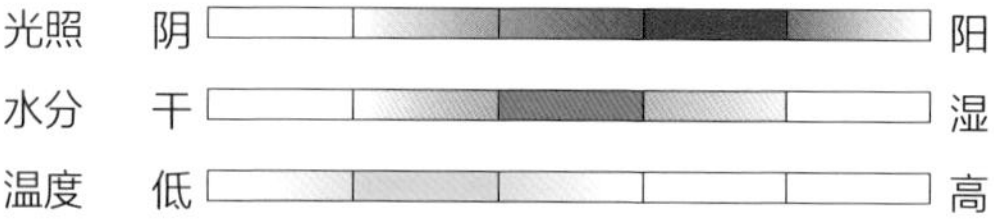

※ 简介

●干皮灰褐色，剥落。三出复叶对生。花小，黄绿色，伞房花序。翅果，两果翅张开成锐角或近直角。

●属耐中等庇荫树种，喜光，耐寒，不耐旱，适应性广。

●播种繁殖。诱虫、诱鸟。

●产我国东北地区，朝鲜也有分布。秋叶亮橙红色，为中国东北地区营造秋季色叶林的优选树种，还是优良的蜜源植物。

复叶槭（梣叶槭，糖槭，白蜡槭）

Acer negundo

槭树科 槭树属

※ 树形及树高

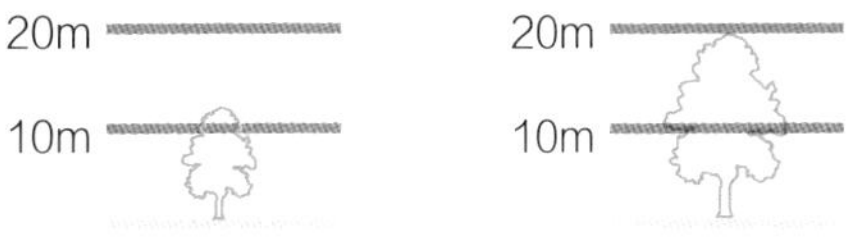

※ 功能及应用

吸附烟尘

●公园及公共绿地、风景区、庭园、道路、林地、建筑环境（含居住区）、工矿区、医院、学校。

●孤植、丛植、列植、片植、群植。

※ 观赏时期

月	1	2	3	4	5	6	7	8	9	10	11	12
花												
叶			■	■	■	■	■	■	■			
实												

※ 区域生长环境

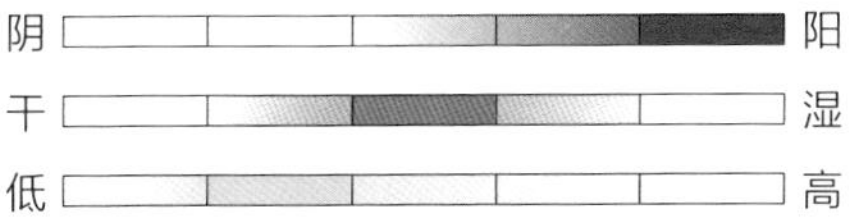

※ 简介

●树皮黄褐色或灰褐色。羽状复叶对生，小叶 3~5。花单性，无花瓣。两果翅狭长，展开成锐角。

●喜光，喜冷凉气候，耐干冷，耐轻盐碱。

●根萌芽性强，生长较快。播种繁殖。诱虫、诱鸟。

●原产北美，我国东北、华北及华东地区有栽培。可作庭荫树、行道树及防护林树种。有‘花叶’（右图 3）、‘金叶’（右图 4）品种。

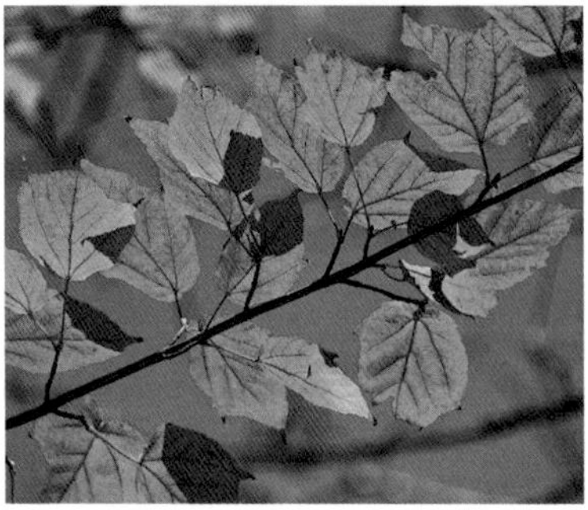
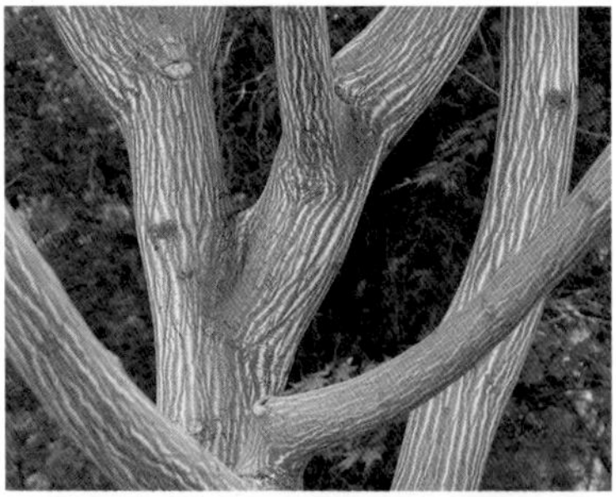

青榨槭（青皮椴，蛇皮椴）

Acer davidii

槭树科 槭树属

※ 树形及树高

应用

成树

※ 功能及应用

●公园及公共绿地、风景区、庭园、建筑环境（含居住区）、医院、学校。

●孤植、丛植、片植、群植。

※ 观赏时期

月	1	2	3	4	5	6	7	8	9	10	11	12
花												
叶												
实												

※ 区域生长环境

光照 阴 阳

水分 干 湿

温度 低 高

※ 简介

●枝干绿色平滑，有蛇皮状白色条纹。单叶对生。花黄绿色，成下垂的总状花序，顶生于着叶的嫩枝。翅果嫩时淡绿色，成熟后黄褐色。

●播种繁殖。

●分布于中国华北、华东、中南、西南各省区。入秋叶色黄紫，颇为美观，可栽作园林绿化树种。

青麸杨

Rhus potaninii

漆树科 盐肤木属

※ 树形及树高

应用

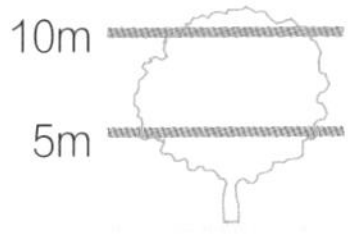

成树

※ 功能及应用

滞尘

- 公园及公共绿地、风景区、工矿区。
- 孤植、丛植、群植。

※ 观赏时期

月	1	2	3	4	5	6	7	8	9	10	11	12
花												
叶			■	■	■	■	■	■	□	□	□	
实												

※ 区域生长环境

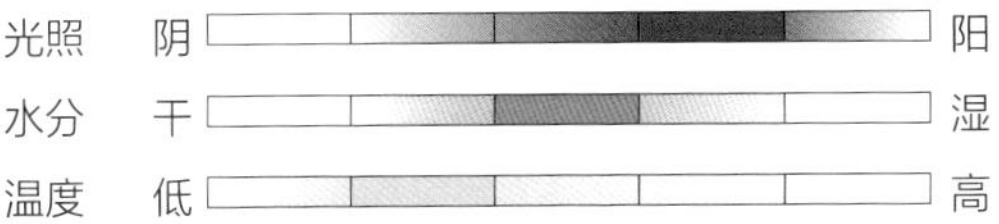

※ 简介

- 树皮灰褐色。羽状复叶互生，小叶 7~9（11），叶轴上端有时具狭翅。花小，白色，顶生圆锥花序。核果深红色，密生毛。
- 喜光，稍耐阴，耐盐碱，耐寒。
- 产华北、西北至西南地区。秋色叶树种，可作绿化和观赏树种栽培。

黄连木

Pistacia chinensis

漆树科 黄连木属

※ 树形及树高

※ 功能及应用

对二氧化硫和烟的抗性较强

●公园及公共绿地、风景区、庭园、工矿区。

●孤植、丛植、片植、群植。

※ 观赏时期

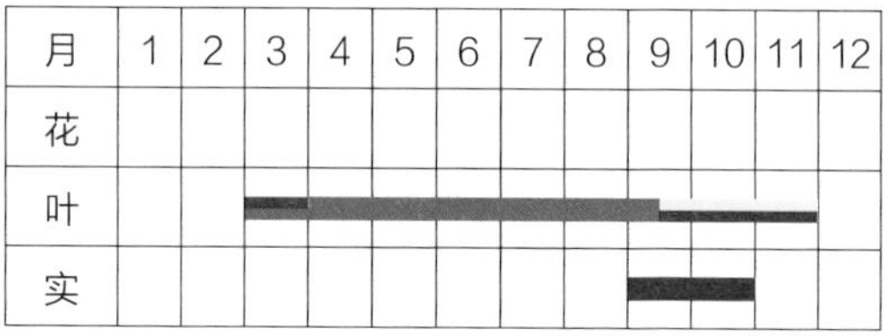

※ 区域生长环境

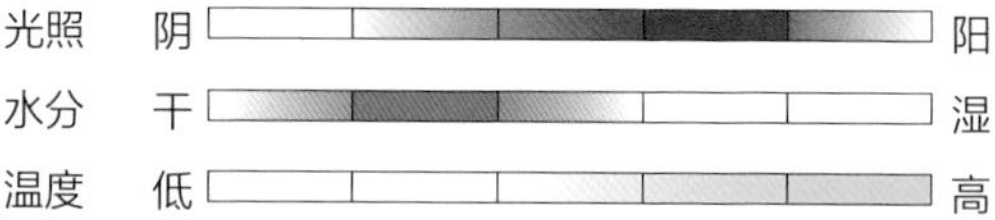

※ 简介

●树皮暗褐色，裂成小方块状。偶数（罕为奇数）羽状复叶互生，小叶 5~7 对。花小，无花瓣，雌花成腋生圆锥花序，雄花成密总状花序。核果球形，熟时红色或蓝紫色。

●喜光，幼时稍耐阴，喜温暖，畏严寒，耐干旱瘠薄，在肥沃、湿润而排水良好的石灰岩山地生长最好。

●我国黄河流域至华南、西南地区均有分布。宜作庭荫树及山地风景树种。

臭椿（樗树）

Ailanthus altissima

苦木科 臭椿属

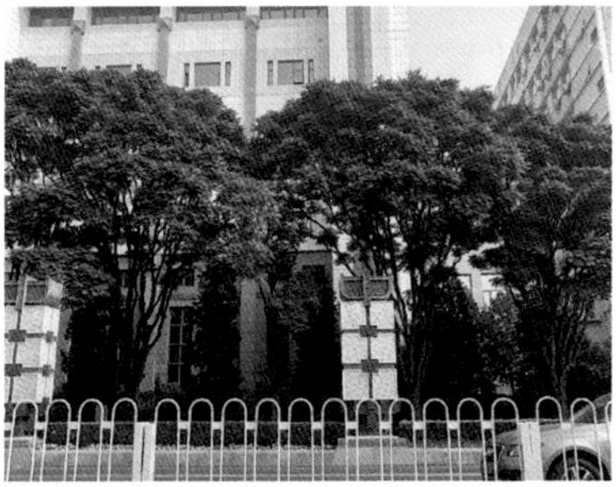

※ 树形及树高

应用

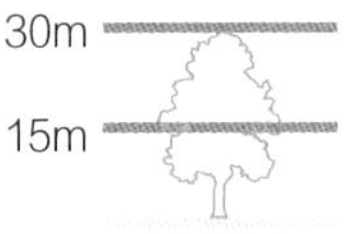

成树

※ 功能及应用

具有较强的抗污染能力

●公园及公共绿地、庭园、道路、建筑环境（含居住区）、工矿区、医院、学校。

●孤植、丛植、列植、片植、群植。

※ 观赏时期

月	1	2	3	4	5	6	7	8	9	10	11	12
花												
叶												
实												

※ 区域生长环境

光照 阴 阳

水分 干 湿

温度 低 高

※ 简介

●树皮不裂。奇数羽状复叶互生，小叶 13~25，小叶齿端有臭腺点。花小，顶生圆锥花序。翅果。

●喜光，不耐阴，耐寒，耐干旱、瘠薄及盐碱，不耐水湿，抗污染能力强，少病虫害。

●速生树种，深根性，生长快。播种或分株繁殖。

●栽培变种有红果臭椿‘Erythocarpa’、红叶臭椿‘Purpurata’、千头臭椿‘Umbraculifera’。

●产我国辽宁、华北、西北至长江流域各地，朝鲜、日本也有分布。是优良的庭荫树、行道树及工矿区绿化树种，也是重要速生用材树种。

红叶臭椿

Ailanthus altissima 'Purpurata'

苦木科 臭椿属

※ 树形及树高

※ 功能及应用

抗污染，吸收二氧化硫等有毒气体

●公园及公共绿地、风景区、庭园、道路、建筑环境（含居住区）、工矿区、医院、学校。

●孤植、丛植、列植、片植、群植。

※ 观赏时期

月	1	2	3	4	5	6	7	8	9	10	11	12
花												
叶												
实												

※ 区域生长环境

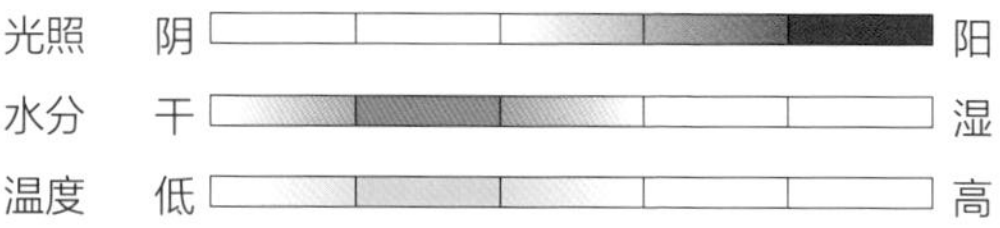

※ 简介

●树皮不裂。奇数羽状复叶互生，小叶 13~25，小叶齿端有臭腺点，幼叶紫红色。花小，顶生圆锥花序。

●喜光，耐寒，耐干旱，不耐水湿，病虫害少，耐瘠薄及盐碱。

●一般采用嫁接繁殖，也可扦插繁殖。有诱鸟、诱虫、诱蝶特性。

●产山东潍坊、泰安等地。是优良的庭荫树、行道树及工矿区绿化树种。

千头椿

Ailanthus altissima 'Umbraculifera'

苦木科 臭椿属

※ 树形及树高

※ 功能及应用

●公园及公共绿地、风景区、庭园、道路、建筑环境(含居住区)、医院、学校。

●孤植、丛植、列植、片植、群植。

※ 观赏时期

月	1	2	3	4	5	6	7	8	9	10	11	12
花												
叶												
实												

※ 区域生长环境

光照 阴 — 阳

水分 干 — 湿

温度 低 — 高

※ 简介

●树冠圆头形。树皮不裂。奇数羽状复叶互生，小叶13~25，小叶齿端有臭腺点。花小，顶生圆锥花序。翅果。

●喜光，耐寒，耐干旱，耐盐碱，耐瘠薄土壤，抗病虫害。

●有诱鸟、诱虫、诱蝶的特性。

●是城镇绿化美化的优良树种，特别适宜作行道树。

香椿

Toona sinensis

楝科 香椿属

※ 树形及树高

应用　　成树

※ 功能及应用

●公园及公共绿地、风景区、庭园、道路、建筑环境（含居住区）、医院、学校、滨水。

●孤植、丛植、列植、片植、群植。

※ 观赏时期

月	1	2	3	4	5	6	7	8	9	10	11	12
花												
叶												
实												

※ 区域生长环境

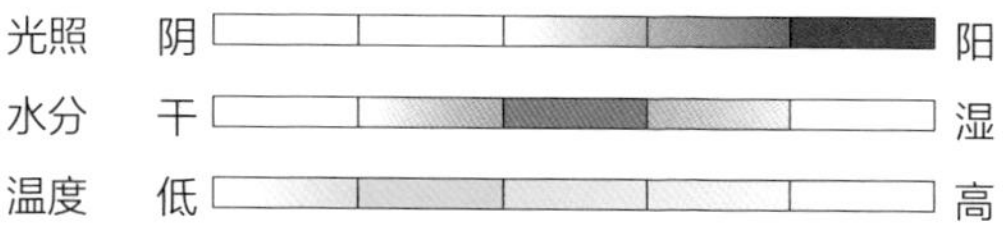

※ 简介

●树皮浅纵裂，片状剥落。偶数羽状复叶互生，小叶10~22，有香气。花小，顶生圆锥花序。蒴果5瓣裂。

●喜光，喜肥沃土壤，较耐水湿，有一定的耐寒能力。

●长寿，深根性，萌蘖力强。播种、扦插或分株繁殖。有诱鸟、诱虫、诱蝶特性。

●原产我国中部，今辽宁南部、华北至东南和西南各地均有栽培。是优良用材及四旁绿化树种，也可植为庭荫树及行道树。

黄檗（黄波罗）

Phellodendron amurense

芸香科 黄檗属

※ 树形及树高

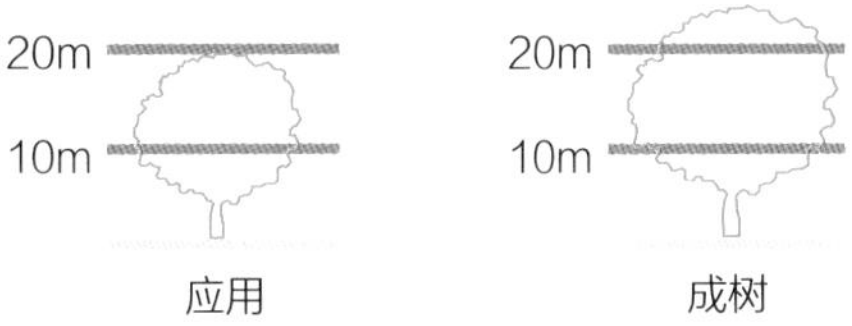

※ 功能及应用

树干内皮为中药材（黄柏）

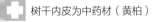

●公园及公共绿地、风景区、庭园、道路、林地、建筑环境（含居住区）、医院、学校、滨水。

●孤植、丛植、列植、片植、群植。

※ 观赏时期

月	1	2	3	4	5	6	7	8	9	10	11	12
花												
叶												
实												

※ 区域生长环境

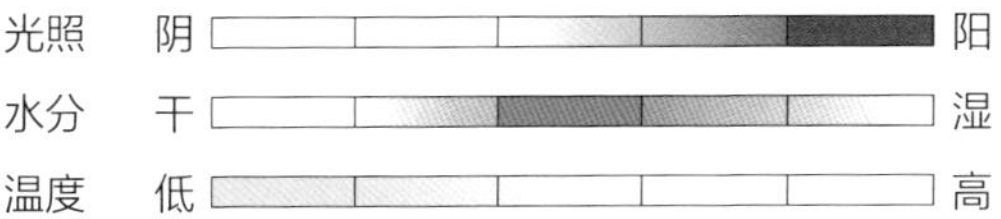

※ 简介

●树皮木栓层发达，有弹性，浅灰或灰褐色，深沟状或不规则网状开裂。羽状复叶对生，小叶 5~13，叶片撕裂后有臭味。花小，顶生圆锥花序。核果黑色。

●喜光，耐寒力强，耐水湿，耐盐碱，喜湿润、肥沃而排水良好的土壤。

●深根性，萌芽力强。可以进行播种繁殖。

●产我国东北、内蒙古东部、华北至山东、河南及安徽，俄罗斯、朝鲜、日本也有分布。可栽作庭荫树及行道树，也是珍贵用材树种。

刺楸

Kalopanax septemlobus

五加科 刺楸属

※ 树形及树高

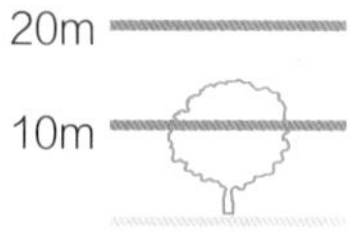

应用

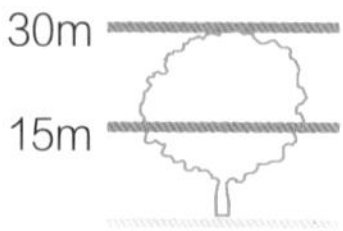

成树

※ 功能及应用

●公园及公共绿地、风景区、林地。

●孤植、丛植、群植。

※ 观赏时期

月	1	2	3	4	5	6	7	8	9	10	11	12
花												
叶												
实												

※ 区域生长环境

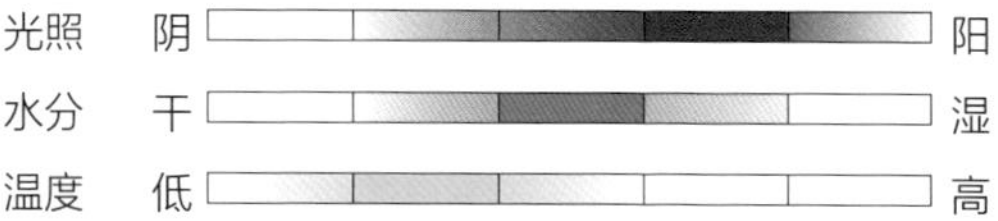

※ 简介

●树皮灰黑色，纵裂，枝干均有宽大皮刺。单叶互生，掌状 5~7 裂。伞形花序聚生成顶生圆锥状复花序。

●喜光，适应性强，少病虫害，喜肥沃湿润的酸性至中性土壤。

●深根性，生长快。以播种繁殖为主。

●产亚洲东部，我国东北南部至华南、西南各地均有分布。是良好的造林用材及绿化树种。

流苏树

Chionanthus retusus

木犀科 流苏树属

※ 树形及树高

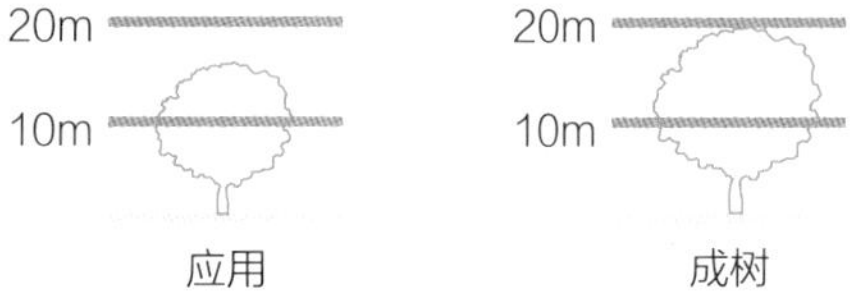

※ 功能及应用

●公园及公共绿地、风景区、庭园、道路、建筑环境（含居住区）、医院、学校。

●孤植、丛植、列植、片植、群植。

※ 观赏时期

月	1	2	3	4	5	6	7	8	9	10	11	12
花												
叶												
实												

※ 区域生长环境

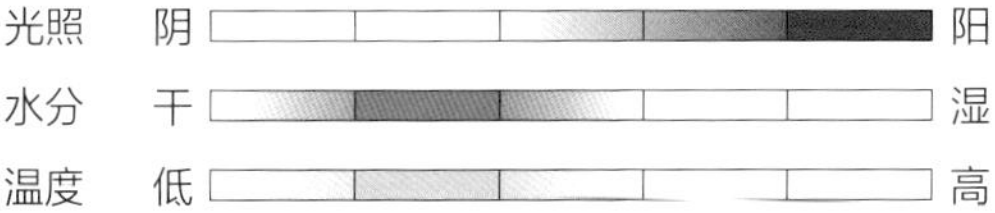

※ 简介

●树干灰色，大枝树皮常纸状剥裂。单叶对生，先端常钝圆或微凹。花白色，成宽圆锥花序。核果椭球形，蓝黑色。

●喜光，耐寒，耐旱，对土壤要求不严，但以在肥沃、通透性好的沙壤土中生长最好，耐盐碱。

●生长较慢，适宜播种、扦插或嫁接（以白蜡属树种为砧木）繁殖。有诱鸟、诱虫、诱蝶特性。

●产我国黄河中下游及其以南地区，朝鲜、日本也有分布。宜植于园林绿地观赏。

暴马丁香（暴马子）

Syringa reticulata subsp. *amurensis*

木犀科 丁香属

※ 树形及树高

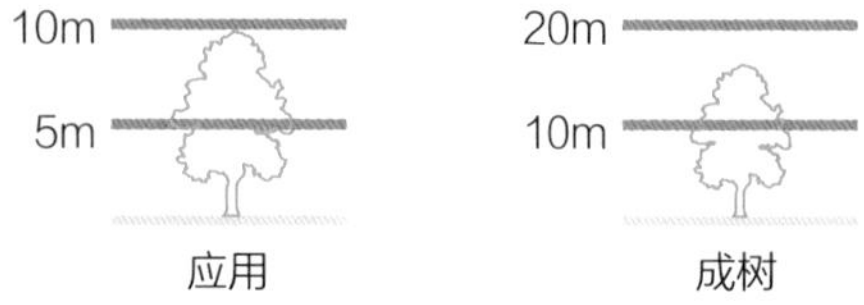

※ 功能及应用

●公园及公共绿地、风景区、庭园、医院、学校。

●孤植、群植。

※ 观赏时期

月	1	2	3	4	5	6	7	8	9	10	11	12
花												
叶												
实												

※ 区域生长环境

※ 简介

●树皮紫灰褐色，具细裂纹，枝上皮孔显著。单叶对生。花白色，有异香，圆锥花序。

●喜光，耐寒，耐旱，耐阴，耐瘠薄。

●多采用播种繁殖。有诱鸟、诱虫、诱蝶特性。

●产我国东北及内蒙古南部，朝鲜及俄罗斯远东地区也有分布。常植于庭园观赏。

金园’丁香（‘北京黄’丁香）

Syringa reticulata 'Beijinghuang'

木犀科 丁香属

※ 树形及树高

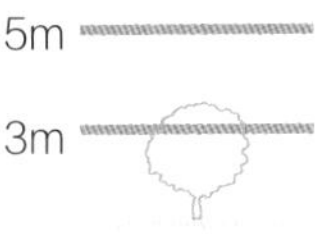

应用

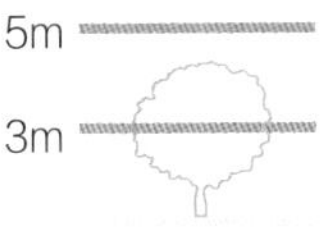

成树

※ 功能及应用

公园及公共绿地、风景区、庭园、建筑环境（含居住区）、医院、学校。

●孤植、丛植、群植。

※ 观赏时期

月	1	2	3	4	5	6	7	8	9	10	11	12
花												
叶												
实												

※ 区域生长环境

光照 阴 阳

水分 干 湿

温度 低 高

※ 简介

●乔木或小乔木。单叶对生。花黄色，芳香，圆锥花序。

●喜光，稍耐阴，不耐积水，耐旱，耐寒。

●对土壤要求不严，喜肥，喜排水良好的疏松土壤。

●多采用北京丁香做砧木做嫁接的方法繁殖。

●北方地区常植于园林绿地供观赏。

白蜡（白蜡树，梣）

Fraxinus chinensis

木犀科 白蜡属（梣属）

※ 树形及树高

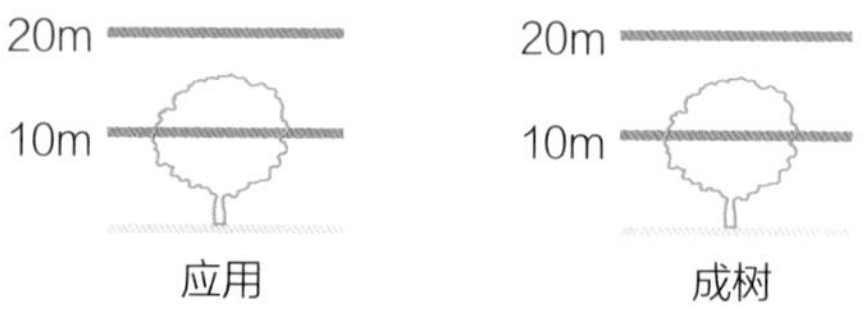

※ 功能及应用

●公园及公共绿地、风景区、庭园、道路、建筑环境(含居住区)、医院、学校、湿地、滨水。

●孤植、丛植、列植、片植、群植。

※ 观赏时期

月	1	2	3	4	5	6	7	8	9	10	11	12
花												
叶												
实												

※ 区域生长环境

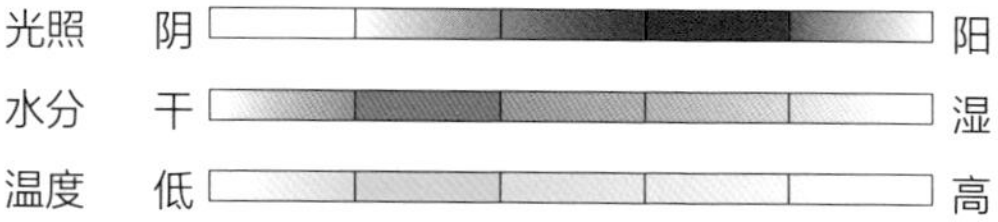

※ 简介

●树干较光滑。羽状复叶对生，小叶通常 7。圆锥花序顶生或侧生于当年生枝上。翅果倒披针形。

●喜光，耐侧方庇荫，喜温暖也耐寒，耐轻盐碱也耐干旱，耐水湿，抗烟尘。

●我国东北南部、华北、西北经长江流域至南北部均有分布。可栽作庭荫树、行道树及堤岸树。河北黄骅市、辽宁盘锦市、新疆石河子市市树。

大叶白蜡（花曲柳）

Fraxinus rhynchophylla

木犀科 白蜡属（梣属）

※ 树形及树高

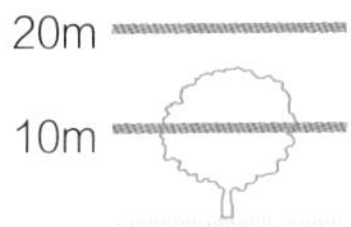

应用

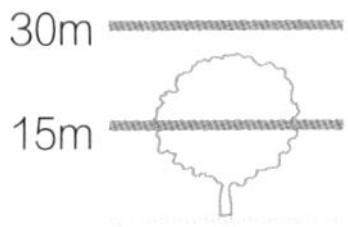

成树

※ 功能及应用

●公园及公共绿地、风景区、庭园、道路、建筑环境（含居住区）、医院、学校、湿地、滨水。

●孤植、丛植、列植、片植、群植。

※ 观赏时期

月	1	2	3	4	5	6	7	8	9	10	11	12
花												
叶			■	■	■	■	■	■				
实												

※ 区域生长环境

光照 阴 — 阳

水分 干 — 湿

温度 低 — 高

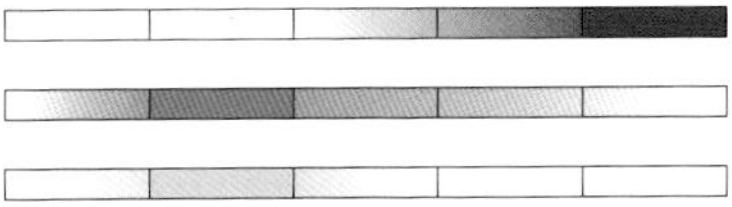

※ 简介

●干皮光滑，老时浅裂。羽状复叶对生，小叶 5~7，多为 5，顶生小叶常特大。圆锥花序顶生于当年生枝上。翅果。

●喜光，耐寒，耐旱，耐水湿，耐盐碱。对土壤要求不严。

●有诱鸟、诱虫、诱蝶特性。

●产东北及华北地区。常栽作庭荫树及行道树，或材用，秋色叶美丽。

水曲柳

Fraxinus mandshurica

木犀科 白蜡属(梣属)

※ 树形及树高

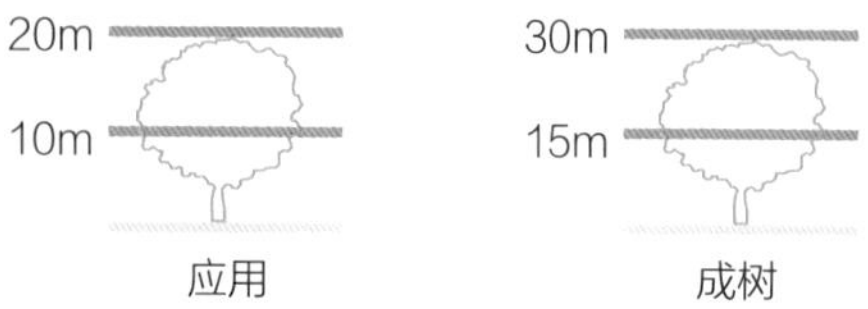

※ 功能及应用

●公园及公共绿地、风景区、庭园、道路、林地、建筑环境(含居住区)、医院、学校、滨水。

●孤植、丛植、列植、片植、群植。

※ 观赏时期

月	1	2	3	4	5	6	7	8	9	10	11	12
花												
叶												
实												

※ 区域生长环境

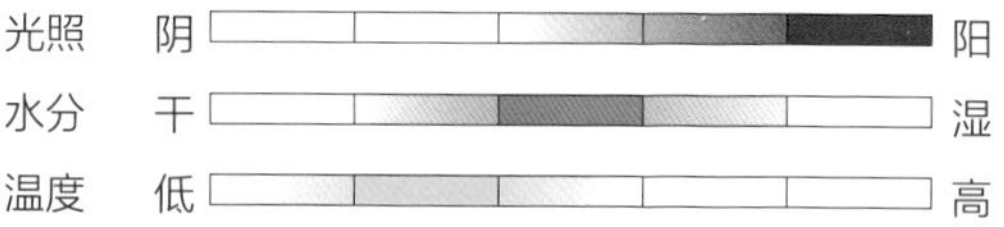

※ 简介

●干皮纵裂。羽状复叶对生，小叶9~13。圆锥花序侧生于去年生枝上。翅果常扭曲。

●喜光，耐寒，较耐旱，耐轻度盐碱，耐水湿。

●生长较快，常采用播种繁殖。诱鸟、诱虫、诱蝶。

●主产我国东北地区，是小兴安岭和长白山区主要树种之一。是珍贵用材树种，也常栽作庭荫树及行道树。

洋白蜡（宾州白蜡、美国红梣）

Fraxinus pennsylvanica

木犀科 白蜡属（梣属）

※ 树形及树高

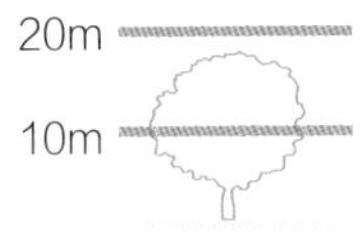

应用

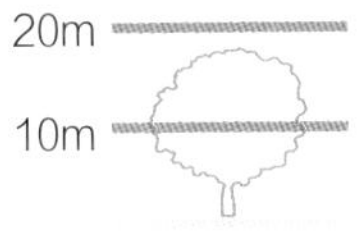

成树

※ 功能及应用

- 公园及公共绿地、风景区、道路、林地、建筑环境（含居住区）、医院、学校、滨水。
- 孤植、丛植、列植、片植、群植。

※ 观赏时期

月	1	2	3	4	5	6	7	8	9	10	11	12
花												
叶												
实												

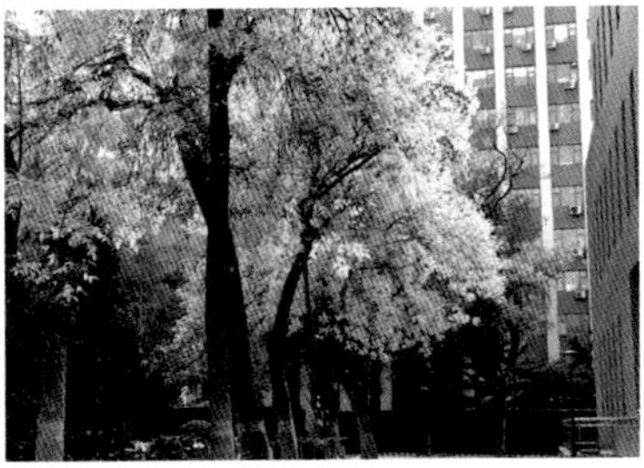

※ 区域生长环境

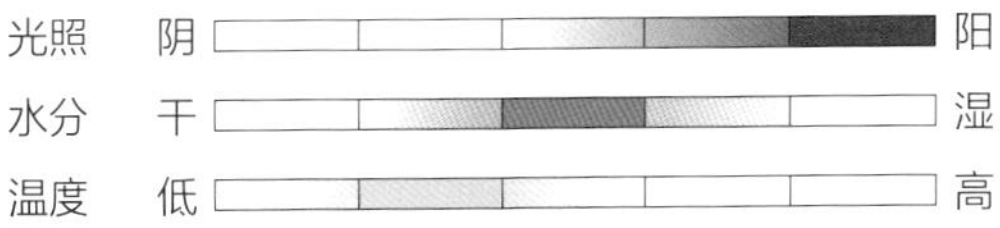

※ 简介

- 干皮纵裂。羽状复叶对生，小叶 7~9。圆锥花序生于去年生枝侧。翅果狭长。
- 喜光，耐寒，耐低湿，抗冬春干旱，抗盐碱。喜透水透气性好的偏沙质土壤，适应性较强。
- 生长较快。有诱鸟、诱虫、诱蝶特性。
- 原产美国东部及中部，我国北方地区有引种栽培。多栽作行道树及防护林树种。

小叶洋白蜡

Fraxinus pennsylvanica × *F. velutina*

木犀科 白蜡属（梣属）

※ 树形及树高

※ 功能及应用

●公园及公共绿地、风景区、道路、建筑环境（含居住区）、医院、学校、滨水。

●孤植、丛植、列植、片植、群植。

※ 观赏时期

月	1	2	3	4	5	6	7	8	9	10	11	12
花												
叶												
实												

※ 区域生长环境

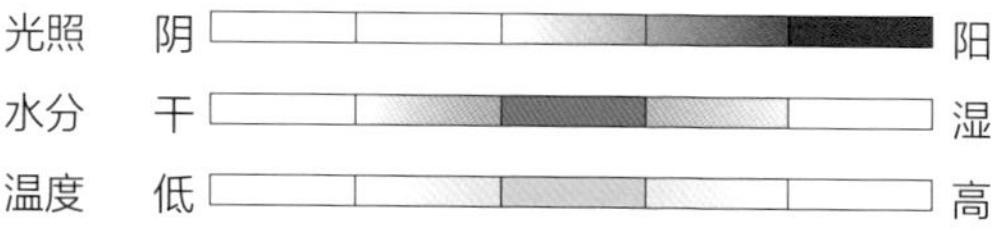

※ 简介

●树皮细纵裂。羽状复叶对生，小叶5~7，以7居多。花序生于去年生枝侧。翅果。

●是洋白蜡与绒毛白蜡的杂交种，叶形和大小变化较大。枝叶茂密，遮荫效果好，落叶期较洋白蜡晚。北京、天津等地多用作城市行道树。

绒毛白蜡

Fraxinus velutina

木犀科 白蜡属（梣属）

※ 树形及树高

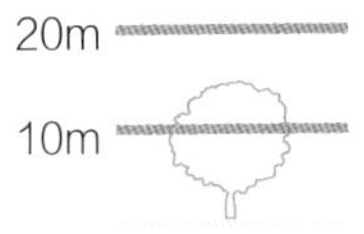

应用

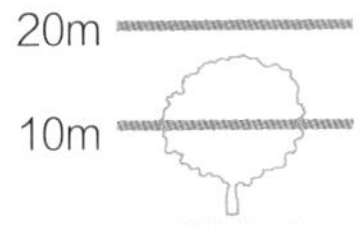

成树

※ 功能及应用

●公园及公共绿地、风景区、道路、建筑环境（含居住区）、工矿区、医院、学校、滨水。

●孤植、丛植、列植、片植、群植。

※ 观赏时期

月	1	2	3	4	5	6	7	8	9	10	11	12
花												
叶			■	■	■	■	■	■	▒	▒	▒	
实												

※ 区域生长环境

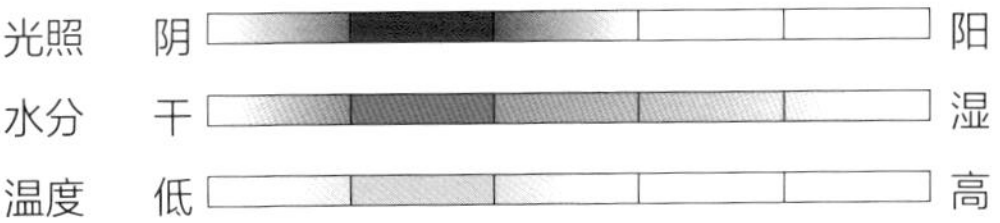

※ 简介

●干皮纵裂。羽状复叶对生，小叶 3~5（7），通常两面有毛。圆锥花序具柔毛。翅果。

●耐寒，耐干旱瘠薄，耐水湿，也耐低洼和盐碱地，对病虫害抗性强，对土壤要求不严。

●可播种繁殖。有诱鸟、诱虫、诱蝶特性。

●原产美国西南部及墨西哥西北部。是优良的速生用材及城市绿化树种，常栽作行道树。天津市市树。

新疆小叶白蜡(天山梣，天山白蜡)

Fraxinus sogdiana

木犀科　白蜡属(梣属)

※ 树形及树高

※ 功能及应用

●公园及公共绿地、风景区、道路、建筑环境(含居住区)、医院、学校、滨水。

●孤植、丛植、列植、片植、群植。

※ 观赏时期

月	1	2	3	4	5	6	7	8	9	10	11	12
花												
叶			■	■	■	■	■	■	▒	▒	▒	
实												

※ 区域生长环境

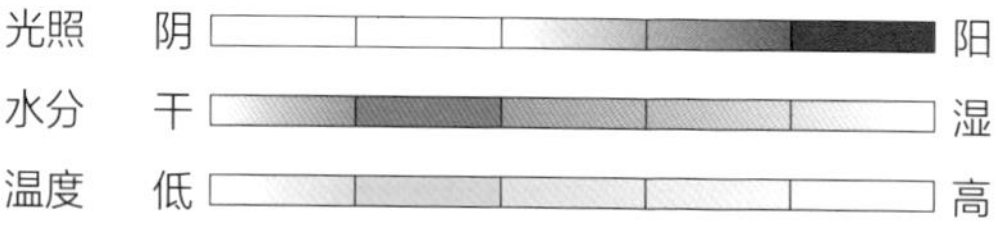

※ 简介

●羽状复叶对生或轮生，小叶 5~7(11)。聚伞圆锥花序生于去年生枝上。翅果。

●适应性强，喜光，耐热耐寒，抗旱，耐水湿。

●播种繁殖，扦插繁殖。生长较快。

●产新疆北部、西部至俄罗斯、土耳其一带。在新疆已广泛用于园林绿化，常栽作行道树。

毛泡桐（紫花泡桐）

Paulownia tomentosa

玄参科 泡桐属

※ 树形及树高

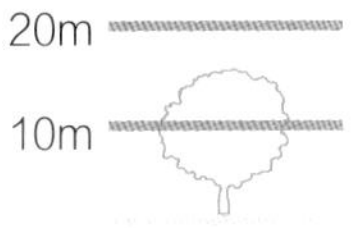

应用

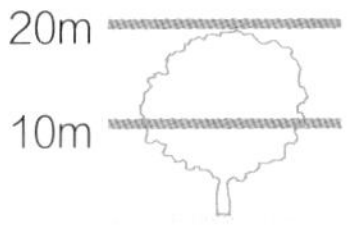

成树

※ 功能及应用

●公园及公共绿地、风景区、庭园、道路、建筑环境（含居住区）、工矿区、医院、学校。

●孤植、丛植、列植、片植、群植。

※ 观赏时期

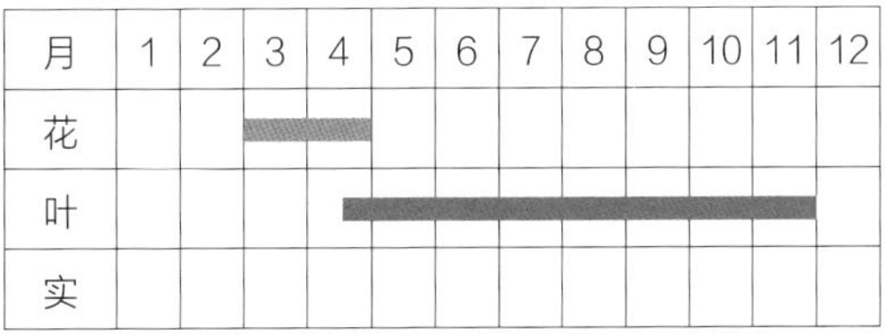

※ 区域生长环境

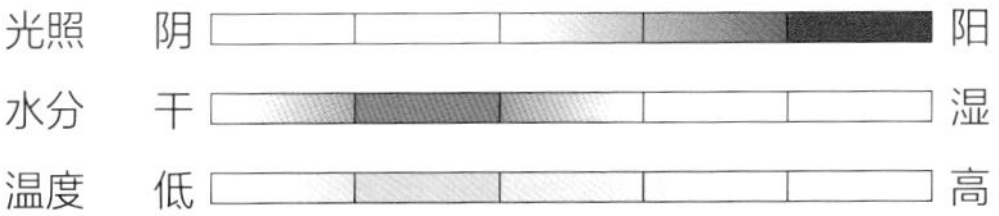

※ 简介

●单叶对生，全缘，有时3浅裂。花鲜紫色，内有紫斑及黄条纹，圆锥花序宽大。先花后叶。

●喜光，较耐寒，较耐旱，耐盐碱，肉质根不耐积水。

●分根、分蘖、播种、嫁接繁殖。有诱鸟、诱虫、诱蝶特性。

●主产我国淮河流域至黄河流域，朝鲜、日本也有分布。是城乡绿化及用材好树种。

梓树

Catalpa ovata

紫葳科　梓树属

※ 树形及树高

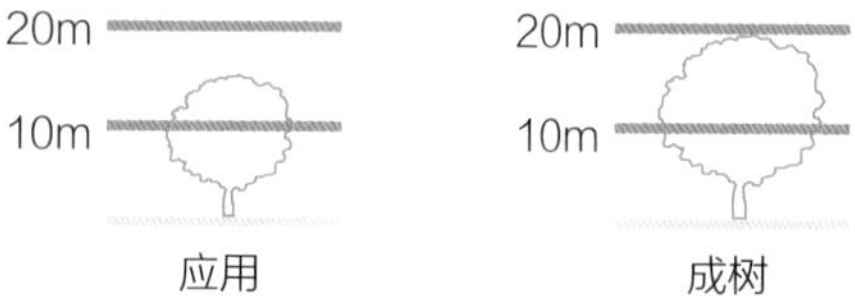

※ 功能及应用

抗污染能力较强

●公园及公共绿地、风景区、庭园、道路、工矿区、医院、学校。

●孤植、丛植、列植、片植、群植。

※ 观赏时期

月	1	2	3	4	5	6	7	8	9	10	11	12
花												
叶												
实												

※ 区域生长环境

光照　阴　阳

水分　干　湿

温度　低　高

※ 简介

●叶对生或 3 叶轮生，常 3~5 浅裂，基部叶腋有 4~6 个紫斑。花淡黄色，内有紫斑及黄条纹，成顶生圆锥花序。蒴果细长，下垂。

●喜光，稍耐阴，耐寒性强，耐盐碱，喜肥沃湿润而排水良好的土壤。

●多采用嫁接繁殖。有诱鸟、诱虫、诱蝶特性。

●原产中国，分布甚广，而以黄河中下游平原为中心产区。常栽作庭荫树及行道树，也常作工矿区及农村四旁绿化树种。

楸树

Catalpa bungei

紫葳科 梓树属

※ 树形及树高

应用　　　成树

※ 功能及应用

 对有毒气体抗性强

●公园及公共绿地、风景区、庭园、道路、建筑环境（含居住区）、工矿区、医院、学校。

●孤植、丛植、列植、片植、群植。

※ 观赏时期

月	1	2	3	4	5	6	7	8	9	10	11	12
花												
叶												
实												

※ 区域生长环境

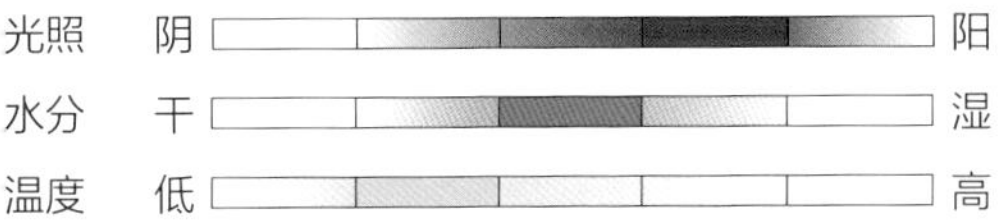

※ 简介

●干皮纵裂。叶对生或轮生，基部有 2 个紫斑。花冠白色或淡粉色，内有紫斑，顶生总状花序。蒴果细长，下垂。

●稍耐阴，喜湿和气候，稍耐严寒，不耐贫瘠和水湿。

●可采用嫁接进行繁殖。有诱鸟、诱虫、诱蝶特性。

●主产黄河流域，长江流域也有分布。是优良的用材及绿化、观赏树种。

灰楸

Catalpa fargesii

紫葳科 梓树属

※ 树形及树高

应用　　　　　　成树

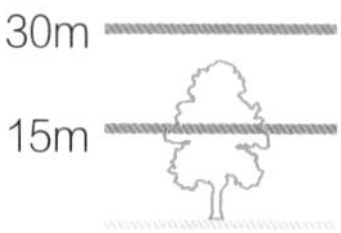

※ 功能及应用

抗污染

●公园及公共绿地、风景区、庭园、道路、建筑环境(含居住区)、工矿区、医院、学校。

●孤植、丛植、列植、片植、群植。

※ 观赏时期

月	1	2	3	4	5	6	7	8	9	10	11	12
花												
叶												
实												

※ 区域生长环境

光照　阴 □□□□□ 阳

水分　干 □□□□□ 湿

温度　低 □□□□□ 高

※ 简介

●树皮深灰色,纵裂。叶对生或轮生,幼树之叶常3浅裂。花粉红或淡紫色,喉部有红褐色斑点及黄色条纹,7~15朵成聚伞状圆锥花序。蒴果细长。

●耐旱,耐寒,喜深厚、肥沃湿润土壤。

●华北、西北及华南、西南地区均有分布。是优良的用材树及庭荫树、行道树种。

黄金树

Catalpa speciosa

紫葳科 梓树属

※ 树形及树高

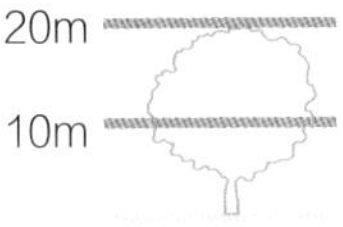

应用

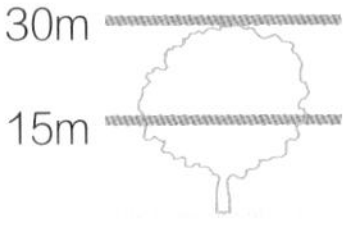

成树

※ 功能及应用

●公园及公共绿地、风景区、庭园、道路、建筑环境（含居住区）、医院、学校。

●孤植、丛植、列植、片植、群植。

※ 观赏时期

月	1	2	3	4	5	6	7	8	9	10	11	12
花												
叶												
实												

※ 区域生长环境

光照 阴 阳

水分 干 湿

温度 低 高

※ 简介

●叶全缘（偶有 3 浅裂），基部脉腋有透明绿斑。花白色，内有淡紫斑及黄色条纹，10 余朵成稀疏圆锥花序。蒴果较粗，下垂。

●较耐寒，耐旱性强，较耐阴，耐盐碱，不耐水湿，适宜深厚湿润、肥沃疏松而排水良好的地方。

●可播种或扦插繁殖。有诱鸟、诱虫、诱蝶特性。

●原产美国东部和中部，我国有栽培。可作庭荫树及行道树。

照山白（照白杜鹃）

Rhododendron micranthum

杜鹃花科 杜鹃花属

※ 树形及树高

※ 功能及应用

! 植株汁液有毒

●公园及公共绿地、风景区、庭园、林地。

●孤植、丛植、片植、群植。

※ 观赏时期

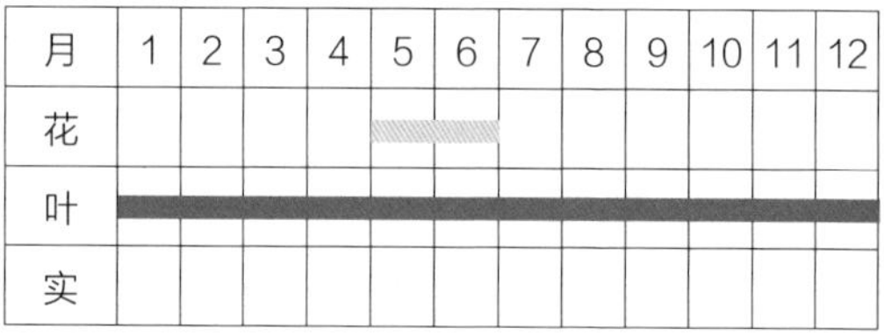

※ 区域生长环境

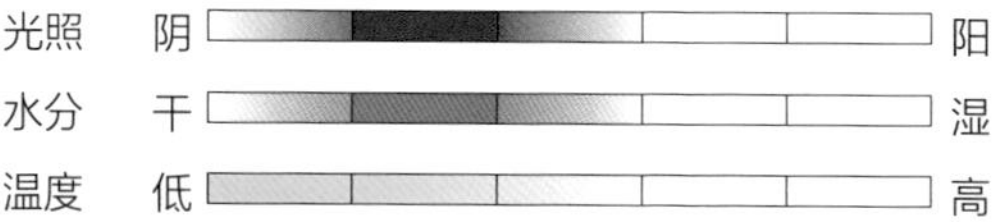

※ 简介

●常绿灌木。叶互生，厚革质。花小，乳白色，多朵成顶生伞形总状花序。

●耐寒性强，耐旱，耐阴，耐盐碱。

●产我国东北、内蒙古、华北及甘肃、湖北、四川等地，朝鲜和蒙古东部也有分布。是我国北部高山酸性土上常见植物。

沙冬青

Ammopiptanthus mongolicus

蝶形花科 沙冬青属

※ 树形及树高

应用 成树

※ 功能及应用

! 叶对牲畜有毒

- 公园及公共绿地、风景区、庭园、工矿区。
- 孤植、丛植、片植、群植。

※ 观赏时期

月	1	2	3	4	5	6	7	8	9	10	11	12
花												
叶												
实												

※ 区域生长环境

光照 阴 … 阳
水分 干 … 湿
温度 低 … 高

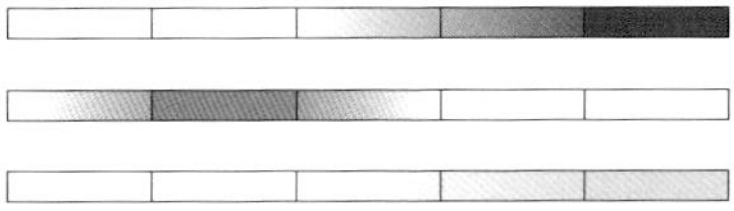

※ 简介

- 常绿多分枝灌木。三出复叶或单叶互生，两面密被银白色短绒毛。花蝶形，黄色，顶生总状花序。
- 耐旱性极强，耐盐碱。
- 产内蒙古西部、甘肃及宁夏，蒙古南部也有分布。是西北地区难得的常绿阔叶灌木，且花黄色美丽，可栽培观赏，也可用于荒漠绿化。

大叶黄杨(冬青卫矛，正木)

Euonymus japonicus

卫矛科 卫矛属

※ 树形及树高

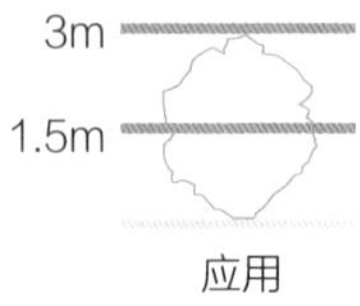

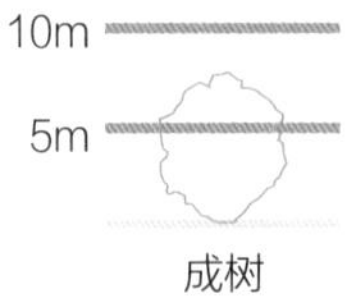

※ 功能及应用

●公园及公共绿地、风景区、庭园、建筑环境(含居住区)、医院、学校。

●孤植、丛植、篱植。

※ 观赏时期

月	1	2	3	4	5	6	7	8	9	10	11	12
花												
叶	▬	▬	▬	▬	▬	▬	▬	▬	▬	▬	▬	▬
实						▬	▬					

※ 区域生长环境

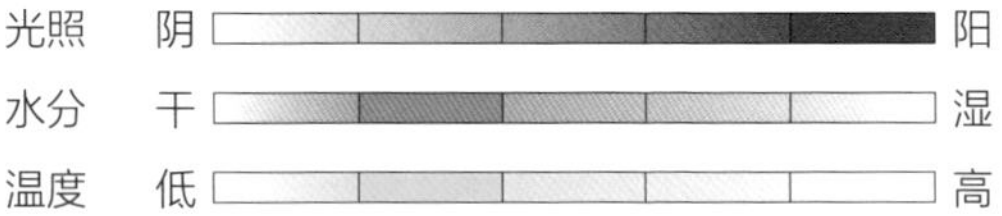

※ 简介

●常绿灌木或小乔木。叶对生，革质光亮。花绿白色。蒴果扁球形，粉红色，熟后4瓣裂，假种皮橘红色。

●喜光，也能耐阴，耐旱，耐水湿，喜温暖湿润气候，耐寒性不强，耐轻度盐碱。

●扦插或播种繁殖。

●原产日本南部，北京小气候良好处可露地栽培。常栽作绿篱或盆栽观赏，可作多种造型。

胶东卫矛（胶州卫矛）

Euonymus kiautschovicus

卫矛科 卫矛属

※ 树形及树高

※ 功能及应用

●公园及公共绿地、风景区、庭园、林地、建筑环境（含居住区）、医院、学校、垂直绿化。

●孤植、丛植、篱植。

※ 观赏时期

月	1	2	3	4	5	6	7	8	9	10	11	12
花												
叶			■	■	■	■	■	■	■	■	■	
实											■	

※ 区域生长环境

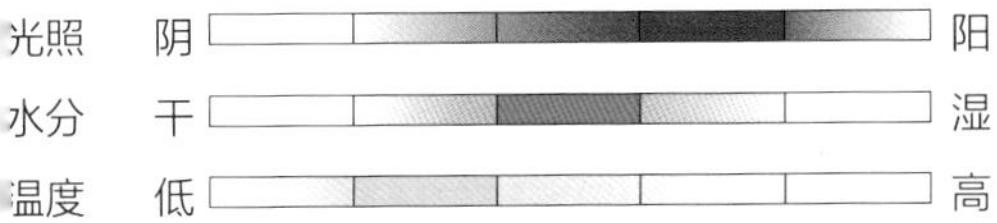

※ 简介

●灌木或半攀援，常绿或半常绿。基部枝匍地并生根，也可借不定根攀援。花淡绿色，成疏散的聚伞花序。蒴果扁球形，粉红色。

●耐阴，喜温暖，耐寒性不强，对土壤条件要求不严。

●播种或扦插繁殖。

●产辽宁南部、山东、江苏、浙江、福建北部、安徽、湖北及陕西南部，北京园林绿地中有栽培。植于老树旁、岩石边或花格墙垣附近，任其攀附，颇具野趣。

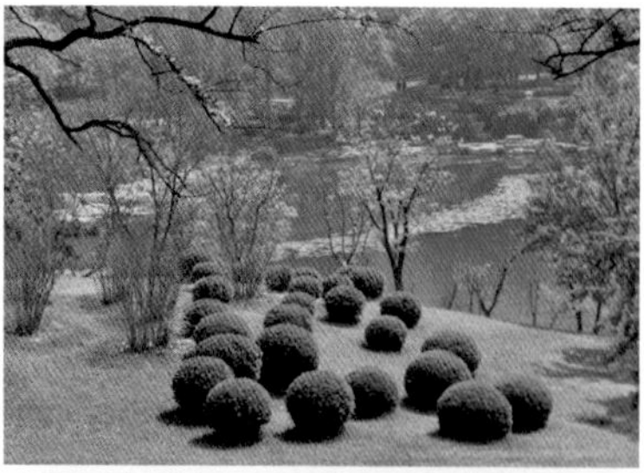
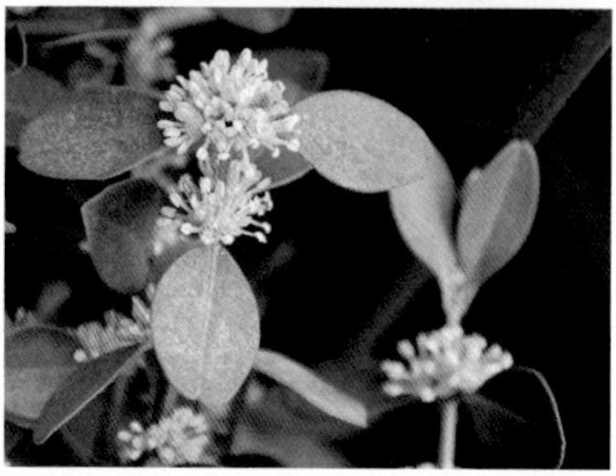

黄杨（瓜子黄杨，小叶黄杨）

Buxus sinica

黄杨科　黄杨属

※ 树形及树高

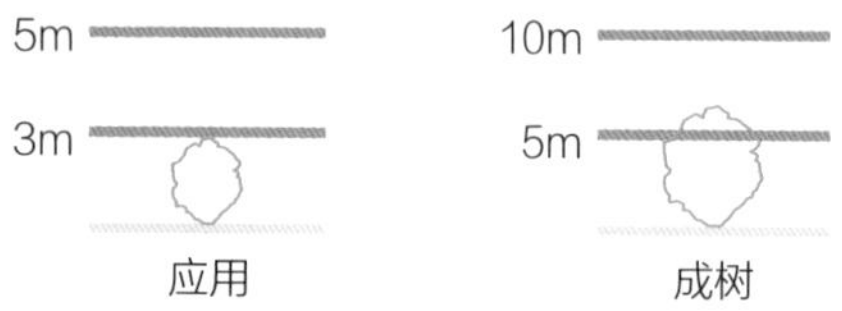

※ 功能及应用

●公园及公共绿地、风景区、庭园、建筑环境（含居住区）、医院、学校。

●孤植、丛植、篱植。

※ 观赏时期

月	1	2	3	4	5	6	7	8	9	10	11	12
花												
叶	■	■	■	■	■	■	■	■	■	■	■	■
实												

※ 区域生长环境

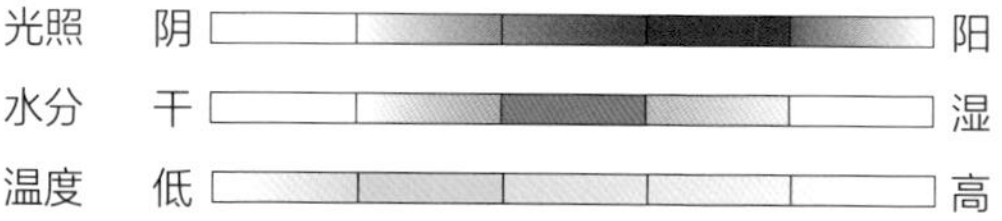

※ 简介

●常绿灌木或小乔木。叶对生，革质。花序簇生叶腋或枝端。

●耐旱性强，较耐阴，较耐水湿，耐盐碱。

●播种或扦插繁殖。

●产我国中部及东部地区，北京可露地栽培。各地栽培于庭园观赏或作绿篱，也是盆栽或制作盆景的好材料。

小叶女贞

Ligustrum quihoui

木犀科 女贞属

※ 树形及树高

应用　　成树

※ 功能及应用

- 公园及公共绿地、风景区、庭园、建筑环境（含居住区）、医院、学校。
- 孤植、丛植、篱植。

※ 观赏时期

月	1	2	3	4	5	6	7	8	9	10	11	12
花												
叶												
实												

※ 区域生长环境

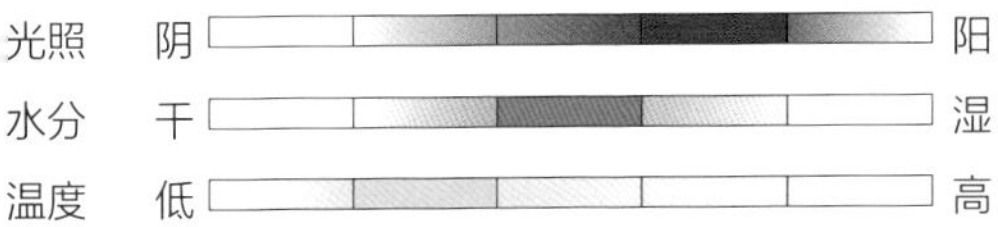

※ 简介

- 半常绿或落叶灌木。单叶对生。花白色，圆锥花序。核果紫黑色。
- 喜光，较耐寒，北京地区可露地栽植，耐修剪。
- 播种、扦插或分株繁殖。
- 常见栽培品种垂枝小叶女贞 ‘Pendulum’，其小枝下垂。
- 原产我国中部及西南部。宜作绿篱材料，又可作嫁接丁香、桂花的砧木。

金叶女贞

Ligustrum × vicaryi

木犀科 女贞属

※ 树形及树高

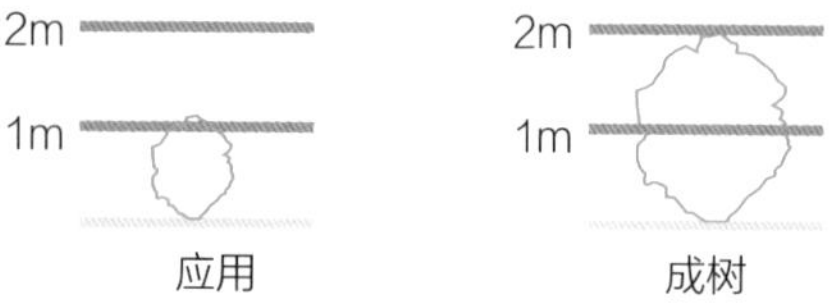

※ 功能及应用

对氯气和二氧化硫抗性强

●公园及公共绿地、风景区、庭园、建筑环境（含居住区）、工矿区、医院、学校。

●孤植、丛植、篱植、群植。

※ 观赏时期

月	1	2	3	4	5	6	7	8	9	10	11	12
花												
叶												
实												

※ 区域生长环境

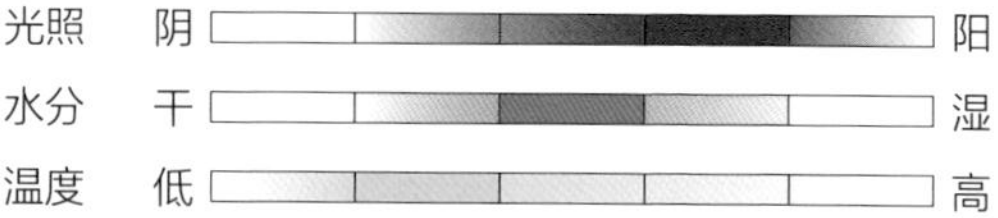

※ 简介

●半常绿或落叶灌木。单叶对生，嫩叶黄色，后渐变为黄绿色。花白色，芳香，总状花序。核果紫黑色。

●喜光，稍耐阴，较耐寒，耐水湿，以疏松肥沃、通透性良好的沙壤土为最好，耐修剪。

●可扦插繁殖。

●是金边卵叶女贞与金叶欧洲女贞的杂交种。宜栽培成矮绿篱，必须栽于阳光充足处才能发挥其观叶的效果。

探春（迎夏）

Jasminum floridum

木犀科 茉莉属

※ 树形及树高

应用 成树

※ 功能及应用

●公园及公共绿地、风景区、庭园、建筑环境（含居住区）、医院、学校、滨水。

●孤植、丛植、篱植、片植、群植。

※ 观赏时期

月	1	2	3	4	5	6	7	8	9	10	11	12
花					■	■						
叶			■	■	■	■	■	■	■	■	■	
实												

※ 区域生长环境

光照 阴 阳
水分 干 湿
温度 低 高

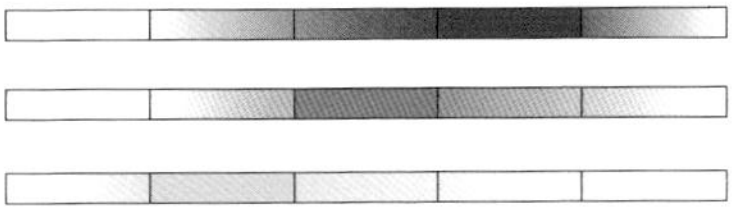

※ 简介

●半常绿蔓性灌木，小枝绿色。羽状复叶互生，小叶3（~5）。花冠黄色，3~5朵成顶生聚伞花序。

●耐寒性较差，北方露地栽培需稍加保护。

●以扦插为主，也可用压条、分株繁殖。

●产华北南部、陕西至湖北四川等地。各地庭园栽培，片植或丛植于水边、山石旁较佳，或盆栽观赏。

枇杷叶荚蒾（皱叶荚蒾）

Viburnum rhytidophyllum

忍冬科 荚蒾属

※ 树形及树高

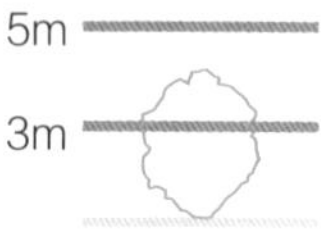

应用

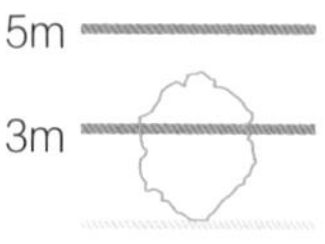

成树

※ 功能及应用

●公园及公共绿地、风景区、庭园、建筑环境（含居住区）、医院、学校。

●孤植、丛植、群植。

※ 观赏时期

月	1	2	3	4	5	6	7	8	9	10	11	12
花												
叶	■	■	■	■	■	■	■	■	■	■	■	■
实									■	■		

※ 区域生长环境

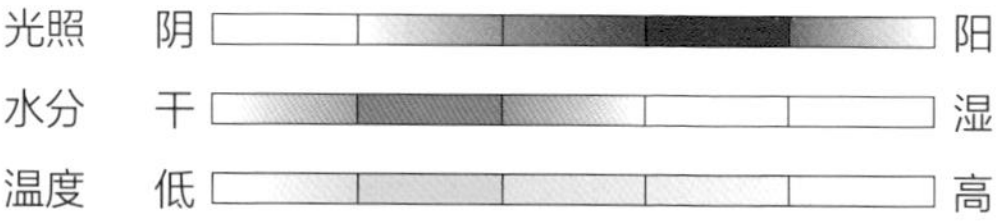

※ 简介

●常绿灌木或小乔木。单叶对生，叶面皱而有光泽。花冠白色，花药黄色，花蕾期常带粉色。核果小，由红色变紫黑色。

●喜光、耐半阴，有一定的耐寒性，较耐旱，耐轻度盐碱。

●播种、扦插、压条、分株繁殖均可。诱鸟、诱虫、诱蝶。

●产陕西南部、湖北西部、四川及贵州等地。宜植于园林绿地观赏。

郁香忍冬

Lonicera fragrantissima

忍冬科 忍冬属

※ 树形及树高

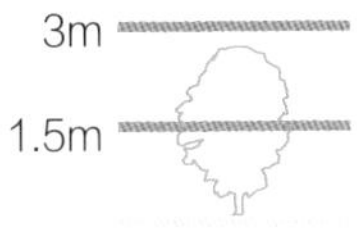

应用

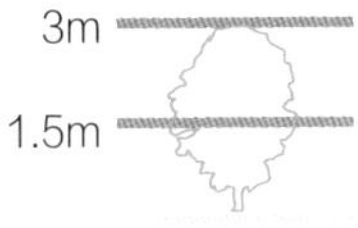

成树

※ 功能及应用

●公园及公共绿地、风景区、庭园、建筑环境（含居住区）、医院、学校。

●孤植、丛植、群植。

※ 观赏时期

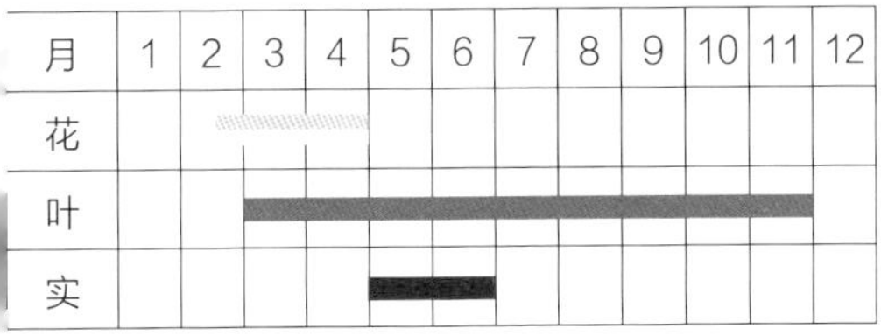

※ 区域生长环境

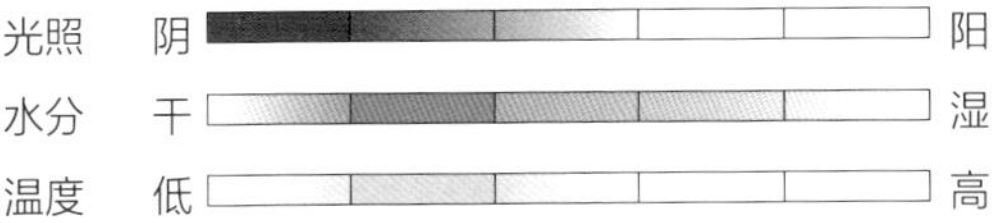

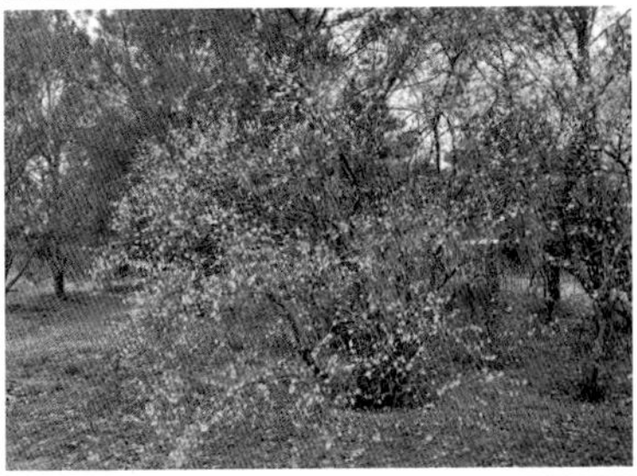

※ 简介

●半常绿或落叶灌木，品种冬季多落叶。单叶对生，厚纸质或革质。花芳香，成对腋生，两花萼筒合生达中部以上，花冠二唇形，白色或淡黄色。浆果球形，红色，两果基部合生。先花后叶。

●耐寒，耐旱，耐阴性强，耐轻度盐碱，耐水湿，在湿润、肥沃的土壤中生长良好。

●播种、扦插、分株繁殖。诱鸟、诱虫、诱蝶。

●产安徽南部、江西、湖北、河南、河北、陕西南部、山西等地。常植于庭园观赏。

凤尾兰（波萝花）

Yucca gloriosa

百合科 丝兰属

※ 树形及树高

应用 成树

※ 功能及应用

●公园及公共绿地、风景区、庭园、建筑环境（含居住区）、医院、学校。

●孤植、丛植、群植。

※ 观赏时期

月	1	2	3	4	5	6	7	8	9	10	11	12
花												
叶												
实												

※ 区域生长环境

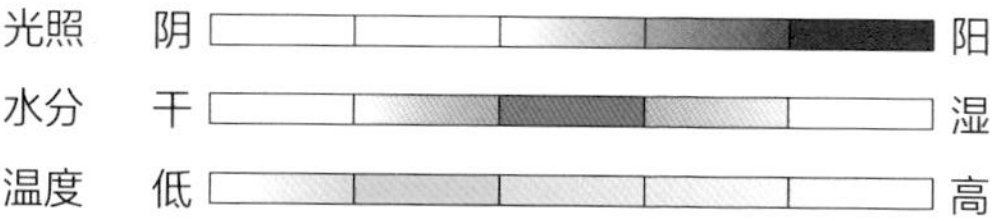

※ 简介

●常绿木本，茎不分枝或少分枝。叶剑形，老叶边缘有时具疏丝。花下垂，乳白色，端部常带紫晕，圆锥花序，夏、秋两次开花。

●有一定耐寒性，北京可露地栽培。

●播种或扦插繁殖。

●常见栽培种花叶凤尾兰‘Variegata’，绿叶中有黄白色边及条纹。

●原产北美东部及东南部，我国南北园林中均有栽培。

蜡梅（腊梅，黄梅花）

Chimonanthus praecox

蜡梅科 蜡梅属

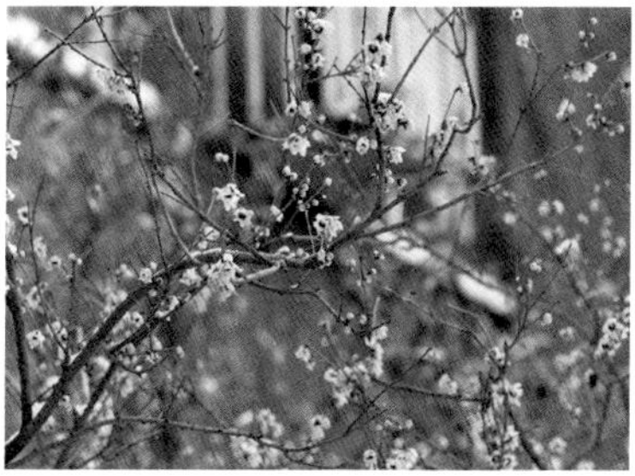

※ 树形及树高

※ 功能及应用

●公园及公共绿地、风景区、庭园、建筑环境（含居住区）、医院、学校。

●孤植、丛植、群植。

※ 观赏时期

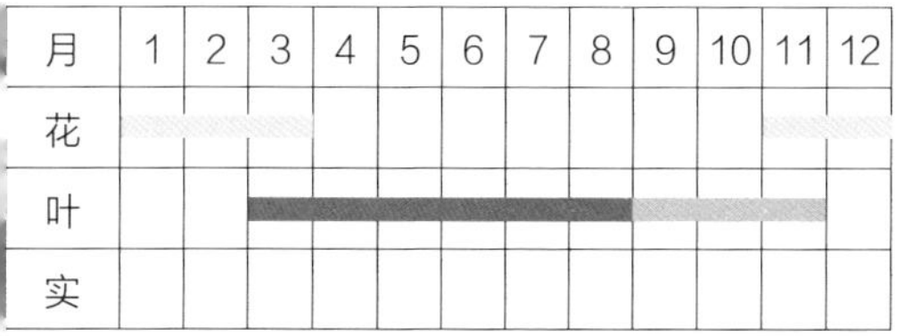

※ 区域生长环境

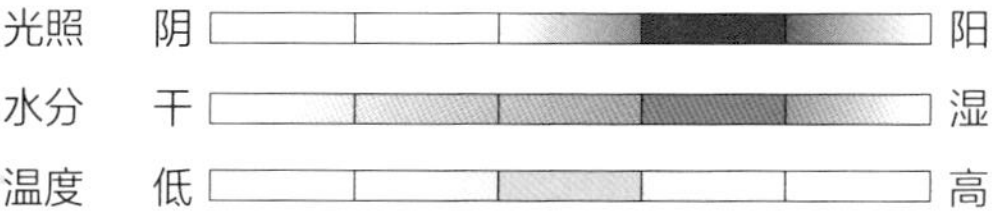

※ 简介

●单叶对生，半革质而较粗糙。花单朵腋生，花被片蜡质黄色，内部的有紫色条纹，具浓香，远于叶前开放。

●喜光，耐阴，耐寒，耐旱，忌渍水。好生于土层深厚肥沃、疏松、排水良好的微酸性沙质壤土。

●播种、扦插、嫁接繁殖。

●原产我国中部，黄河流域至长江流域各地普遍栽培，北京在良好小气候环境下可露地越冬。蜡梅在百花凋零的隆冬绽蕾，斗寒傲霜，芳香四溢，为冬季最好的香花观赏树种。是江苏镇江市的市花。

二乔玉兰（朱砂玉兰）

Magnolia × soulangeana

木兰科 木兰属

※ 树形及树高

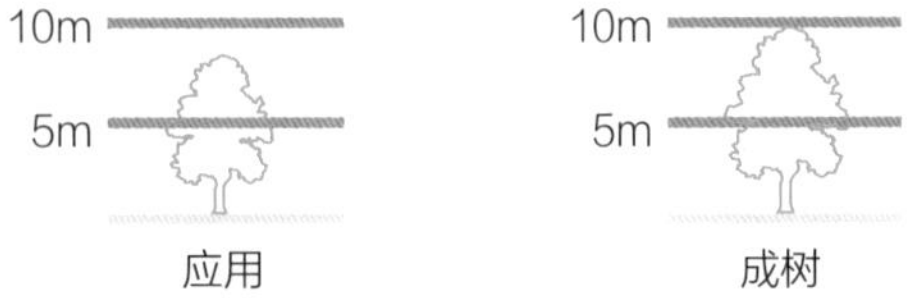

※ 功能及应用

●公园及公共绿地、风景区、庭园、建筑环境（含居住区）、医院、学校。

●孤植、丛植、群植。

※ 观赏时期

月	1	2	3	4	5	6	7	8	9	10	11	12
花												
叶												
实												

※ 区域生长环境

※ 简介

●单叶互生。花瓣 6，外面多淡紫色，基部色较深，里面白色，萼片 3，常花瓣状。蓇葖果聚合成球果状，红色。先花后叶。

●喜光，较亲本更耐寒、耐旱，不耐积水，最宜在酸性、富含腐殖质而排水良好的地域生长。

●嫁接、扦插或播种繁殖均可。

●是玉兰和紫玉兰的杂交种，国内外园林绿地普遍栽培。

紫叶小檗

Berberis thunbergii 'Atropurpurea'

小檗科　小檗属

※ 树形及树高

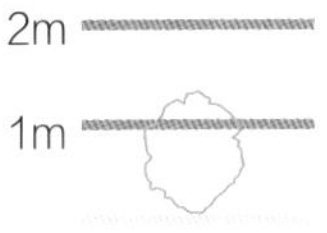

应用

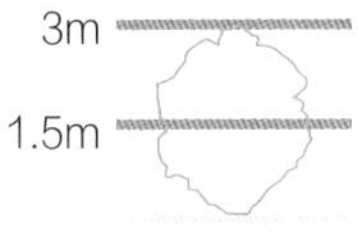

成树

※ 功能及应用

! 有刺

●公园及公共绿地、风景区、庭园、建筑环境（含居住区）、医院、学校。

●孤植、丛植、篱植、群植。

※ 观赏时期

月	1	2	3	4	5	6	7	8	9	10	11	12
花					■							
叶			■	■	■	■	■	■	■	■	■	
实									■	■		

※ 区域生长环境

光照　阴　　阳

水分　干　　湿

温度　低　　高

※ 简介

●叶常簇生。花小，黄白色，单生或簇生。浆果椭球形，亮红色。

●耐半阴，耐寒性强，耐旱性强，耐水湿，耐轻度盐碱，瘠薄土壤。

●播种扦插或压条繁殖。诱鸟、诱虫、诱蝶。

●北京等地常见栽培观赏。在阳光充足的情况下，叶常年紫红色，可植于庭园、绿地观赏，也宜作观赏刺篱。

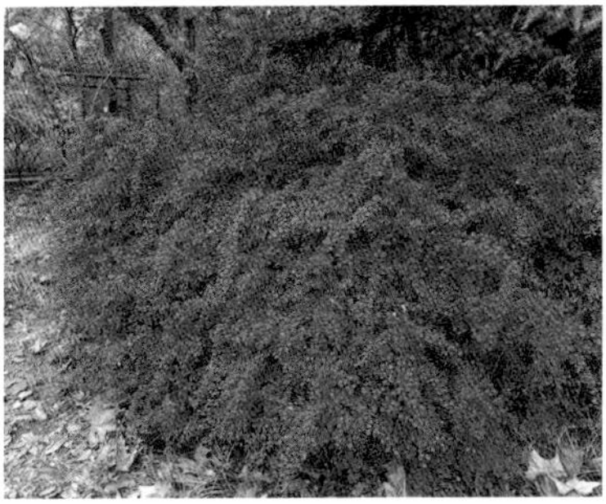

阿穆尔小檗（黄芦木）

Berberis amurensis

小檗科　小檗属

※ 树形及树高

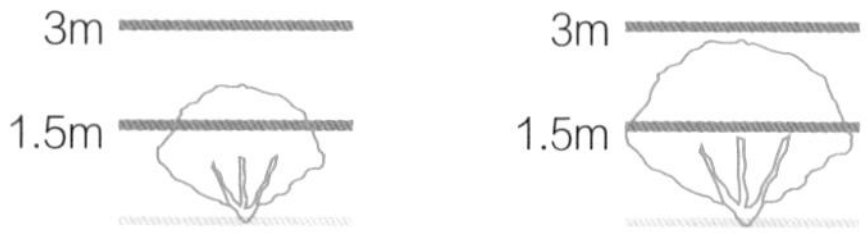

应用　　成树

※ 功能及应用

! 有刺

- 公园及公共绿地、风景区、庭园。
- 孤植、丛植、篱植。

※ 观赏时期

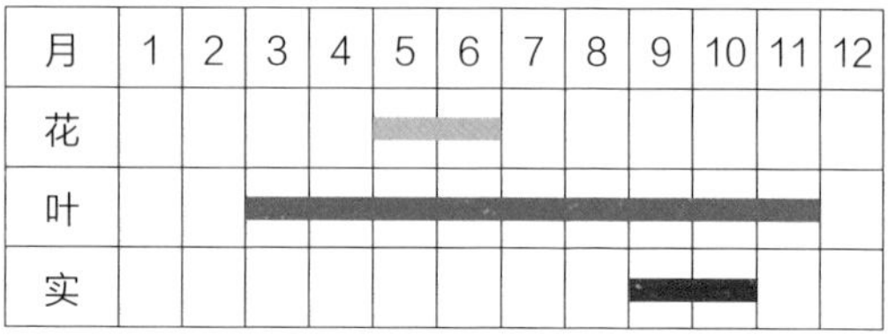

※ 区域生长环境

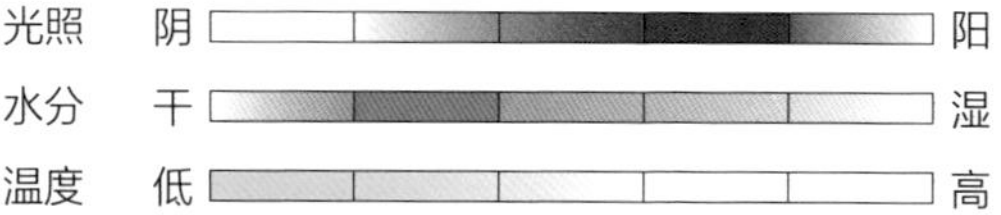

※ 简介

- 花淡黄色，10~25 朵成下垂总状花序。浆果椭球形，鲜红色。
- 喜光，稍耐阴，耐寒性强，耐干旱，耐水湿。
- 诱鸟、诱虫、诱蝶。
- 产我国东北及华北山地，俄罗斯、日本也有分布。宜植于草坪、林缘、路边观赏，枝有刺且耐修剪，也是良好的绿篱材料。

细叶小檗

Berberis poiretii

小檗科 小檗属

※ 树形及树高

应用　　成树

※ 功能及应用

! 植株有刺

- 公园及公共绿地、风景区、庭园。
- 孤植、丛植、篱植。

※ 观赏时期

月	1	2	3	4	5	6	7	8	9	10	11	12
花												
叶												
实												

※ 区域生长环境

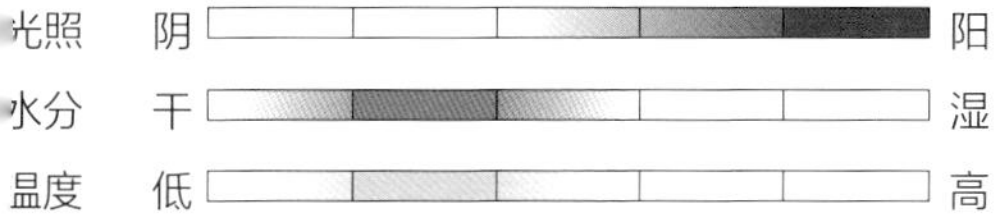

※ 简介

- 单叶簇生。刺常单生（短枝有时具三叉刺）。花黄色，成下垂总状花序。浆果卵球形，鲜红色。
- 喜光，耐寒，耐干旱。
- 产我国北部山地，蒙古、俄罗斯也有分布。宜植于庭园观赏，或栽作绿篱。

垂枝榆

Ulmus pumila 'Pendula'

榆科 榆属

※ 树形及树高

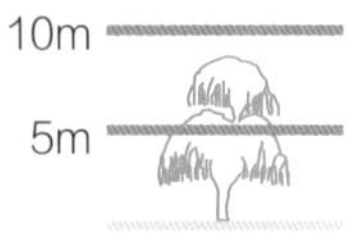

应用

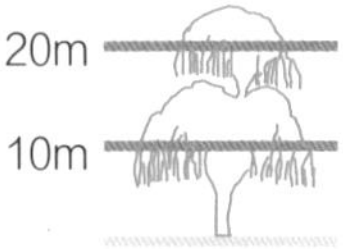

成树

※ 功能及应用

●公园及公共绿地、风景区、庭园、道路、建筑环境(含居住区)、医院、学校。

●孤植、对植、列植。

※ 观赏时期

月	1	2	3	4	5	6	7	8	9	10	11	12
花												
叶			■	■	■	■	■	■	■	□	□	
实												

※ 区域生长环境

光照 阴 阳

水分 干 湿

温度 低 高

※ 简介

●树皮纵裂，粗糙。枝下垂，树冠伞形。单叶互生。翅果近圆形。

●喜阳，适应性强，耐干冷气候及中度盐碱，不耐水湿。

●常采用嫁接繁殖。

●我国西北、华北和东北地区有栽培。有品种‘金叶’垂枝榆(左图 4、图 5)。

柘树

Cudrania tricuspidata

桑科 柘树属

※ 树形及树高

应用

成树

※ 功能及应用

 抗污染

● 公园及公共绿地、风景区、庭园、工矿区、湿地、滨水。

● 孤植、篱植、群植。

※ 观赏时期

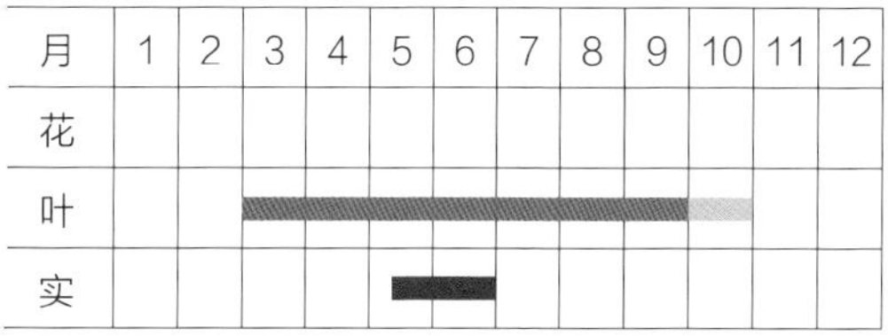

※ 区域生长环境

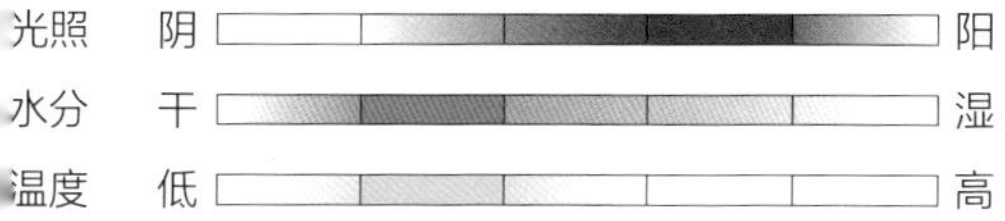

※ 简介

● 树皮灰褐色，有刺。单叶互生，有时3浅裂。花单性异株，集成球形头状花序。聚花果球形，红色，肉质。

● 适应性强，喜光，稍耐阴，耐寒，耐干旱瘠薄，稍耐盐碱和水湿。

● 播种繁殖。诱虫、诱鸟。

● 产河北南部、华东、中南、西南各地。可作庭荫树、绿篱（刺篱）、荒山绿化及水土保持树种。

榛

Corylus heterophylla

桦木科 榛属

※ 树形及树高

※ 功能及应用

●公园及公共绿地、风景区、林地、工矿区。

●孤植、丛植、片植。

※ 观赏时期

月	1	2	3	4	5	6	7	8	9	10	11	12
花												
叶												
实												

※ 区域生长环境

光照 阴 阳

水分 干 湿

温度 低 高

※ 简介

●单叶互生，先端近截形。坚果常3枚聚生，具钟状总苞。

●喜光，耐寒力强，耐干旱，也耐低湿，抗烟尘，根系浅而广，少病虫害。

●播种繁殖。

●产我国东北、华北及西北山地，俄罗斯、朝鲜、日本有分布。是北方山区绿化和水土保持的好树种，也可用于城市及工矿区绿化。

丹

aeonia suffruticosa

药科 芍药属

※ 树形及树高

应用　　　　成树

※ 功能及应用

根皮为中药“丹皮”

公园及公共绿地、风景区、庭园、建筑环境（含居住区）、医院、学校。

●孤植、丛植、群植。

※ 观赏时期

月	1	2	3	4	5	6	7	8	9	10	11	12
花												
叶												
实												

※ 区域生长环境

光照　阴　　阳

水分　干　　湿

温度　低　　高

※ 简介

●二回三出复叶互生，3~5 裂。花大，单生枝端，品种众多，单瓣或重瓣，白色或粉紫色系居多，黄色珍稀。

●喜光，耐寒，喜凉爽，耐旱，畏炎热，不耐水湿，要求土壤排水良好。

●采用分株、嫁接及播种进行繁殖。诱鸟、诱虫、诱蝶。

●原产我国北部及中部，栽培历史悠久，为我国著名的传统花木，被誉为“国色天香”。山东菏泽和河南洛阳是我国最著名的牡丹之乡。

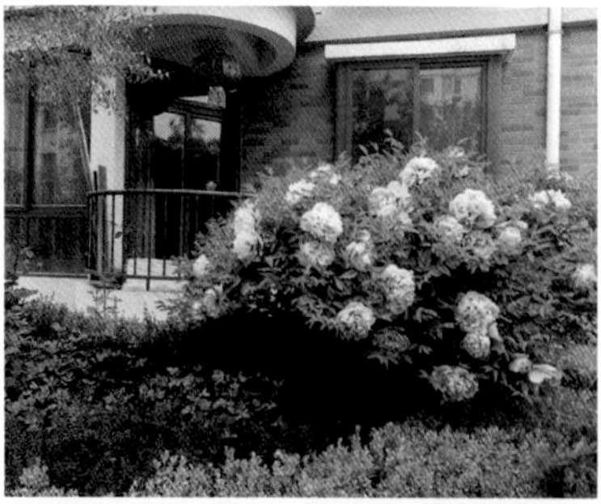

紫斑牡丹

Paeonia rockii

芍药科　芍药属

※ 树形及树高

※ 功能及应用

●公园及公共绿地、风景区、庭园、建筑环境（含居住区）、医院、学校。

●孤植、丛植、群植。

※ 观赏时期

月	1	2	3	4	5	6	7	8	9	10	11	12
花				▬	▬							
叶			▬	▬	▬	▬	▬	▬	▬	▬	▬	
实												

※ 区域生长环境

光照　阴　阳

水分　干　湿

温度　低　高

※ 简介

●二至三回羽状复叶，小叶 17~33 枚。花大，单生枝顶，品种也较多，单瓣或重瓣，白色或紫红色为主，内侧基部有深紫红色斑块，植株往往较牡丹高大。

●喜光，耐寒，喜凉爽，耐旱，畏炎热，不耐水湿，要求土壤排水良好。

●可以采用分株进行繁殖。诱鸟、诱虫、诱蝶。

●产云南中西部、四川北部、甘肃东南部、陕西南部、河南西部和湖北西部。我国西北一些地区有栽培，是牡丹育种的好材料。

扁担杆（孩儿拳头，扁担木）

Grewia biloba

椴树科 扁担杆属

※ 树形及树高

应用　　成树

※ 功能及应用

- 公园及公共绿地、风景区、庭园。
- 孤植、丛植。

※ 观赏时期

月	1	2	3	4	5	6	7	8	9	10	11	12
花												
叶												
实												

※ 区域生长环境

光照　阴　　阳

水分　干　　湿

温度　低　　高

※ 简介

- 单叶互生，基部3主脉。花淡黄绿色，聚伞花序与叶对生。核果橙红色，2裂，每裂有2小核。
- 耐寒性、耐旱性强，较耐阴，耐干旱瘠薄。适生于疏松、肥沃、排水良好的土壤。
- 播种或分株繁殖。
- 我国北自辽宁南部经华北至华南、西南广泛分布。秋天果实橙红色，且宿存枝头很久，是良好的观果树种。

木槿

Hibiscus syriacus

锦葵科 木槿属

※ 树形及树高

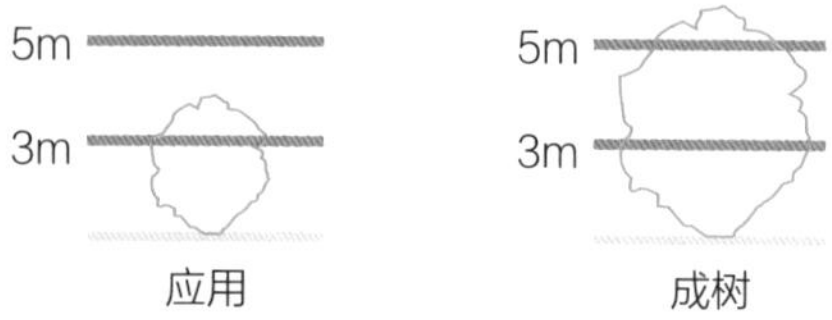

※ 功能及应用

●公园及公共绿地、风景区、庭园、建筑环境（含居住区）、医院、学校。

●孤植、丛植、篱植、群植。

※ 观赏时期

月	1	2	3	4	5	6	7	8	9	10	11	12
花												
叶												
实												

※ 区域生长环境

光照 阴 阳

水分 干 湿

温度 低 高

※ 简介

●单叶互生，通常掌状 3 裂。花单生叶腋，通常白色或淡紫色、粉色，单瓣或重瓣，常见品种十余个，易朝开暮谢。

●喜光，喜温暖湿润气候，耐干旱瘠薄，较耐寒，耐水湿，耐盐碱。

●萌蘖性强，耐修剪。主要采用扦插或分株繁殖。诱鸟、诱虫、诱蝶。

●原产亚洲东部，我国东北南部至华南各地广为栽培。本种花期长，花大并有许多美丽的品种，宜植于庭园观赏，也常植为绿篱。木槿是韩国国花。部分品种花可食。

柽柳

Tamarix chinensis

柽柳科 柽柳属

※ 树形及树高

应用　　　　成树

※ 功能及应用

- 公园及公共绿地、风景区、庭园、工矿区、滨水。
- 孤植、丛植、片植、群植。

※ 观赏时期

月	1	2	3	4	5	6	7	8	9	10	11	12
花				—	—	—	—	—	—			
叶			—	—	—	—	—	—	—	—	—	
实												

※ 区域生长环境

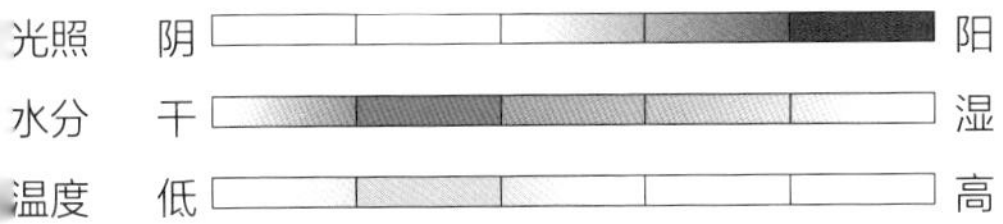

※ 简介

- 树皮红褐色，小枝细长下垂。叶鳞片状互生。花小，粉红色，春季总状花序侧生于去年生枝上，夏、秋季总状花序生于当年生枝上并常组成顶生圆锥花序。
- 耐寒，耐旱性强，耐水湿，有抗涝、抗旱、抗盐碱及沙荒地的能力。
- 可采用扦插、播种繁殖。
- 产我国吉林、辽宁、华北至西北地区，南北各地有栽培。宜作盐碱地绿化树种，也可植于庭园观赏。

细穗柽柳（红柳）

Tamarix leptostachya

柽柳科 柽柳属

※ 树形及树高

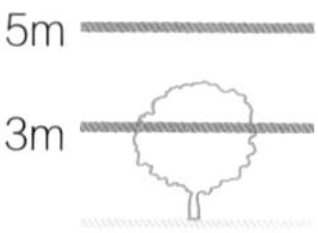
5m
3m
应用
10m
5m

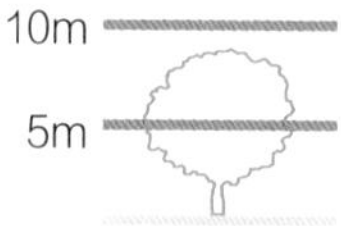

成树

※ 功能及应用

●公园及公共绿地、风景区、庭园、工矿区、滨水。

●孤植、丛植、片植、群植。

※ 观赏时期

月	1	2	3	4	5	6	7	8	9	10	11	12
花					■	■	■	■	■			
叶			■	■	■	■	■	■	■	■	■	
实												

※ 区域生长环境

光照 阴 阳
水分 干 湿
温度 低 高

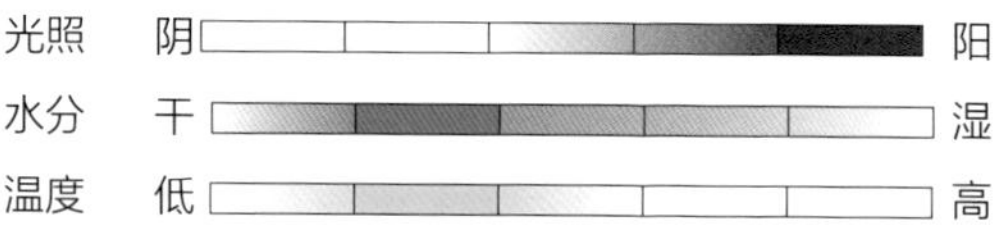

※ 简介

●小枝纤细，红棕色。叶鳞形。花小，粉红至淡紫红色，总状花序再组成顶生圆锥花序，花瓣宿存。

●喜光，耐寒，耐旱，较耐水湿。

●极耐修剪，常采用扦插或播种繁殖。

●广布于我国西北地区，尤以新疆最为普遍，蒙古、中亚、伊朗、阿富汗至欧洲东南部也广泛分布。是我国西北荒漠地区固沙造林、盐碱地绿化及水土保持的优良树种，也可植于庭园观赏。

银芽柳（棉花柳）

Salix × leucopithecia

杨柳科 柳属

※ 树形及树高

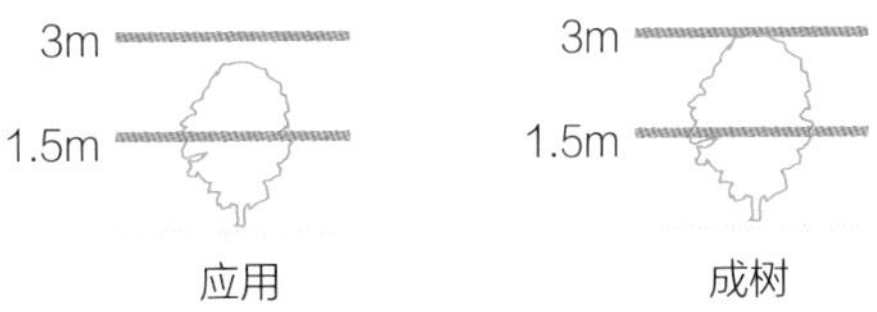

※ 功能及应用

●公园及公共绿地、风景区、滨水。

●孤植、丛植、群植。

※ 观赏时期

月	1	2	3	4	5	6	7	8	9	10	11	12
花												
叶			■	■	■	■	■	■	■	■	■	
实												

※ 区域生长环境

光照 阴 阳

水分 干 湿

温度 低 高

※ 简介

●小枝绿褐色，具红晕。冬芽红紫色。单叶互生，背面密被白毛。裸花，花丝白色，花药黄色，雄花序盛开前密被银白色绢毛。

●喜光，也耐阴，耐湿，耐寒、好肥，适应性强在土层深厚、湿润、肥沃的环境中生长良好。

●常用扦插繁殖。

●原产日本。是优良的早春观芽植物，适合种植于池畔、河岸、湖滨以及草坪、林缘等处。

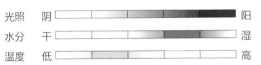

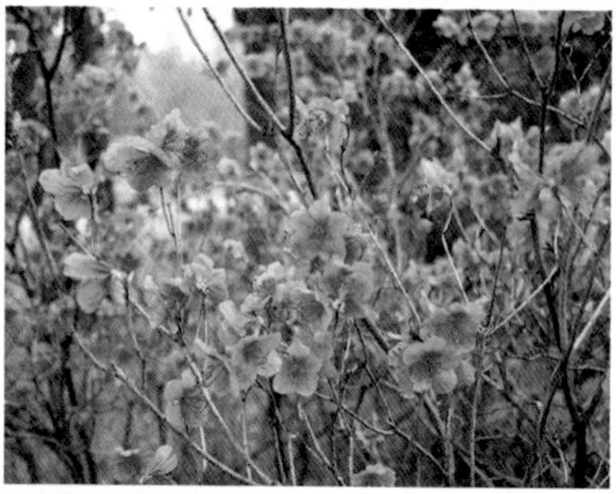

迎红杜鹃（蓝荆子）

Rhododendron mucronulatum

杜鹃花科 杜鹃花属

※ 树形及树高

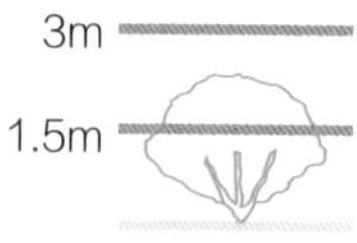

应用

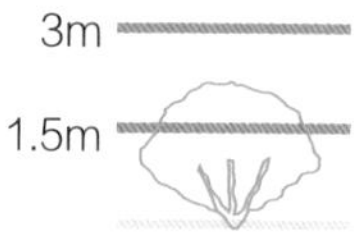

成树

※ 功能及应用

●公园及公共绿地、风景区、庭园。

●孤植、丛植、群植。

※ 观赏时期

月	1	2	3	4	5	6	7	8	9	10	11	12
花			■	■								
叶					■	■	■	■	■	■	■	
实												

※ 区域生长环境

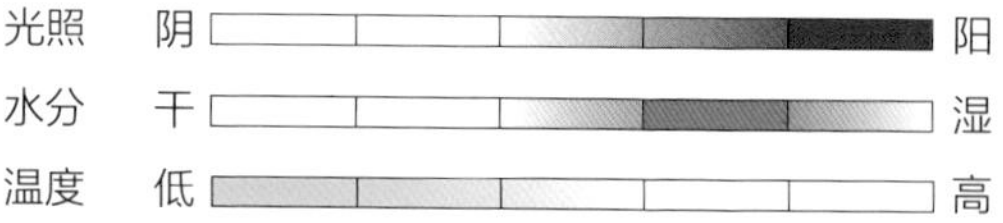

※ 简介

●落叶或半常绿灌木。单叶互生。花淡紫红色，3~6 朵簇生。先花后叶。

●耐寒性强，不耐旱，较耐水湿，喜酸性土壤。

●种子繁殖或扦插繁殖。

●产我国东北和华北山地，俄罗斯、蒙古、朝鲜、日本南部也有分布。可植于庭园观赏。是朝鲜国花。

太平花（京山梅花）

Philadelphus pekinensis

八仙花科 山梅花属

※ 树形及树高

※ 功能及应用

●公园及公共绿地、风景区、庭园、建筑环境（含居住区）、医院、学校。

●孤植、丛植、篱植、群植。

※ 观赏时期

月	1	2	3	4	5	6	7	8	9	10	11	12
花												
叶												
实												

※ 区域生长环境

光照 阴 阳

水分 干 湿

温度 低 高

※ 简介

●树皮易剥落，常带紫色。单叶互生。花乳白色，花瓣及萼片 4，有香气，5~7（9）朵成总状花序。

●喜光，耐寒，怕涝，耐阴性强，喜肥沃且排水良好的土壤。

●采用播种、分株、扦插、压条繁殖。诱鸟、诱虫、诱蝶。

●产辽宁、华北及四川、湖北等地，朝鲜也有分布。栽作花篱或丛植于草坪、林缘都很合适。北京园林绿地中习见栽植。

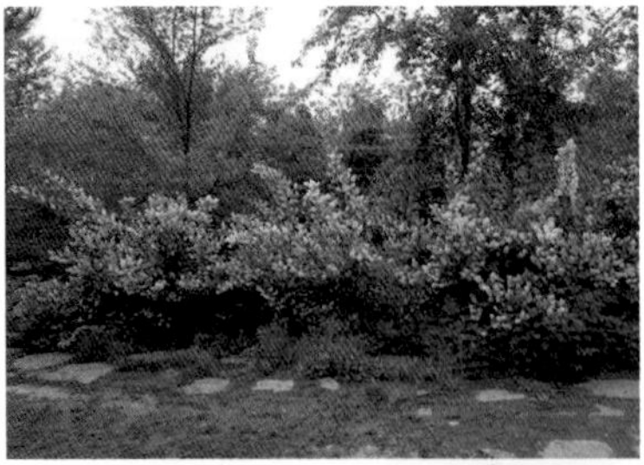

西洋山梅花
Philadelphus coronarius
八仙花科　山梅花属

※ 树形及树高

应用　　　　　　　　　成树

※ 功能及应用
●公园及公共绿地、风景区、庭园、建筑环境（含居住区）、医院、学校。
●孤植、丛植、群植。

※ 观赏时期

月	1	2	3	4	5	6	7	8	9	10	11	12
花												
叶												
实												

※ 区域生长环境

光照　阴 □□□□□□□□ 阳
水分　干 □□□□□□□□ 湿
温度　低 □□□□□□□□ 高

※ 简介
●单叶对生。花乳白色，花瓣及萼片4，较大而芳香，黄色的雄蕊很显眼，5~9朵成总状花序。
●喜温暖湿润、半阴的环境，较耐寒，怕水涝。
●诱鸟、诱虫、诱蝶。
●有金叶、斑叶、小叶、重瓣及矮生等品种。
●原产欧洲南部及小亚细亚一带。宜于庭园栽培观赏。

大花溲疏

Deutzia grandiflora

八仙花科 溲疏属

※ 树形及树高

应用 成树

※ 功能及应用

●公园及公共绿地、风景区、庭园、建筑环境（含居住区）、医院、学校。

●孤植、丛植、片植、群植。

※ 观赏时期

月	1	2	3	4	5	6	7	8	9	10	11	12
花												
叶												
实												

※ 区域生长环境

光照 阴 阳

水分 干 湿

温度 低 高

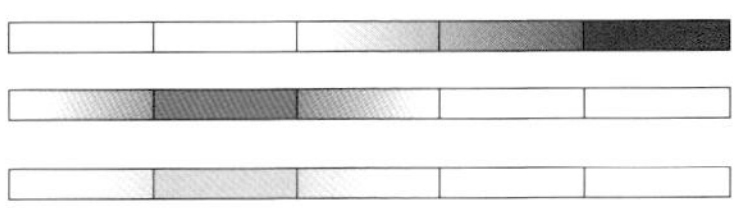

※ 简介

●小枝中空。单叶对生，叶两面粗糙有毛。花白色，较大，1~3 朵聚伞状，花期早。

●喜光，耐寒，耐旱，较耐阴，对土壤要求不严。

●常采用扦插繁殖。诱鸟、诱虫、诱蝶。

●主产我国北部地区，经华北南达湖北。宜植于庭园观赏，也可作水土保持树种。

小花溲疏

Deutzia parviflora

八仙花科 溲疏属

※ 树形及树高

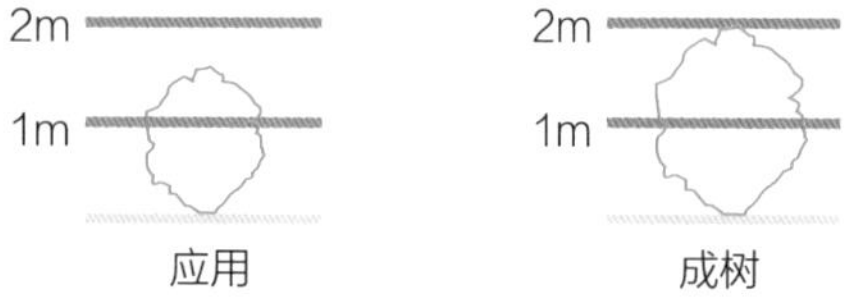

※ 功能及应用

●公园及公共绿地、风景区、庭园、建筑环境（含居住区)、医院、学校。

●孤植、丛植、群植。

※ 观赏时期

月	1	2	3	4	5	6	7	8	9	10	11	12
花												
叶												
实												

※ 区域生长环境

光照 阴 阳

水分 干 湿

温度 低 高

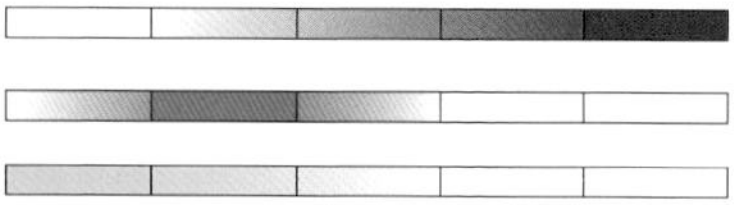

※ 简介

●小枝中空。单叶对生。花白色，较小，伞房花序具多花。

●喜光，稍耐阴，耐旱，耐寒性强，喜深厚肥沃的沙质壤土。

●常采用扦插繁殖。诱鸟、诱虫、诱蝶。

●产我国华北及东北地区，朝鲜、俄罗斯也有分布，北方园林中常见栽培观赏。

圆锥八仙花（水亚木、圆锥绣球）

Hydrangea paniculata

八仙花科 八仙花属

※ 树形及树高

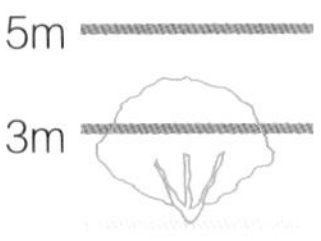

应用

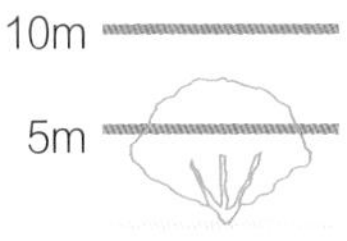

成树

※ 功能及应用

●公园及公共绿地、风景区、庭园、建筑环境（含居住区）、医院、学校。

●孤植、丛植、群植。

※ 观赏时期

月	1	2	3	4	5	6	7	8	9	10	11	12
花												
叶												
实												

※ 区域生长环境

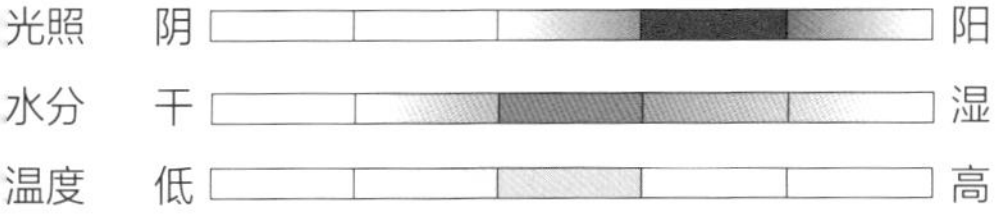

※ 简介

●叶对生，有时在上部3叶轮生。圆锥花序顶生，可育的两性花小，不育花大形，仅具4枚花瓣状萼片，与可育花参差相间，早期绿白色，后期变粉色至粉紫色。

●喜温暖湿润的半阴环境，不耐旱，不耐寒，喜肥，忌水涝，适宜在排水良好的酸性土壤中生长。

●扦插或分株繁殖。

●产长江以南各省区，日本也有分布。宜植于绿地或庭园观赏。花经冬不凋，可作干花。

香茶藨子（黄花茶藨子）

Ribes odoratum

茶藨子科 茶藨子属

※ 树形及树高

※ 功能及应用

●公园及公共绿地、风景区、庭园、建筑环境（含居住区)、医院、学校。

●孤植、丛植。

※ 观赏时期

月	1	2	3	4	5	6	7	8	9	10	11	12
花												
叶												
实												

※ 区域生长环境

光照 阴  阳

水分 干 湿

温度 低 高

※ 简介

●单叶互生，3~5 裂。花芳香，花萼花瓣状，黄色，花瓣小，紫红色。浆果球形，熟时紫黑色。

●喜光，稍耐阴，耐寒，耐旱，耐轻度盐碱，喜肥沃土壤。

●压条或分株繁殖。芳香，诱鸟、诱虫、诱蝶。

●原产美国中部，北京、天津、辽宁、吉林及山东等地有栽培。宜植于庭园观赏。

白鹃梅

Exochorda racemosa

蔷薇科 白鹃梅属

※ 树形及树高

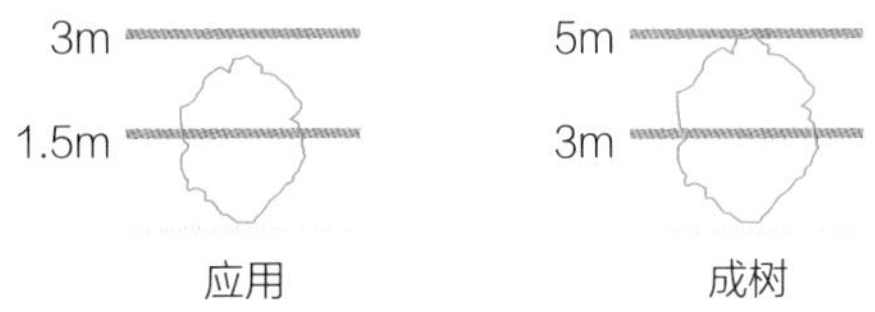

※ 功能及应用

- 公园及公共绿地、风景区、庭园、建筑环境（含居住区）、医院、学校。
- 孤植、丛植、群植。

※ 观赏时期

月	1	2	3	4	5	6	7	8	9	10	11	12
花												
叶												
实												

※ 区域生长环境

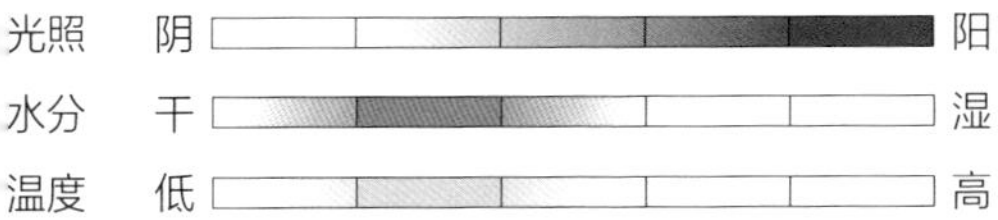

※ 简介

- 单叶互生。花白色，花瓣较宽，基部突然收缩成爪，6~10 朵成顶生总状花序。
- 喜光，也耐半阴，有一定耐寒性，耐盐碱，耐干旱瘠薄。
- 播种或扦插繁殖。诱鸟、诱虫、诱蝶。
- 产河南、江苏南部、安徽、浙江、江西等地，在北京可露地栽培。枝叶秀丽，春日开花洁白，是美丽的观赏树种。

齿叶白鹃梅

Exochorda serratifolia

蔷薇科 白鹃梅属

※ 树形及树高

应用 成树

※ 功能及应用

●公园及公共绿地、风景区、庭园、建筑环境(含居住区)、医院、学校。

●孤植、丛植、群植。

※ 观赏时期

月	1	2	3	4	5	6	7	8	9	10	11	12
花												
叶												
实												

※ 区域生长环境

光照 阴 阳

水分 干 湿

温度 低 高

※ 简介

●单叶互生。花白色。

●喜光,耐半阴,耐寒性强,耐旱性强,耐盐碱,喜深厚肥沃土壤。

●播种或扦插繁殖。诱鸟、诱虫、诱蝶。

●产我国东北南部及河北等地,朝鲜也有分布。花美丽,北京有栽培,供庭园观赏。

珍珠花（喷雪花）

Spiraea thunbergii

蔷薇科 绣线菊属

※ 树形及树高

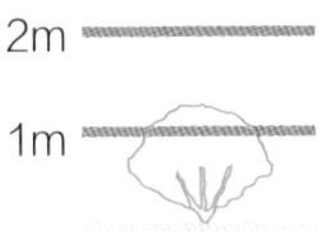

应用

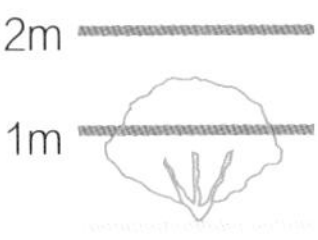

成树

※ 功能及应用

- 公园及公共绿地、风景区、庭园、建筑环境（含居住区）、医院、学校。
- 孤植、丛植、群植。

※ 观赏时期

月	1	2	3	4	5	6	7	8	9	10	11	12
花												
叶												
实												

※ 区域生长环境

光照 阴 阳

水分 干 湿

温度 低 高

※ 简介

- 单叶互生。花小而白色，3~5 朵成无总梗之伞形花序。
- 喜光，较耐寒，喜湿润而排水良好的土壤。
- 诱鸟、诱虫、诱蝶。
- 原产华东及日本，我国东北南部及华北有栽培。早春花开放前花蕾形若珍珠，开放时繁花满枝若喷雪，秋叶橘红色，是良好的观花灌木。

三桠绣线菊（三裂绣线菊）

Spiraea trilobata

蔷薇科 绣线菊属

※ 树形及树高

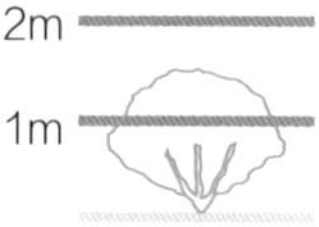

应用

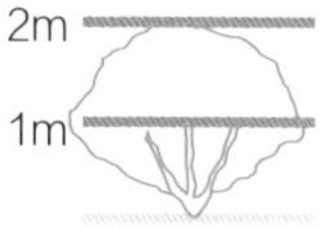

成树

※ 功能及应用

●公园及公共绿地、建筑环境（含居住区）、道路。

●孤植、丛植、群植。

※ 观赏时期

月	1	2	3	4	5	6	7	8	9	10	11	12
花												
叶												
实												

※ 区域生长环境

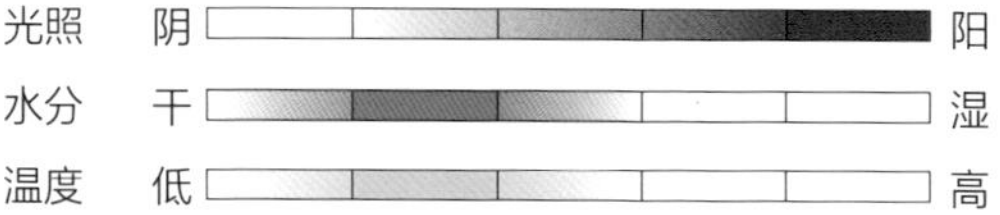

※ 简介

●单叶互生，常 3 裂。花小而白色，成密集伞形总状花序。

●稍耐阴，耐寒，耐旱，对土壤要求不严。

●播种、分株、扦插繁殖。诱鸟、诱虫、诱蝶。

●产亚洲中部至东部，我国北部有分布。植于路边、屋旁或岩石园均适宜。

菱叶绣线菊（杂种绣线菊）

Spiraea × vanhouttei

蔷薇科 绣线菊属

※ 树形及树高

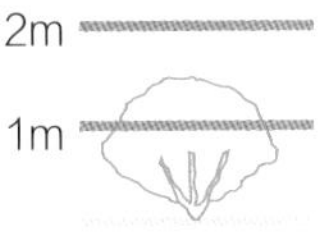

应用

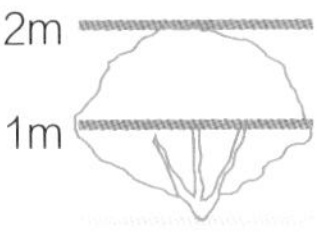

成树

※ 功能及应用

- 公园及公共绿地、风景区、庭园、建筑环境（含居住区）、医院、学校、学校。
- 孤植、丛植、群植。

※ 观赏时期

月	1	2	3	4	5	6	7	8	9	10	11	12
花					■	■						
叶			■	■	■	■	■	■	■	■	■	
实												

※ 区域生长环境

光照 阴 —— 阳

水分 干 —— 湿

温度 低 —— 高

※ 简介

- 单叶互生。花白色，成伞形花序。
- 耐寒，耐旱，耐瘠薄，生长力很强。
- 播种或扦插繁殖。诱鸟、诱虫、诱蝶。
- 麻叶绣球与三桠绣球的杂交种，1862 年在法国育成，国内外广为栽培，宜植于草坪、路边或作基础种植。

柔毛绣线菊(土庄花)

Spiraea pubescens

蔷薇科 绣线菊属

※ 树形及树高

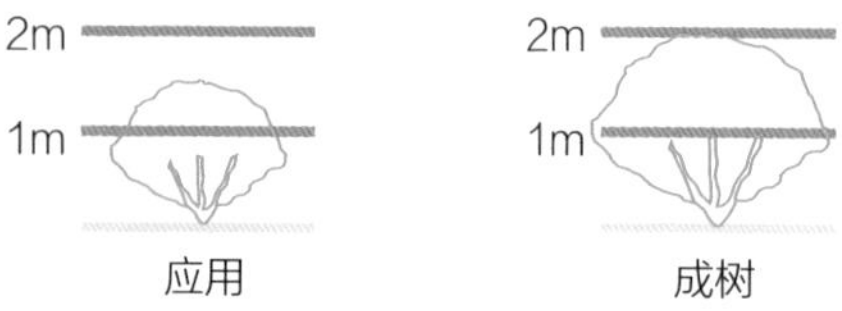

※ 功能及应用

●公园及公共绿地、风景区、庭园、建筑环境(含居住区)、医院、学校。

●孤植、丛植、群植。

※ 观赏时期

月	1	2	3	4	5	6	7	8	9	10	11	12
花												
叶												
实												

※ 区域生长环境

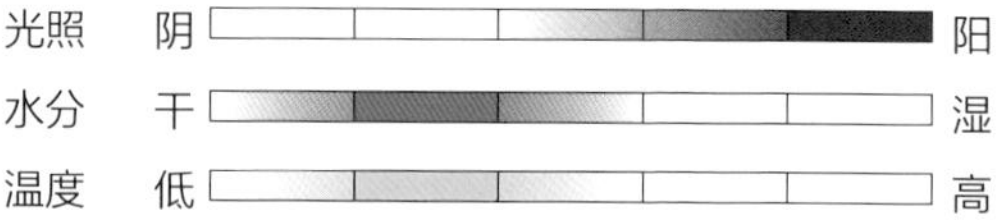

※ 简介

●单叶互生,背面密被灰色短柔毛。花小而白色,伞形花序半球形。

●喜光,耐寒,耐旱,对土壤要求不严。

●播种或扦插繁殖。诱鸟、诱虫、诱蝶。

●主产我国黄河流域及东北、内蒙古,南达安徽、湖北,朝鲜、蒙古、俄罗斯也有分布。北京园林中有栽培,供观赏。

‘金山’绣线菊（金叶粉花绣线菊）

Spiraea × *bumalda* 'Gold Mound'

蔷薇科 绣线菊属

※ 树形及树高

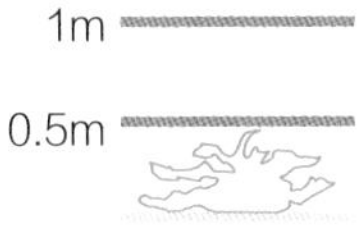

应用

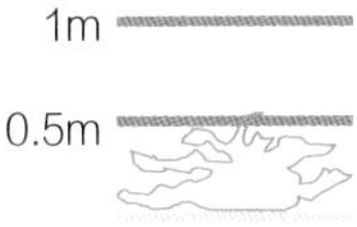

成树

※ 功能及应用

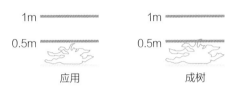

● 公园及公共绿地、风景区、庭园、建筑环境（含居住区）、医院、学校。

● 孤植、丛植、群植。

※ 观赏时期

月	1	2	3	4	5	6	7	8	9	10	11	12
花												
叶												
实												

※ 区域生长环境

光照 阴 阳

水分 干 湿

温度 低 高

※ 简介

● 单叶互生，新叶金黄色，夏季渐变黄绿色，花粉红色。

● 喜光，不耐阴，较耐旱，不耐水湿，适应性强，对土壤要求不严，以深厚、疏松、肥沃的壤土为佳。

● 可分株或扦插繁殖。诱鸟、诱虫、诱蝶。

● 由粉花绣线菊与白花绣线菊杂交育成。从美国引种栽培，是北方城市较受欢迎的常年观叶植物之一。

‘金焰’绣线菊

Spiraea × *bumalda* 'Gold Flame'

蔷薇科 绣线菊属

※ 树形及树高

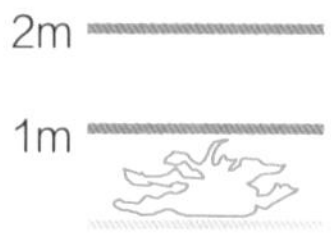

应用

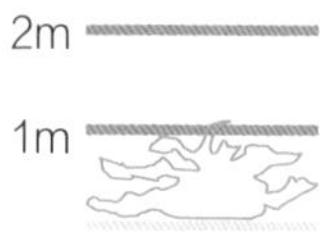

成树

※ 功能及应用

●公园及公共绿地、学校。

●孤植、丛植、群植。

※ 观赏时期

月	1	2	3	4	5	6	7	8	9	10	11	12
花												
叶												
实												

※ 区域生长环境

光照 阴 阳

水分 干 湿

温度 低 高

※ 简介

●单叶互生，春色叶及新叶紫红色或黄绿色，夏天全为绿色，秋天叶变为铜红色。花粉红色。

●在温暖向阳而又潮湿的地方生长良好，较耐阴，耐旱，耐瘠薄，耐修剪整形。

●可播种、分株或扦插繁殖。诱鸟、诱虫、诱蝶。

●原产美国，经引种驯化，能很好地适应北京地区生长，现中国各地均有种植。

柳叶绣线菊（绣线菊）

Spiraea salicifolia

蔷薇科 绣线菊属

※ 树形及树高

应用 成树

※ 功能及应用

●公园及公共绿地、风景区、建筑环境（含居住区）、医院、学校。

●孤植、丛植、群植。

※ 观赏时期

月	1	2	3	4	5	6	7	8	9	10	11	12
花						■	■	■				
叶			■	■	■	■	■	■	■	■	■	
实												

※ 区域生长环境

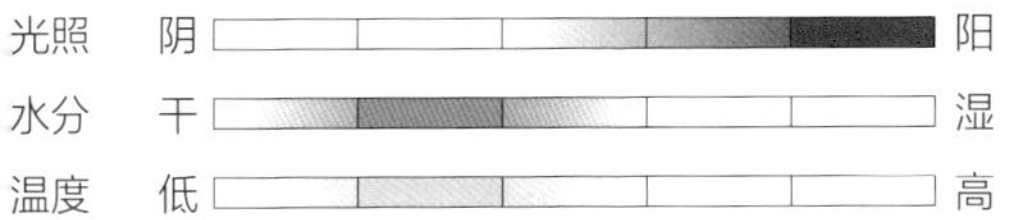

※ 简介

●单叶互生。花粉红色，成顶生圆锥花序。

●喜光，耐寒，耐旱，对土壤要求不严，喜肥沃湿润土壤。

●播种或扦插繁殖。诱鸟、诱虫、诱蝶。

●产我国东北、内蒙古及河北，朝鲜、日本、蒙古、俄罗斯至欧洲东南部也有分布。宜植于庭园观赏。

风箱果

Physocarpus amurensis

蔷薇科 风箱果属

※ 树形及树高

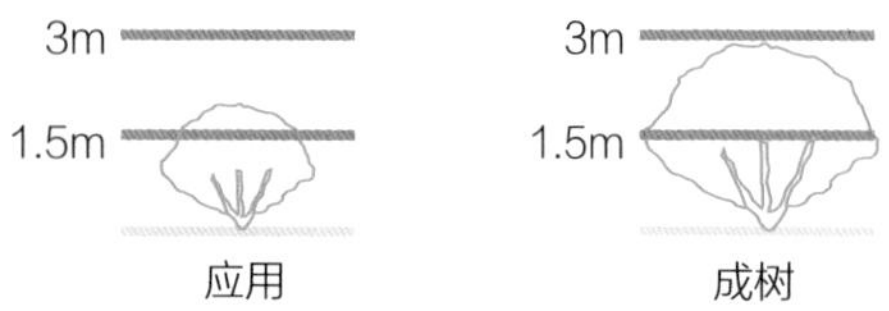

※ 功能及应用

●公园及公共绿地、风景区、庭园、建筑环境（含居住区）、医院、学校。

●孤植、丛植、群植。

※ 观赏时期

月	1	2	3	4	5	6	7	8	9	10	11	12
花												
叶												
实												

※ 区域生长环境

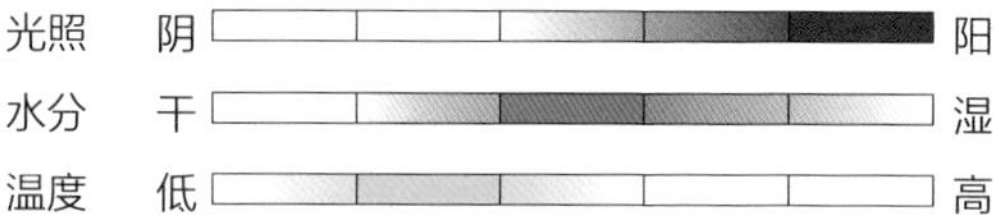

※ 简介

●单叶互生，3~5 浅裂。花白色，成顶生伞形总状花序。蓇葖果成熟时黄褐色或红色。

●喜光，耐寒，不耐旱，要求土壤湿润，但不耐水渍。

●常采用播种繁殖。诱鸟、诱虫、诱蝶。

●产我国黑龙江及河北，朝鲜、俄罗斯也有分布。宜植于庭园观赏。

紫叶风箱果

Physocarpus opulifolius 'Summer Wine'

蔷薇科 风箱果属

※ 树形及树高

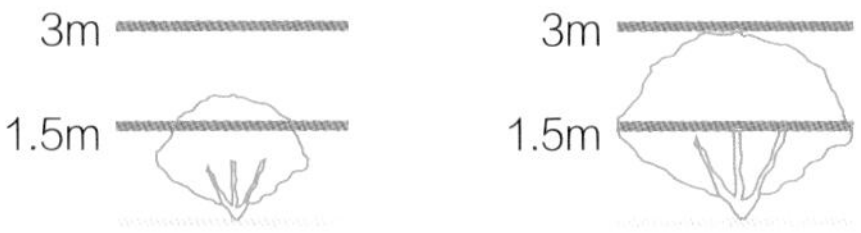

应用 成树

※ 功能及应用

●公园及公共绿地、风景区、庭园、建筑环境（含居住区）、医院、学校。

●孤植、丛植、群植。

※ 观赏时期

月	1	2	3	4	5	6	7	8	9	10	11	12
花												
叶												
实												

※ 区域生长环境

光照 阴 阳

水分 干 湿

温度 低 高

※ 简介

●单叶互生，叶片紫色。花白色，成顶生伞形总状花序。蓇葖果红色。

●喜光，耐寒，也耐阴，耐旱，耐瘠薄。

●主要以扦插、播种繁殖为主。诱鸟、诱虫、诱蝶。

●原产北美东部，我国华北、东北等地有栽培。宜栽于庭园、绿地观赏。

金叶风箱果

Physocarpus opulifolius 'Luteus'

蔷薇科 风箱果属

※ 树形及树高

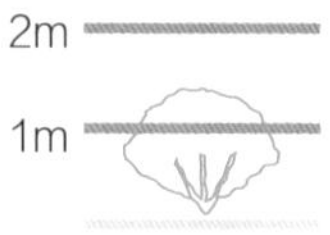

应用

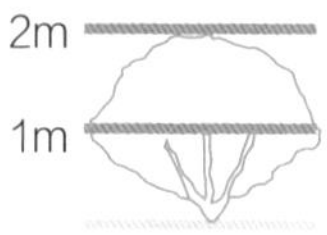

成树

※ 功能及应用

●公园及公共绿地、风景区、庭园、建筑环境（含居住区）、医院、学校。

●孤植、丛植、群植。

※ 观赏时期

月	1	2	3	4	5	6	7	8	9	10	11	12
花												
叶												
实												

※ 区域生长环境

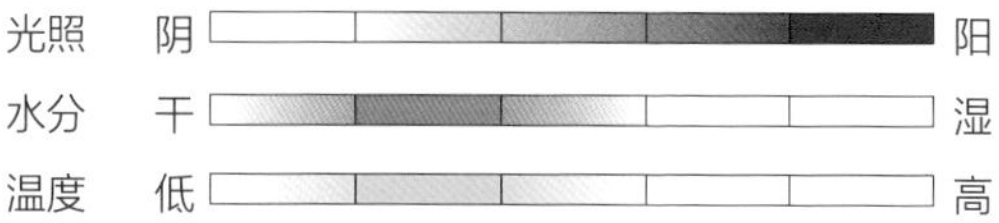

※ 简介

●单叶互生，叶片金黄色。花白色，成顶生伞形总状花序。蓇葖果成熟时黄褐色或红色。

●喜光，耐寒，也耐阴，耐旱，耐瘠薄，耐粗放管理。

●以扦插繁殖为主。诱鸟、诱虫、诱蝶。

●花、果、叶皆美，宜栽于庭园观赏，也可作背景种植。

珍珠梅（华北珍珠梅）

Sorbaria kirilowii

蔷薇科　珍珠梅属

※ 树形及树高

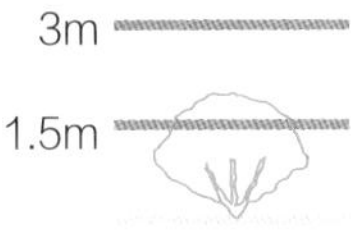

应用

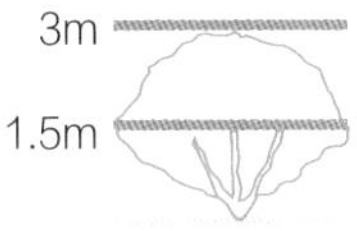

成树

※ 功能及应用

●公园及公共绿地、风景区、庭园、建筑环境（含居住区）、学校、医院。

●孤植、丛植、群植。

※ 观赏时期

月	1	2	3	4	5	6	7	8	9	10	11	12
花												
叶												
实												

※ 区域生长环境

光照　阴　　阳

水分　干　　湿

温度　低　　高

※ 简介

●羽状复叶，小叶 11~17 枚，花小而白色，密集，蕾时如珍珠，顶生圆锥花序。

●耐阴，耐寒，不耐旱，耐盐碱，在排水良好的沙质壤土中生长较好。

●萌蘖性强，扦插或分株繁殖。诱鸟、诱虫、诱蝶。

●产华北及东北地区，华北各地习见栽培。丛植于草地边缘，或于路边、屋旁作自然式绿篱都很合适，其花序也是切花瓶插的好材料。

东北珍珠梅

Sorbaria sorbifolia

蔷薇科 珍珠梅属

※ 树形及树高

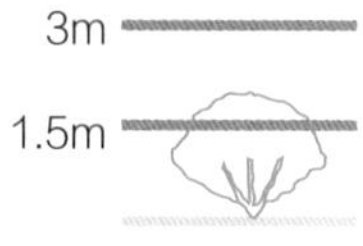

应用

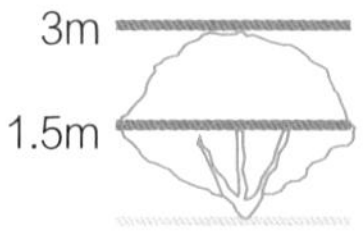

成树

※ 功能及应用

●公园及公共绿地、风景区、庭园、建筑环境（含居住区）、医院、学校。

●孤植、丛植、群植。

※ 观赏时期

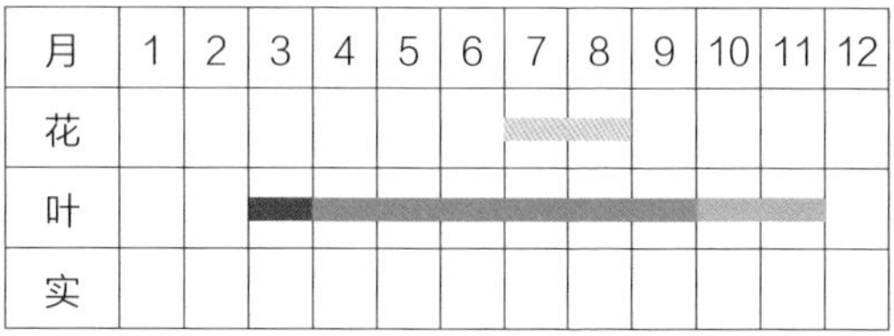

※ 区域生长环境

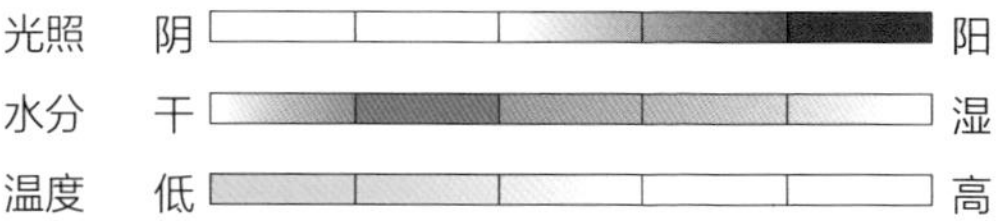

※ 简介

●羽状复叶，小叶 11~17 枚。花小而白色，密集，蕾时如珍珠，顶生圆锥花序，花期比珍珠梅晚而短。

●喜光，稍耐阴，耐寒性强，耐盐碱，喜肥沃湿润土壤。

●扦插或分株繁殖。诱鸟、诱虫、诱蝶。

●产亚洲北部，我国东北及朝鲜、日本、蒙古、俄罗斯均有分布。在东北地区常见栽培，用途同珍珠梅。

现代月季（直立）

Rosa cvs.（Erect Roses）

蔷薇科 蔷薇属

※ 树形及树高

应用　　成树

※ 功能及应用

! 植株有刺

● 公园及公共绿地、风景区、庭园、建筑环境（含居住区）、医院、学校。

● 孤植、丛植、篱植、群植。

※ 观赏时期

月	1	2	3	4	5	6	7	8	9	10	11	12
花				■	■	■	■	■	■	■		
叶			■	■	■	■	■	■	■	■	■	
实												

※ 区域生长环境

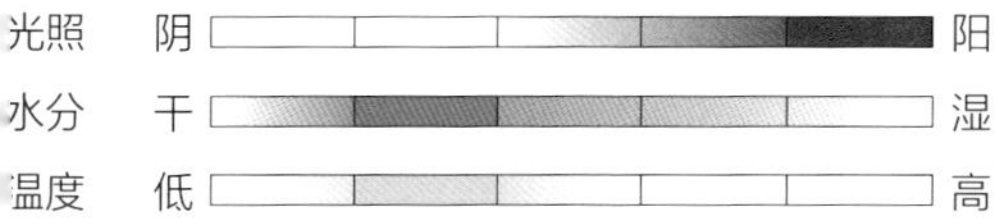

※ 简介

● 北方地区为落叶，长江以南多为常绿或半常绿。枝具皮刺。羽状复叶互生。雄蕊多枚散生或瓣化，花带香味。

● 中等耐寒（因品种而异），喜光，稍耐湿润，喜温暖湿润及土层肥沃环境。

● 扦插、嫁接繁殖。诱鸟、诱虫、诱蝶。

● 广泛应用于全国各地，是北京、南阳、常州、辽阳等70余城市的市花。花色花形丰富，品种众多，适应性较强，多数能两季甚至三季开花，植于路边、庭园或盆栽等皆可，亦可通过嫁接实现树状效果（树状月季）。

玫瑰

Rosa rugosa

蔷薇科 蔷薇属

※ 树形及树高

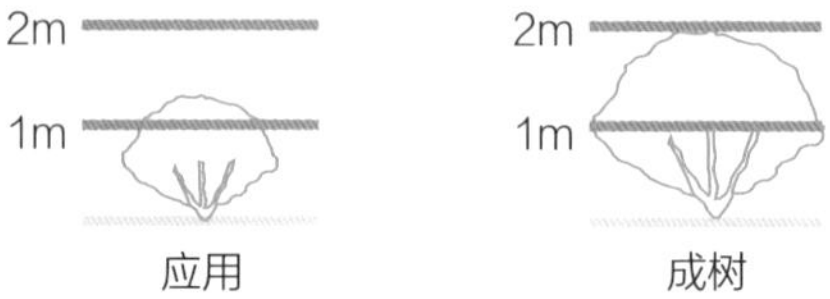

※ 功能及应用

! 植株有刺

●公园及公共绿地、风景区、庭园、建筑环境（含居住区)、医院、学校。

●孤植、丛植、篱植、群植。

※ 观赏时期

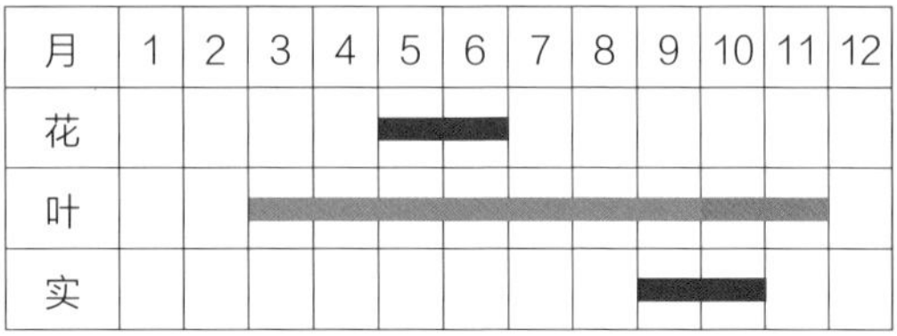

※ 区域生长环境

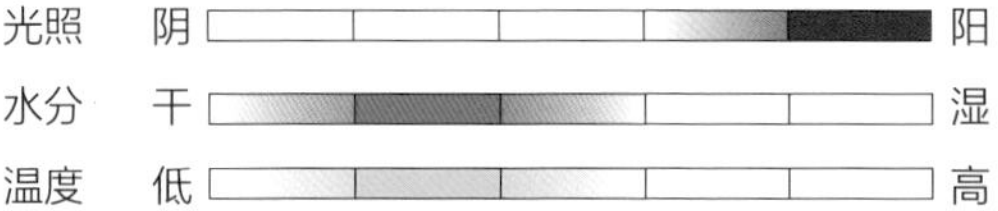

※ 简介

●枝密生细刺、刚毛及绒毛。羽状复叶互生，小叶 5~9，皱而有光泽。花单瓣或复瓣，亦有重瓣品种，具浓香，紫红色或白色。果实扁球形，红色。

●喜光，不耐阴，耐寒，耐旱，不耐积水。在肥沃而排水良好的中性或微酸性土上生长最好，在微碱性土上也能生长。

●分株、扦插或嫁接繁殖。诱鸟、诱虫、诱蝶。

●产中国、日本和朝鲜，现国内外广泛栽培应用。为兰州、沈阳、乌鲁木齐、吉林、银川等市市花。

苦水玫瑰

Rosa rugosa 'Ku Shui'

蔷薇科 蔷薇属

※ 树形及树高

应用　　成树

※ 功能及应用

! 植株有刺

●公园及公共绿地、风景区、庭园、建筑环境（含居住区）、医院、学校。

●孤植、丛植、篱植、群植。

※ 观赏时期

月	1	2	3	4	5	6	7	8	9	10	11	12
花						■	■	■	■			
叶			■	■	■	■	■	■	■	■	■	
实									■	■		

※ 区域生长环境

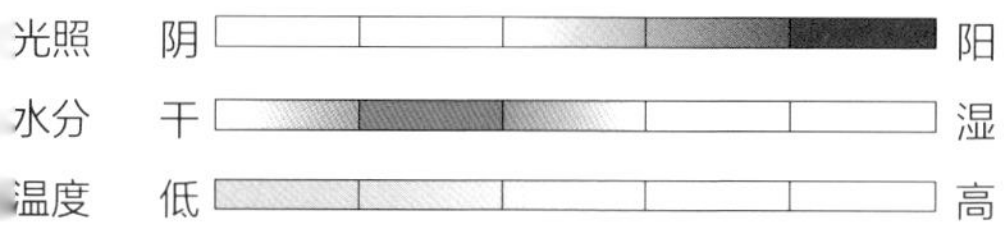

※ 简介

●枝条细长，花后易下垂。花半重瓣至重瓣，雄蕊瓣化常带白色条，花量大。

●喜光，耐寒，耐旱，适应性强。

●为玫瑰与蔷薇的杂交种，主产甘肃，西北广泛应用。是国内常见玫瑰品种中出油率最高的品种，既可用于绿化美化，也可制作花茶、提取精油或酿制玫瑰酒。

黄刺玫

Rosa xanthina

蔷薇科 蔷薇属

※ 树形及树高

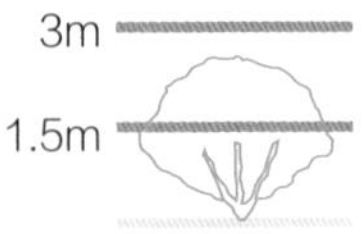

应用

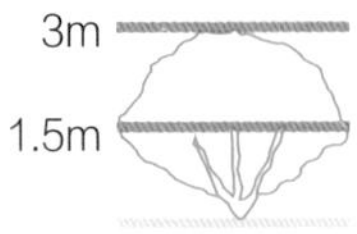

成树

※ 功能及应用

! 植株有刺

●公园及公共绿地、风景区、庭园、建筑环境（含居住区）、医院、学校。

●孤植、丛植、篱植、群植。

※ 观赏时期

月	1	2	3	4	5	6	7	8	9	10	11	12
花												
叶												
实												

※ 区域生长环境

※ 简介

●羽状复叶互生，小叶 7~13。花黄色，重瓣或半重瓣。果实球形，红色或紫红色。

●喜光，耐寒，耐干旱瘠薄，耐水湿，对土壤要求不严，以疏松、肥沃土地为佳，少病虫害，管理简单。

●常采用扦插、嫁接繁殖。诱鸟、诱虫、诱蝶。

●我国北方多栽培。本种的原种为单瓣黄刺玫 *R. xanthina* f. *normalis*，单瓣，鲜黄色，应用也很广泛，适应性更强（左图 4、图 5）。

黄蔷薇（大马茄子）

Rosa hugonis

蔷薇科 蔷薇属

※ 树形及树高

应用　　成树

※ 功能及应用

! 植株有刺

● 公园及公共绿地、风景区、庭园、建筑环境（含居住区）、医院、学校。

● 孤植、丛植、篱植、群植。

※ 观赏时期

月	1	2	3	4	5	6	7	8	9	10	11	12
花												
叶			■	■	■	■	■	■	■	■		
实									■	■		

※ 区域生长环境

光照　阴　阳

水分　干　湿

温度　低　高

※ 简介

● 羽状复叶互生，小叶 5~13。花单生，淡黄色。果实球形，红色。

● 喜光，耐旱，怕湿忌涝，对土壤要求不严，以疏松、肥沃土地为佳。

● 常采用扦插、嫁接繁殖。诱鸟、诱虫、诱蝶。

● 产山东、山西、陕西秦岭、甘肃南部、青海、四川等地。宜植于庭园观赏。

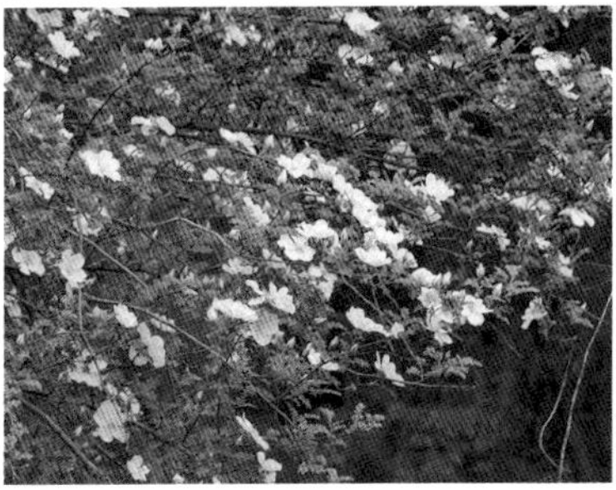

报春刺玫(樱草蔷薇)

Rosa primula

蔷薇科 蔷薇属

※ 树形及树高

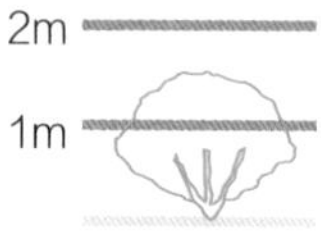

应用

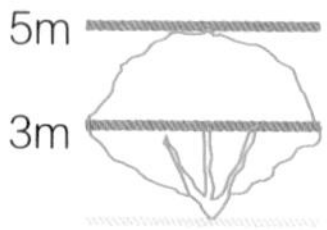

成树

※ 功能及应用

! 植株有刺

- 公园及公共绿地、风景区、庭园。
- 孤植、丛植、群植。

※ 观赏时期

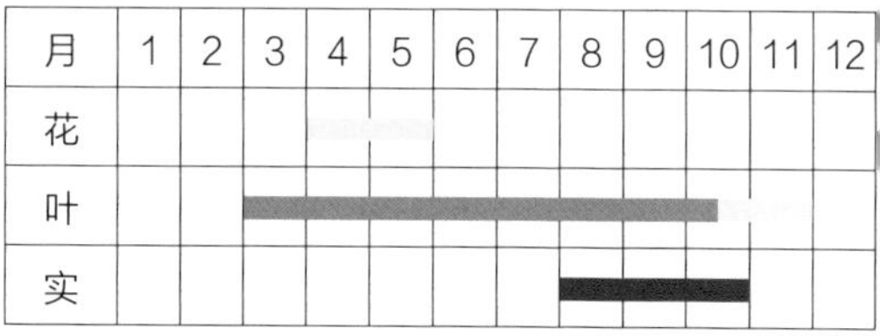

※ 区域生长环境

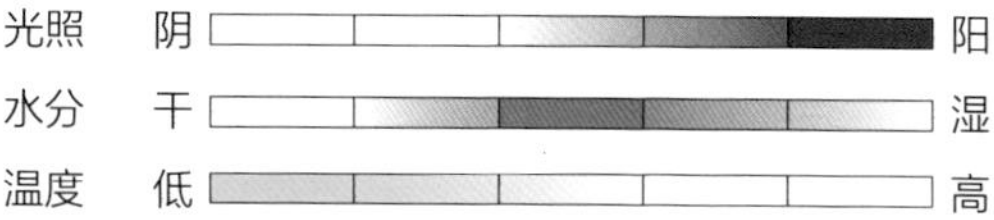

※ 简介

- 羽状复叶互生，小叶 7~15，叶有脉，揉碎有异味；花单瓣，单生，淡黄色或黄白色，亦有异味；果近球形，红棕色。
- 耐寒性强，耐水湿，耐盐碱。
- 常采用扦插 、嫁接繁殖。诱鸟、诱虫、诱蝶。
- 产土耳其至我国西北、华北地区。不建议成片大量种植，否则异味较大。

山刺玫（刺玫蔷薇）

Rosa davurica

蔷薇科 蔷薇属

※ 树形及树高

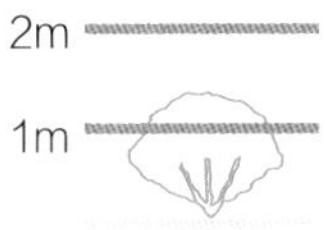

应用

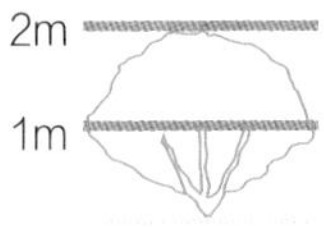

成树

※ 功能及应用

! 植株有刺

●公园及公共绿地、风景区、庭园。

●孤植、丛植、篱植。

※ 观赏时期

月	1	2	3	4	5	6	7	8	9	10	11	12
花						■	■					
叶			■	■	■	■	■	■	■	■		
实								■	■	■		

※ 区域生长环境

光照 阴 —— 阳

水分 干 —— 湿

温度 低 —— 高

※ 简介

●羽状复叶互生，小叶 5~7。花粉红色。果卵球形，鲜红色，经冬不落。

●喜光，稍耐阴，耐寒性强，较耐低湿。

●常采用扦插、嫁接繁殖。诱鸟、诱虫、诱蝶。

●产我国东北、内蒙古及华北地区，俄罗斯、朝鲜、日本也有分布。花果美丽，可植于庭园观赏。

棣棠

Kerria japonica

蔷薇科 棣棠属

※ 树形及树高

应用　　成树

※ 功能及应用

●公园及公共绿地、风景区、建筑环境（含居住区）、医院、学校。

●孤植、丛植、篱植、群植。

※ 观赏时期

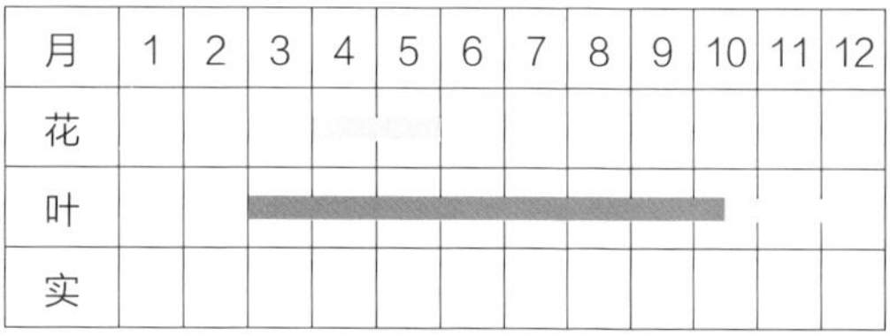

※ 区域生长环境

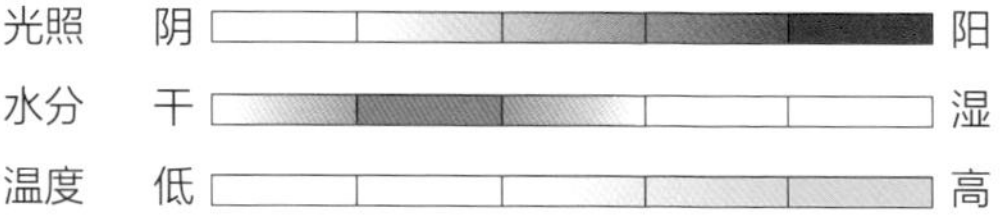

※ 简介

●小枝绿色光滑，冬季保持绿色可赏。单叶互生，叶缘有重锯齿。花金黄色，单生侧枝端，单瓣，或有重瓣棣棠（f. *pleniflora*，左图 3~ 图 5），萼宿存。

●喜光，稍耐阴，喜温暖湿润气候，耐寒性不强，不耐水湿，对土壤要求不严，以肥沃、疏松的沙壤土生长最好。

●播种、扦插或分株繁殖。诱鸟、诱虫、诱蝶。

●产中国和日本，我国黄河流域至华南、西南均有分布。宜植于绿地、庭园观赏。

鸡麻

Rhodotypos scandens

蔷薇科 鸡麻属

※ 树形及树高

应用　　成树

※ 功能及应用

●公园及公共绿地、风景区、庭园。

●孤植、丛植、篱植、片植。

※ 观赏时期

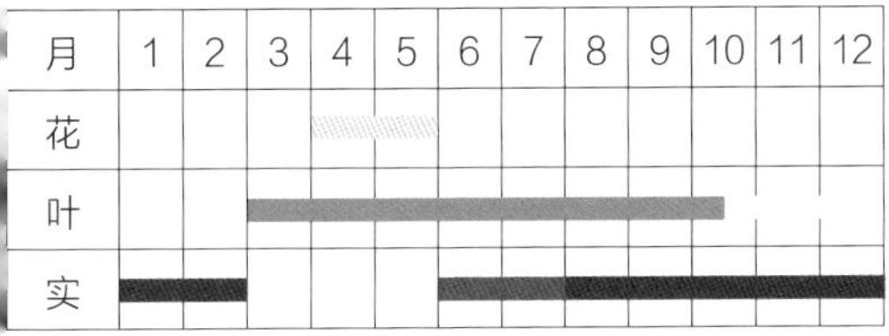

※ 区域生长环境

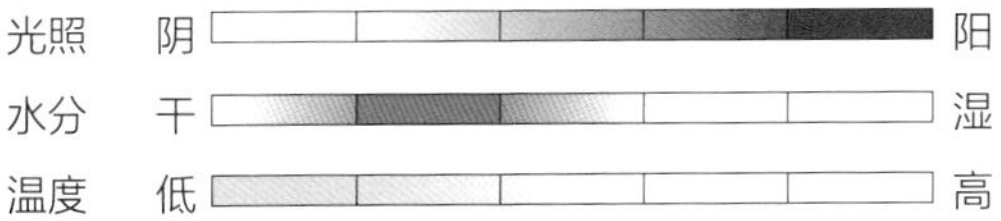

※ 简介

●单叶对生，叶脉深陷皱折，叶缘重锯齿。花 4 瓣，白色。

●喜光，耐寒，耐旱，耐阴，适生于疏松肥沃排水良好的土壤，耐轻度盐碱。

●播种、分株、扦插繁殖均可。诱鸟、诱虫、诱蝶。

●产中国、日本和朝鲜，我国辽宁、华北、西北至华中、华东地区均有分布。花白色美丽，常植于庭园观赏。

金露梅（金老梅）

Potentilla fruticosa

蔷薇科 萎陵菜属

※ 树形及树高

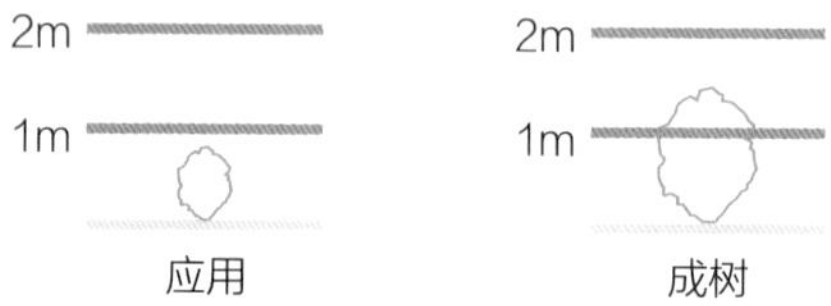

※ 功能及应用

●公园及公共绿地、风景区、庭园。

●孤植、丛植、篱植、群植。

※ 观赏时期

月	1	2	3	4	5	6	7	8	9	10	11	12
花												
叶												
实												

※ 区域生长环境

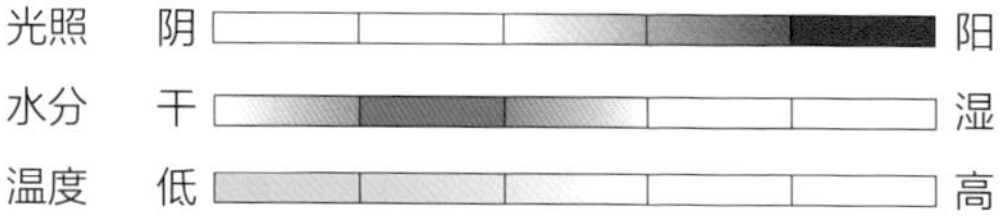

※ 简介

●树皮碎条状裂。羽状复叶互生，小叶常为5。花鲜黄色，单生或数朵成聚伞花序，萼外有副萼片。

●喜光，耐寒性强，耐旱，不择土壤，病虫害少。

●播种或扦插繁殖。诱鸟、诱虫、诱蝶。

●广布于北半球温带，我国产东北、华北、西北及西南地区，多生于高山上部灌丛中。宜作岩石园种植材料，也可丛植于草地、林缘、屋基，或栽作矮花篱。

银露梅

Potentilla glabra

蔷薇科 委陵菜属

※ 树形及树高

※ 功能及应用

- 公园及公共绿地、风景区、庭园。
- 孤植、丛植、篱植、群植。

※ 观赏时期

月	1	2	3	4	5	6	7	8	9	10	11	12
花						■	■	■				
叶			■	■	■	■	■	■	■	■		
实												

※ 区域生长环境

光照 阴 — 阳

水分 干 — 湿

温度 低 — 高

※ 简介

- 羽状复叶互生，小叶 3~5。花白色，具副萼，单生枝顶。
- 喜光，稍耐阴，耐寒性强，较耐干旱，对土壤要求不严。
- 播种或扦插繁殖。诱鸟、诱虫、诱蝶。
- 产我国北部至西南部。宜作花篱，或丛植于庭园，若与金露梅搭配栽植，观赏效果更佳。

山楂叶悬钩子（牛叠肚）

Rubus crataegifolius

蔷薇科 悬钩子属

※ 树形及树高

※ 功能及应用

! 植株有刺

●公园及公共绿地、风景区、庭园。

●孤植、丛植、篱植。

※ 观赏时期

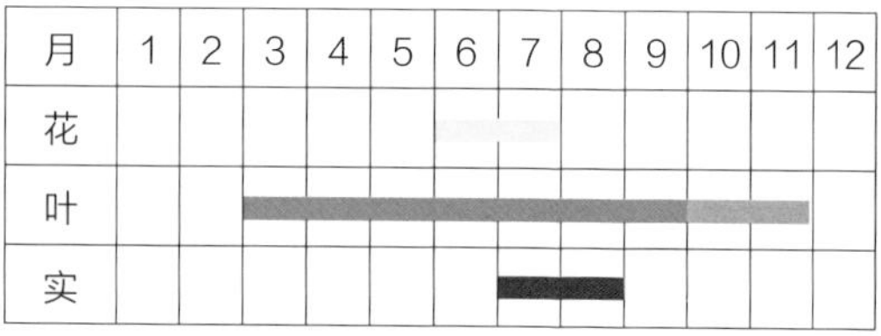

※ 区域生长环境

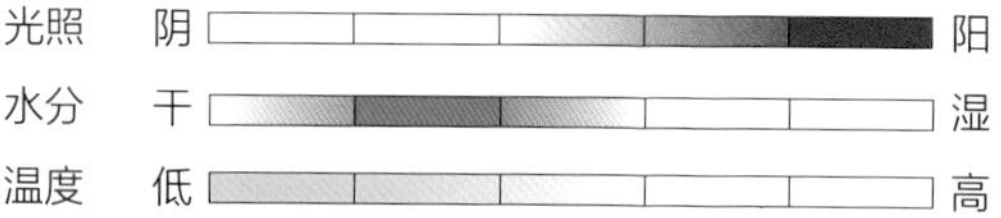

※ 简介

●枝有皮刺。单叶互生，3~5 掌状裂。花白色，2~6 朵集生为总状伞房花序。聚合果红色。

●喜光，耐寒性强，耐旱，不耐水湿。

●诱鸟、诱虫、诱蝶。

●产我国东北、内蒙古及华北地区，朝鲜、日本及俄罗斯远东地区也有分布。本种秋叶变黄红色，可植于庭园观赏或栽作刺篱。果可制果酱及酿酒。

梅（梅花）

Prunus mume

蔷薇科 李属

※ 树形及树高

※ 功能及应用

●公园及公共绿地、风景区、庭园、建筑环境（含居住区）、医院、学校。

●孤植、列植、对植。

※ 观赏时期

月	1	2	3	4	5	6	7	8	9	10	11	12
花			■	■								
叶				■	■	■	■	■	■	■		
实							■	■				

※ 区域生长环境

光照 阴 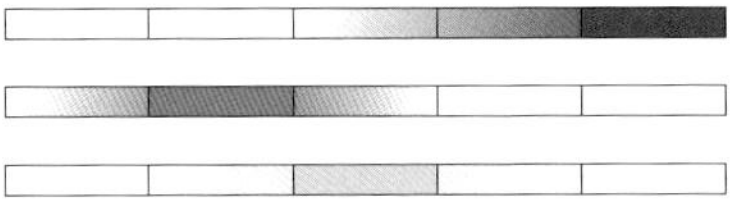 阳

水分 干 湿

温度 低 高

※ 简介

●老干树皮浅灰色，新枝带绿色（真梅，右图 1、图 2）或带紫色，平滑。叶片卵形或椭圆形，先端尖。花粉红、白色或红色，黄色珍稀，芳香，单瓣或重瓣，品种众多，真梅早春叶前开放，果实近球形。

●喜光，喜温暖湿润气候，耐寒性中，较耐干旱，不耐涝。

●扦插、嫁接繁殖为主。

●原产西南至长江流域，是我国栽培历史悠久的传统著名花木，有“花魁”美誉。南京、无锡、泰州、武汉等多个城市市花。北方地区多用杂交的杏梅品种（右图 3、图 4）及可观紫叶的樱李梅品种‘美人’梅（*P.* × *blireana*‘Mei Ren’，右图 5~ 图 7），耐寒性强于真梅。

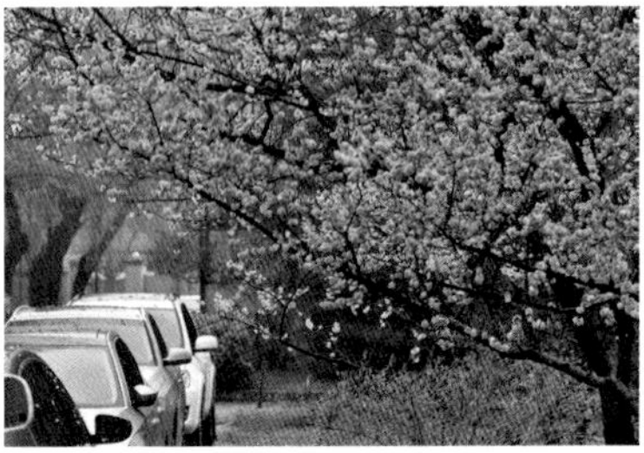

紫叶李

Prunus cerasifera 'Pissardii'

蔷薇科 李属

※ 树形及树高

应用　　成树

※ 功能及应用

●公园及公共绿地、风景区、庭园、建筑环境（含居住区）、医院、学校。

●孤植、丛植、列植、群植。

※ 观赏时期

月	1	2	3	4	5	6	7	8	9	10	11	12
花				■								
叶				■	■	■	■	■	■	■	■	
实								■				

※ 区域生长环境

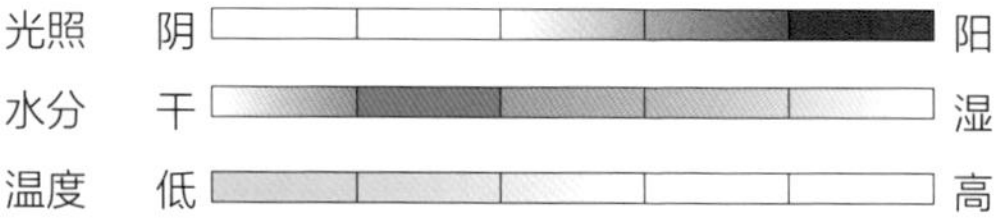

※ 简介

●单叶互生，叶紫红色。花淡粉红色，通常单生。果暗红色。

●喜阳光充足、温暖湿润的环境，耐寒性强，耐水湿，较耐旱，喜肥沃、深厚、排水良好的土壤。

●常用嫁接繁殖。诱鸟、诱虫、诱蝶。

●原产亚洲西部，我国各地园林中常见栽培。

紫叶矮樱

Prunus × cistena

蔷薇科 李属

※ 树形及树高

※ 功能及应用

●公园及公共绿地、风景区、庭园、建筑环境(含居住区)、医院、学校。

●孤植、丛植、篱植、群植。

※ 观赏时期

月	1	2	3	4	5	6	7	8	9	10	11	12
花												
叶												
实												

※ 区域生长环境

光照 阴 阳

水分 干 湿

温度 低 高

※ 简介

●小枝及叶均紫红色。花粉红色，花萼及花梗红棕色。果紫色。

●喜光，在光照不足处种植，其叶色会泛绿，抗寒性强，耐干旱，对土壤要求不严格，但在肥沃深厚、排水良好的中性或者微酸性沙壤土中生长最好。

●嫁接或扦插繁殖。诱鸟、诱虫、诱蝶。

●紫叶李和矮樱的杂交种。我国各地园林中常见栽培，生长慢，耐修剪，也可修剪成篱栽培。

观赏桃

Prunus persica

蔷薇科 李属

※ 树形及树高

※ 功能及应用

●公园及公共绿地、风景区、庭园、建筑环境(含居住区)、医院、学校。

●孤植、丛植、群植。

※ 观赏时期

月	1	2	3	4	5	6	7	8	9	10	11	12
花												
叶												
实												

※ 区域生长环境

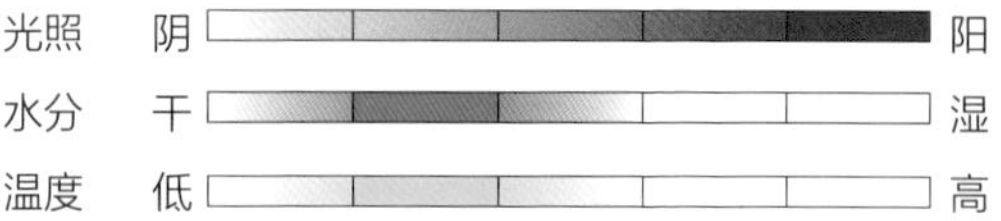

※ 简介

●树皮暗红褐色，老时粗糙呈鳞片状。单叶互生。花白色、粉色、红色，重瓣、半重瓣或单瓣，叶前开放。

●喜光，耐寒，耐旱，较耐阴，耐轻度盐碱，喜肥沃、排水性良好的沙质土壤。

●扦插或嫁接繁殖。诱鸟、诱虫、诱蝶。

●原产我国，各省区广泛栽培。品种20余个，除了直立开张型的常称作“碧桃”外，树型上还有垂枝桃(左图4)、帚形桃(左图5)等类型，花色花形上有五宝桃(左图2、图3)及菊花桃(左图1)等奇特种类。

紫叶桃

Prunus persica 'Atropurpurea'

蔷薇科 李属

※ 树形及树高

应用 成树

※ 功能及应用

●公园及公共绿地、风景区、庭园、建筑环境（含居住区）、医院、学校。

●孤植、丛植、列植、群植。

※ 观赏时期

月	1	2	3	4	5	6	7	8	9	10	11	12
花				■	■							
叶				■	■	■	□	□	■	■	■	
实												

※ 区域生长环境

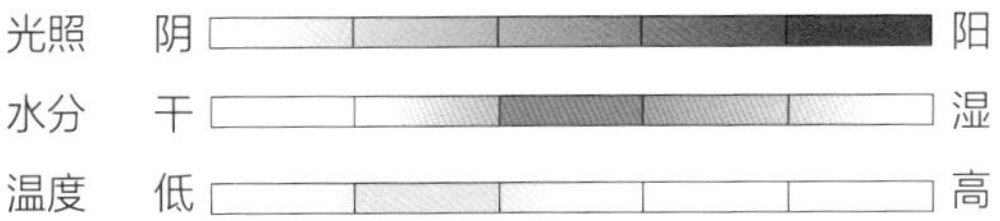

※ 简介

●单叶互生，嫩叶紫红色，后渐变为近绿色。花单瓣或重瓣，白色、粉色、红色，叶前开放。

●喜光，耐寒，耐旱，较耐阴，耐轻度盐碱，喜富含腐殖质的沙壤土及壤土。

●可采用扦插，嫁接繁殖。诱鸟、诱虫、诱蝶。

●有紫叶桃、紫叶碧桃、紫叶红碧桃、紫叶红粉碧桃等品种。

●原产我国，各省区广泛栽培。宜植于庭园观赏。

寿星桃

Prunus persica 'Densa'

蔷薇科 李属

※ 树形及树高

※ 功能及应用

●公园及公共绿地、风景区、庭园、建筑环境（含居住区）、医院、学校。

●孤植、丛植、群植。

※ 观赏时期

月	1	2	3	4	5	6	7	8	9	10	11	12
花												
叶												
实												

※ 区域生长环境

光照 阴 阳

水分 干 湿

温度 低 高

※ 简介

●植株矮小，枝条节间特短。花芽密集，花单瓣或半重瓣，有红、桃红、白等不同花色及紫叶品种（左图5），叶前开放。

●喜光，耐寒，耐旱，较耐阴，耐轻度盐碱，喜阳及排水性好的土壤。

●扦插或嫁接繁殖。诱鸟、诱虫、诱蝶。

●全国多地栽培，庭园观赏或盆栽，花叶密叠，寓意吉祥，与山石结合较佳。亦可作为观赏桃品种的矮化砧木。

榆叶梅

Prunus triloba

蔷薇科 李属

※ 树形及树高

应用　　成树

※ 功能及应用

●公园及公共绿地、风景区、庭园、建筑环境（含居住区）、医院、学校。

●孤植、丛植、群植。

※ 观赏时期

月	1	2	3	4	5	6	7	8	9	10	11	12
花				■	■							
叶					■	■	■	■	■			
实						■	■					

※ 区域生长环境

光照　阴　　　阳

水分　干　　　湿

温度　低　　　高

※ 简介

●单叶互生，叶缘有重锯齿，先端常 3 浅裂。花单瓣或重瓣，花色粉红色为主，亦有白色，常用品种十余个。果熟时红色，被毛。先花后叶。

●喜光，耐寒，耐旱，不耐水涝，对土壤要求不严，以中性至微碱性而肥沃土壤为佳。

●实生苗变异大，采用嫁接繁殖。诱鸟、诱虫、诱蝶。

●主产我国北部，东北、华北各地普遍栽培。宜植于庭园观赏。近年培育有唯一的彩色叶新品种‘紫嫣’（‘Zi Yan’，右图 8），花期晚，叶及果实紫红色可赏。

郁李

Prunus japonica

蔷薇科 李属

※ 树形及树高

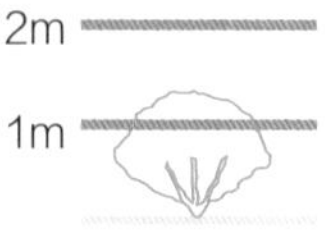

应用

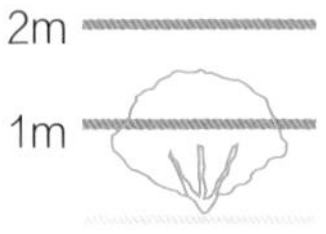

成树

※ 功能及应用

●公园及公共绿地、风景区、建筑环境（含居住区）、医院、学校。

●孤植、丛植、群植。

※ 观赏时期

月	1	2	3	4	5	6	7	8	9	10	11	12
花					■							
叶					■	■	■	■	■	■	■	
实							■	■				

※ 区域生长环境

※ 简介

●单叶互生。花粉红色或近白色，单瓣或重瓣（品种）。果深红色。先花后叶。

●喜光，耐寒，耐旱，较耐水湿。

●分株、播种或嫁接繁殖。诱鸟、诱虫、诱蝶。

●产我国东北、华北、华中至华南地区，朝鲜、日本也有分布。有重瓣品种白花重瓣郁李‘Albo-plena’(左图5)、红花重瓣郁李‘Roseo-plena’(左图4)。花、果美丽，常植于庭园观赏。

麦李

Prunus glandulosa

蔷薇科 李属

※ 树形及树高

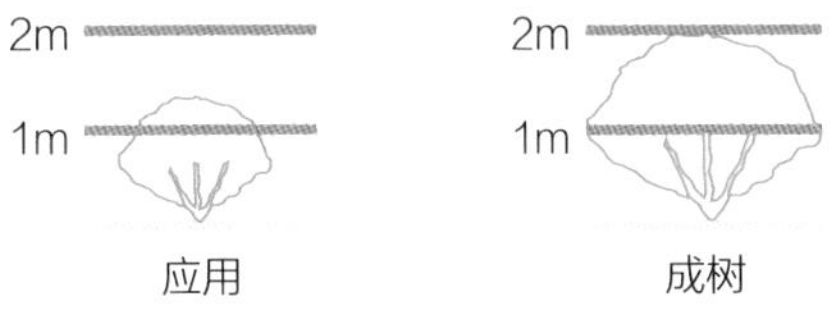

※ 功能及应用

●公园及公共绿地、风景区、庭园、建筑环境（含居住区）、医院、学校。

●孤植、丛植、群植。

※ 观赏时期

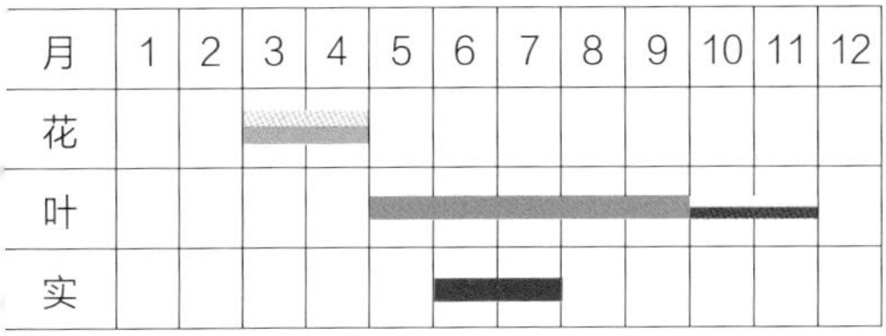

※ 区域生长环境

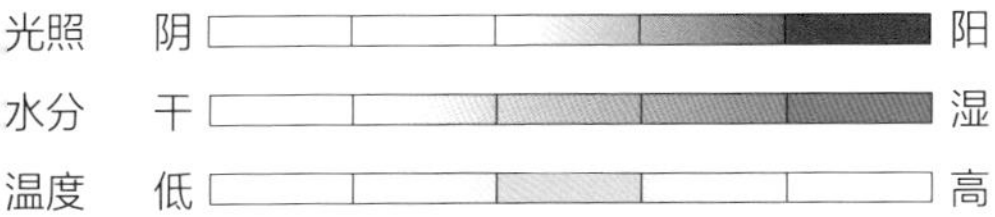

※ 简介

●单叶互生。花粉红色或白色，单瓣或重瓣（品种）。果红色。先花后叶。

●喜光，适应性强，有一定耐寒性，耐旱，喜生于湿润疏松排水良好的沙壤中，耐轻度盐碱。

●用分株或嫁接法繁殖。诱鸟、诱虫、诱蝶。

●产我国长江流域及西南地区，北京能露地栽培，日本也有分布。有重瓣品种重瓣白麦李（‘小桃白’）‘Albo-plena’（右图 4）、重瓣红麦李（‘小桃红’）‘Sinensis’（右图 5）。各地常植于庭园或盆栽观赏。

毛樱桃（山豆子）

Prunus tomentosa

蔷薇科 李属

※ 树形及树高

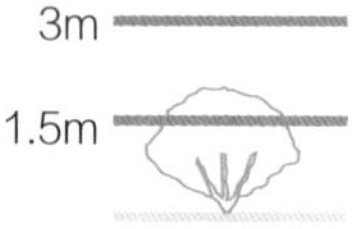

应用

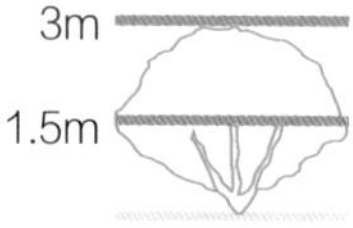

成树

※ 功能及应用

●公园及公共绿地、风景区、庭园、建筑环境（含居住区）、医院、学校。

●孤植、丛植、群植。

※ 观赏时期

月	1	2	3	4	5	6	7	8	9	10	11	12
花												
叶												
实												

※ 区域生长环境

光照 阴 阳

水分 干 湿

温度 低 高

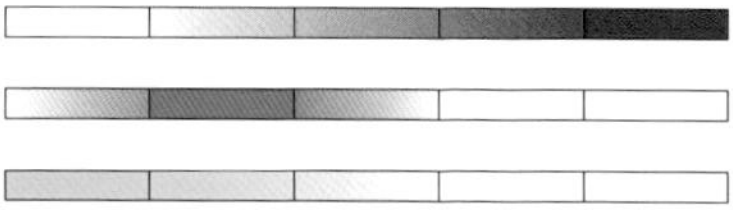

※ 简介

●单叶互生。花白色或略带粉红色，花梗甚短。果红色。先花后叶。

●喜光，稍耐阴，耐寒力强，耐干旱瘠薄，以土质疏松、土层深厚的沙壤土为佳。

●可用播种或扦插繁殖。果可食，鸟也喜食，可诱鸟、诱虫、诱蝶。

●产我国东北、内蒙古、华北、西北及西南地区，日本也有分布。可植于庭园观赏。

紫叶稠李

Prunus virginiana 'Canada Red'

蔷薇科　李属

※ 树形及树高

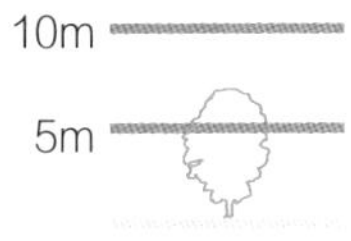

应用

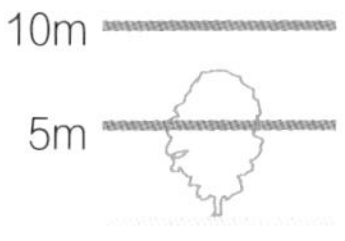

成树

※ 功能及应用

●公园及公共绿地、风景区、庭园、建筑环境（含居住区）、医院、学校。

●孤植、丛植、群植。

※ 观赏时期

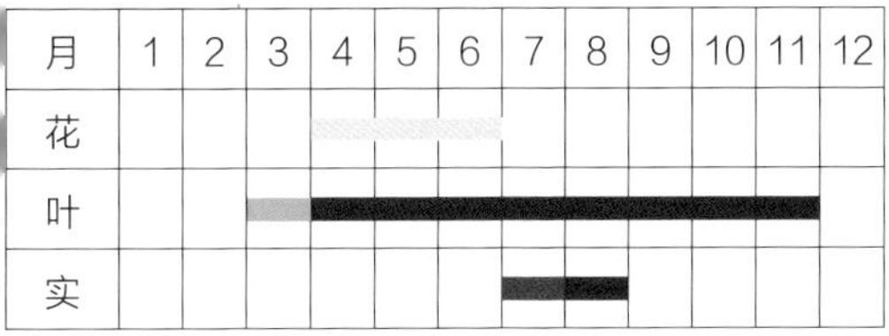

※ 区域生长环境

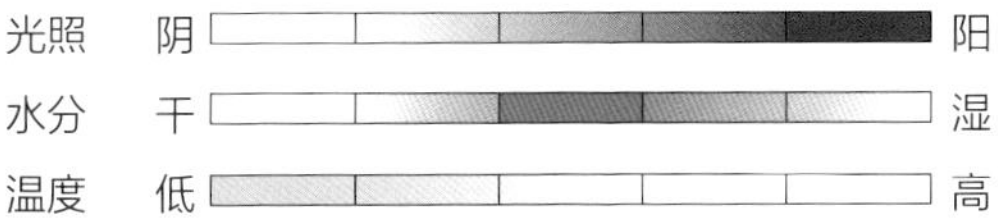

※ 简介

●树皮粗糙而多斑纹。单叶互生，叶柄顶端常有腺体，新叶绿色后变紫色。花白色成下垂的总状花序。果红色，后变紫黑色。

●喜光，耐寒性强，喜肥沃湿润而排水良好的土壤，不耐干旱瘠薄，耐轻度盐碱。

●可以播种、嫁接和扦插繁殖。果实诱鸟。

●北京、辽宁、吉林等地有引种栽培。宜植于园林绿地、庭园观赏。

水栒子（多花栒子）

Cotoneaster multiflorus

蔷薇科 栒子属

※ 树形及树高

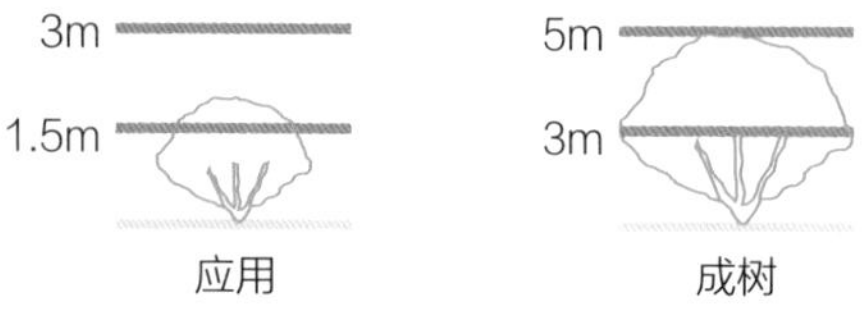

※ 功能及应用

●公园及公共绿地、风景区、庭园、建筑环境（含居住区）、医院、学校。

●孤植、丛植、群植。

※ 观赏时期

月	1	2	3	4	5	6	7	8	9	10	11	12
花												
叶												
实												

※ 区域生长环境

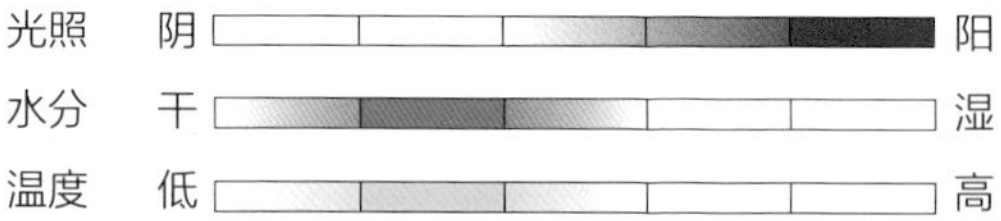

※ 简介

●单叶互生。花白色，聚伞花序，有花6~21朵。果红色。

●喜光，耐寒，耐干旱瘠薄，在肥沃且通透性好的沙壤土中生长最好，耐修剪。

●播种或扦插繁殖。诱鸟、诱虫、诱蝶。

●产我国华北、辽宁、内蒙古、西北及西南地区，俄罗斯、亚洲中部及西部也有分布。

平枝栒子（铺地蜈蚣）

Cotoneaster horizontalis

蔷薇科 栒子属

※ 树形及树高

应用　　成树

※ 功能及应用

●公园及公共绿地、风景区、庭园、建筑环境（含居住区）、医院、学校。

●孤植、丛植、列植、群植。

※ 观赏时期

月	1	2	3	4	5	6	7	8	9	10	11	12
花						■						
叶			■	■	■	■	■	■	■	■	■	
实									■	■		

※ 区域生长环境

光照　阴 — 阳

水分　干 — 湿

温度　低 — 高

※ 简介

●落叶，有些地方半常绿。枝近水平开展。花 1~2（3）朵，粉红色。果鲜红色。

●喜光，喜温暖湿润的半阴环境，不耐湿热，有一定的耐寒性，耐干燥和瘠薄的土地，怕积水。

●常用扦插和种子繁殖。诱鸟。

●产湖北西部和四川山地。本种结实繁多，入秋红果累累，经冬不落，极为美观。最宜作基础种植及布置岩石园的材料，也可植于斜坡、路边、假山旁观赏。

贴梗海棠（皱皮木瓜）

Chaenomeles speciosa

蔷薇科 木瓜属

※ 树形及树高

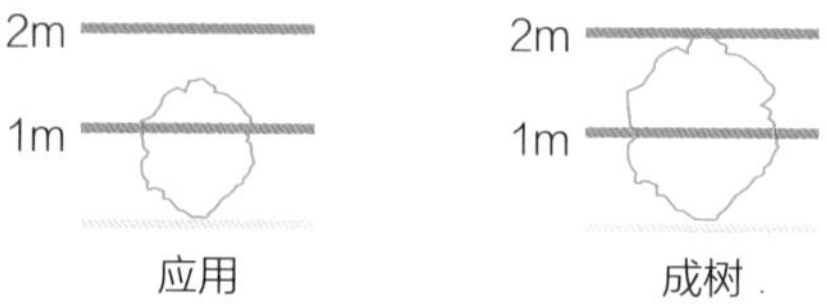

※ 功能及应用

! 有枝刺

●公园及公共绿地、风景区、庭园、医院、学校。

●孤植、丛植、篱植、群植。

※ 观赏时期

月	1	2	3	4	5	6	7	8	9	10	11	12
花												
叶												
实												

※ 区域生长环境

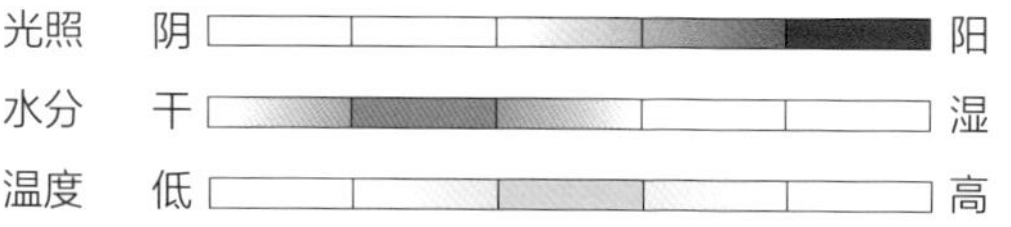

※ 简介

●单叶互生。花3~5朵簇生，朱红、粉红或白色。果黄色，有香气。

●喜光，耐瘠薄，有一定耐寒能力，不耐水湿，耐旱性强，喜深厚、肥沃、排水良好的土壤。

●扦插、分株或播种繁殖。诱鸟。

●有白花‘Alba’、粉花‘Rosea’、红花‘Rubra’、朱红‘Sanguinea’、红白二色（‘东洋锦’）‘Alba Rosea’、粉花重瓣‘Rosea Plena’及曲枝‘Tortuosa’、矮生‘Pygmaea’等品种。

●国内外普遍栽培观赏。宜于草坪、庭院及花坛内丛植或孤植，又可作为花篱及基础种植材料。

重瓣粉海棠（西府海棠）

Malus spectabilis 'Riversii'

蔷薇科 苹果属

※ 树形及树高

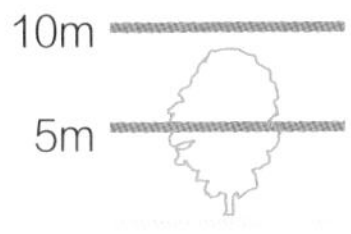

应用

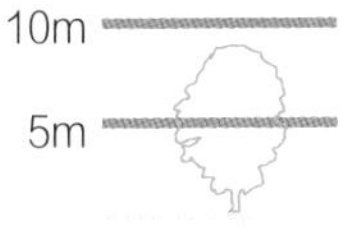

成树

※ 功能及应用

●公园及公共绿地、风景区、庭园、建筑环境（含居住区）、医院、学校。

●孤植、丛植、列植、群植。

※ 观赏时期

月	1	2	3	4	5	6	7	8	9	10	11	12
花												
叶												
实												

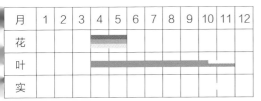

※ 区域生长环境

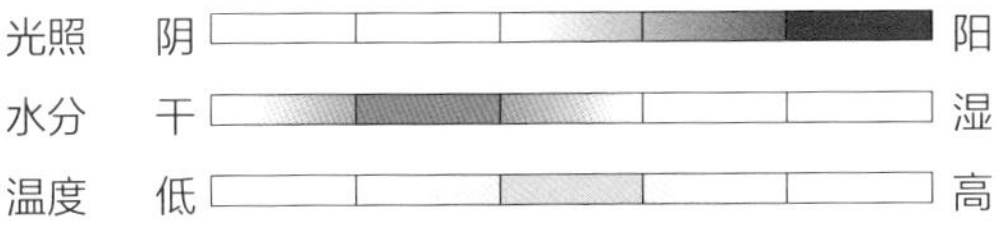

※ 简介

●单叶互生。花较大，重瓣，粉红色。果黄色。

●喜光，耐阴，耐寒，耐旱，忌水湿。

●可扦插繁殖。诱鸟。

●产我国北部地区，北京园林绿地中更多栽培。观花，观果，古典园林中常见运用。

垂丝海棠

Malus halliana

蔷薇科 苹果属

※ 树形及树高

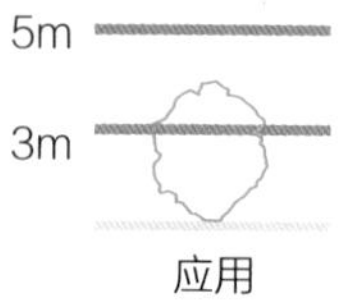

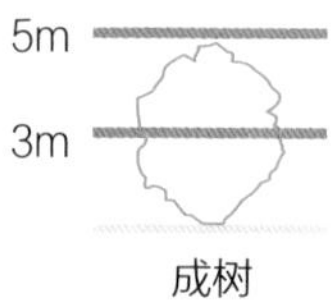

※ 功能及应用

●公园及公共绿地、风景区、庭园、建筑环境（含居住区）、医院、学校。

●孤植、丛植、列植、群植。

※ 观赏时期

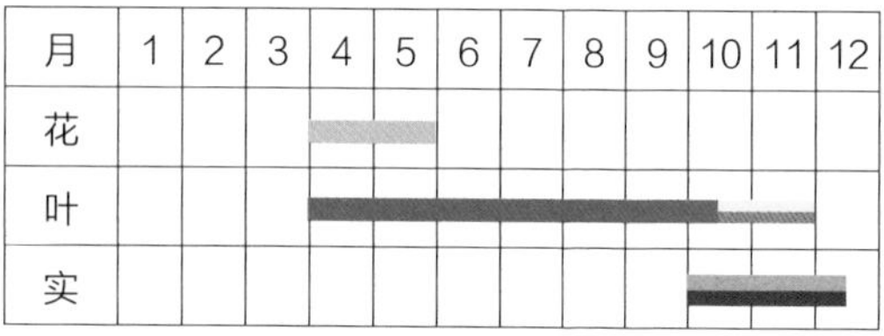

※ 区域生长环境

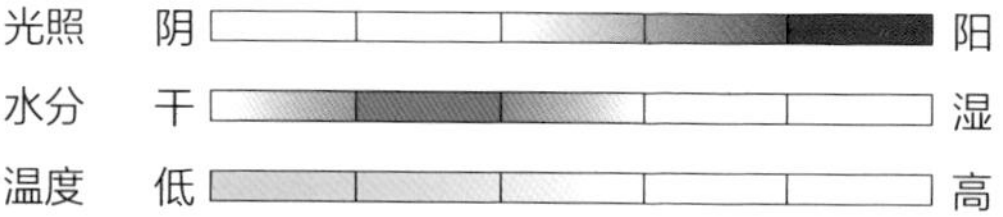

※ 简介

●单叶互生。花鲜红色，花梗细长下垂。果倒卵形，红色或橘黄色。

●喜光，喜温暖湿润，不耐寒不耐旱。

●扦插，压条或嫁接繁殖。

●产我国西南部，长江流域至西南地区均有栽培，北京小气候良好处可露地栽培。花繁色艳，朵朵下垂，是著名的庭园观赏花木。

紫荆

Cercis chinensis

苏木科（云实科） 紫荆属

※ 树形及树高

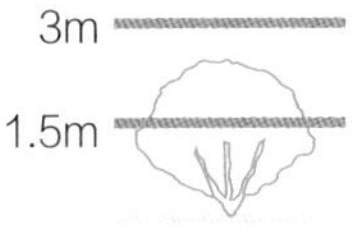

应用

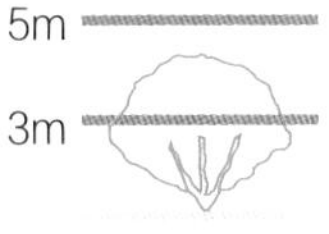

成树

※ 功能及应用

! 种子有毒

●公园及公共绿地、风景区、庭园、医院、学校。

●孤植、丛植、对植、列植、群植。

※ 观赏时期

月	1	2	3	4	5	6	7	8	9	10	11	12
花												
叶												
实												

※ 区域生长环境

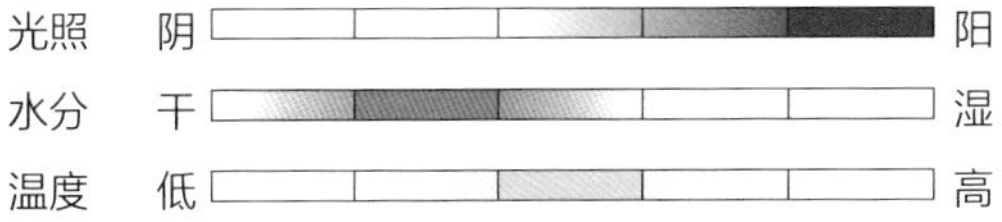

※ 简介

●单叶互生，心形。花假蝶形，紫红色，5~8 朵簇生于老枝及干上。

●喜光，耐干旱瘠薄，忌水湿，有一定耐寒能力和耐盐碱性，喜湿润肥沃土壤。

●可播种、分株、压条、扦插、嫁接繁殖。诱鸟。

●有白花紫荆‘Alba’、粉花紫荆‘Rosea’等品种。

●产黄河流域及其以南地区，华北各地普遍栽培。为良好的庭园观花树种。

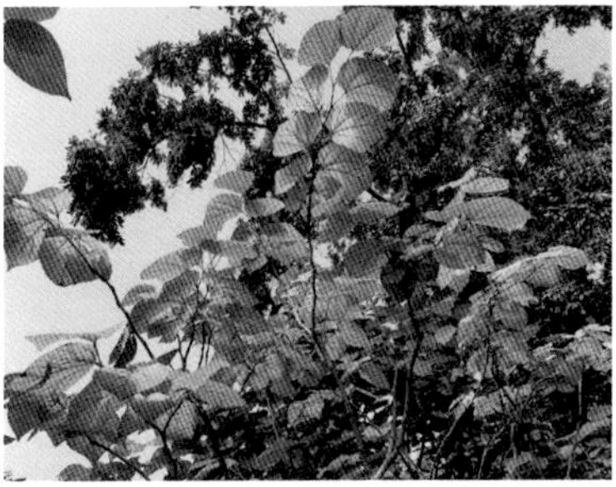

龙爪槐

Sophora japonica 'Pendula'

蝶形花科 槐树属

※ 树形及树高

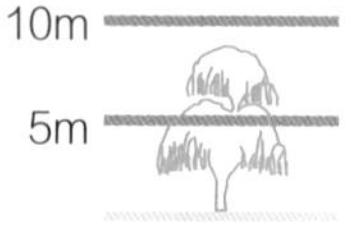

应用

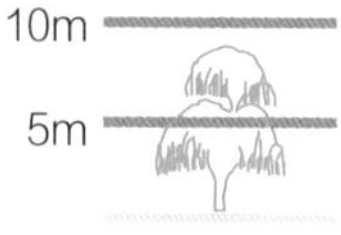

成树

※ 功能及应用

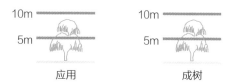

抗二氧化硫、氟化氢、氯气、有毒气体及烟尘

●公园及公共绿地、风景区、庭园、道路。

●孤植、对植、列植。

※ 观赏时期

月	1	2	3	4	5	6	7	8	9	10	11	12
花							■	■				
叶			■	■	■	■	■	■	■	■	■	
实												

※ 区域生长环境

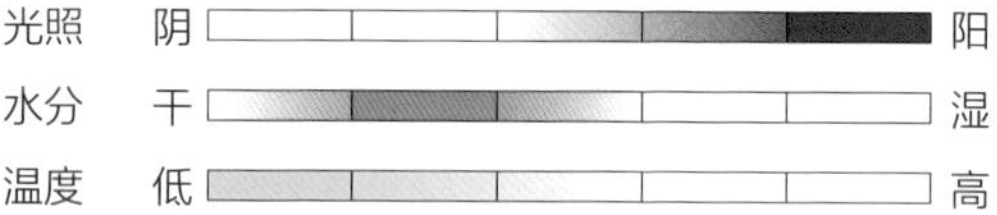

※ 简介

●树皮灰褐色，浅裂，枝条扭转下垂，树冠伞形，颇为美观。圆锥花序顶生，花冠白色或淡黄色。

●喜光，稍耐阴，能适应干冷气候，喜生于土层深厚、湿润肥沃、排水良好的沙质壤土。

●繁殖常以槐树做砧木进行高干嫁接。诱鸟，鸟类可食其芽、花蜜、种子。

●原产中国，现南北各省区广泛栽培，华北和黄土高原地区尤为多见。常于庭园门旁对植或路边列植观赏。

白刺花（马蹄针）

Sophora davidii

蝶形花科 槐树属

※ 树形及树高

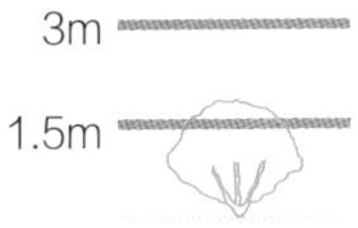

应用

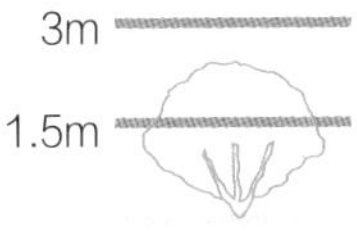

成树

※ 功能及应用

- 公园及公共绿地、风景区。
- 孤植、丛植、篱植、片植、群植。

※ 观赏时期

月	1	2	3	4	5	6	7	8	9	10	11	12
花												
叶												
实												

※ 区域生长环境

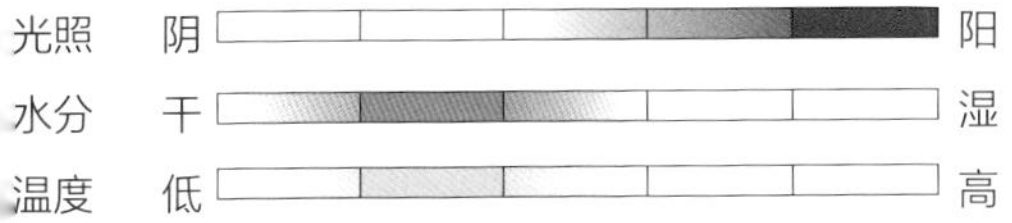

※ 简介

- 枝具长针刺。羽叶复叶互生，小叶 13~19。花白色或染淡蓝紫色，6~12 朵成总状花序。荚果串珠状。
- 喜光，耐寒，耐干旱瘠薄，对土壤要求不严。
- 可种子繁殖。诱鸟。
- 产华北、西北、华中至西南各省区。是良好的水土保持及绿篱树种。

花木蓝（花蓝槐，吉氏木蓝）

Indigofera kirilowii

蝶形花科 木蓝属

※ 树形及树高

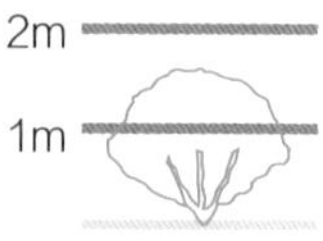

应用

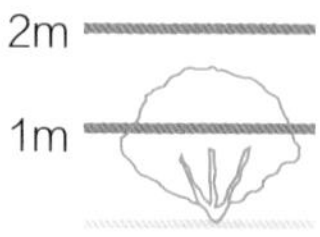

成树

※ 功能及应用

●公园及公共绿地、风景区、庭园、林地。
●孤植、丛植、片植、群植。

※ 观赏时期

月	1	2	3	4	5	6	7	8	9	10	11	12
花												
叶												
实												

※ 区域生长环境

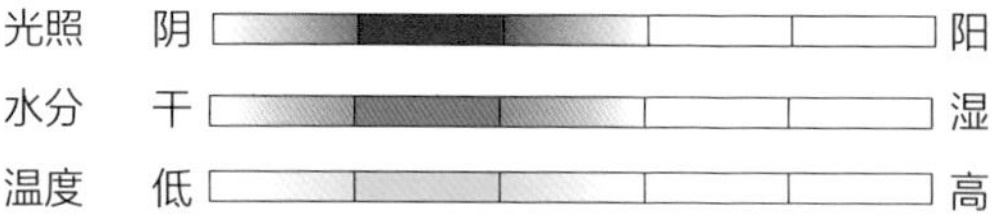

※ 简介

●羽状复叶互生，小叶 7~11。花冠淡紫红色，腋生总状花序。

●耐寒，耐旱，耐阴，耐盐碱，耐水湿，对土壤要求不严。

●可播种或分株繁殖。

●产东北南部，华北至东北部地区，内蒙古、朝鲜、日本也有分布。本种枝叶扶疏，花大而美丽，宜植于庭园观赏，也可植作山坡覆盖材料。

多花木蓝

Indigofera amblyantha

蝶形花科 木蓝属

※ 树形及树高

※ 功能及应用

●公园及公共绿地、风景区、庭园。

●孤植、丛植、群植。

※ 观赏时期

月	1	2	3	4	5	6	7	8	9	10	11	12
花					■	■	■					
叶			■	■	■	■	■	■	■			
实												

※ 区域生长环境

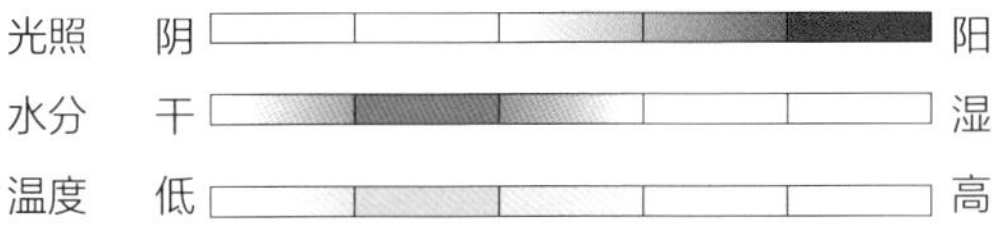

※ 简介

●羽状复叶，小叶 7~11（13）。花小，粉红色，总状花序直立。

●喜光，喜温暖，耐寒性较强，抗旱，要求排水良好的土壤，耐贫瘠。

●可播种繁殖。

●产我国长江流域及西南地区，北方有栽培。花美丽，花期长，可用于庭园观赏，为蜜源树种。

红花锦鸡儿（金雀儿）

Caragana rosea

蝶形花科　锦鸡儿属

※ 树形及树高

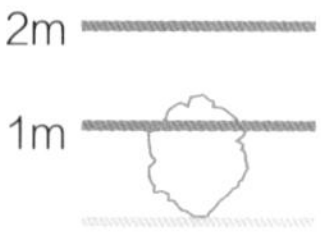

应用

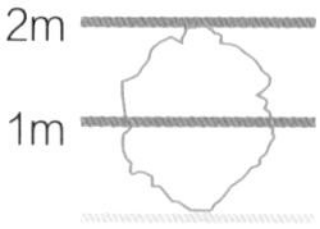

成树

※ 功能及应用

● 公园及公共绿地、风景区、庭园。

● 孤植、丛植、群植。

※ 观赏时期

月	1	2	3	4	5	6	7	8	9	10	11	12
花												
叶												
实												

※ 区域生长环境

光照　阴　阳

水分　干　湿

温度　低　高

※ 简介

● 羽状复叶互生，小叶 4，呈掌状排列。花单生，橙黄带红色，谢时变紫红色。

● 喜光，耐寒，耐旱，耐水湿，耐瘠薄，耐盐碱。

● 可用播种、扦插、分株等方法繁殖。

● 主产于我国北部及东北部。可植于庭园观赏。

树锦鸡儿

Caragana sibirica

蝶形花科 锦鸡儿属

※ 树形及树高

※ 功能及应用

- 公园及公共绿地、风景区、庭园。
- 孤植、丛植、篱植、群植。

※ 观赏时期

月	1	2	3	4	5	6	7	8	9	10	11	12
花												
叶												
实												

※ 区域生长环境

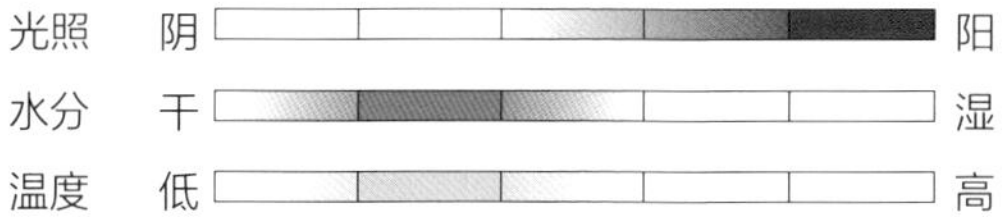

※ 简介

- 羽状复叶互生，小叶 8~14。花黄色，常 2~5 朵簇生。
- 喜光，亦较耐阴，耐寒性强，耐干旱瘠薄，对土壤要求不严，忌积水。
- 一般采用播种繁殖。
- 有垂枝‘Pendula’、矮生‘Nana’（高不及 1m，丛生）等品种。
- 产我国东北、内蒙古东北部，华北及西北，俄罗斯西伯利亚地区也有分布。宜植于庭园观赏或栽作绿篱。

柠条锦鸡儿(毛条)

Caragana korshinskii

蝶形花科 锦鸡儿属

※ 树形及树高

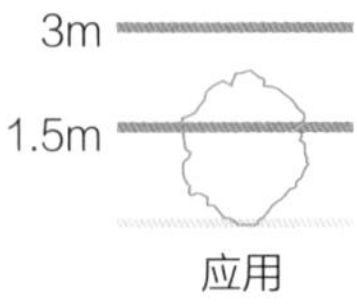

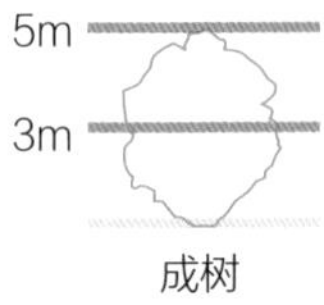

※ 功能及应用

●公园及公共绿地、风景区、林地。

●孤植、丛植、片植、篱植、群植。

※ 观赏时期

月	1	2	3	4	5	6	7	8	9	10	11	12
花												
叶												
实												

※ 区域生长环境

光照 阴 阳

水分 干 湿

温度 低 高

※ 简介

●偶数羽状复叶互生,小叶 12~16。花淡黄色,单生叶腋。荚果红褐色。

●喜光,抗旱,耐寒,耐盐碱。

●播种繁殖。

●产我国西北地区沙地。为荒漠、半荒漠及干旱草原地带防风固沙、水土保持的重要树种,也可栽作绿篱,亦为蜜源树种。

花棒（细枝黄岩蓍）

Hedysarum scoparium

蝶形花科 岩黄蓍属

※ 树形及树高

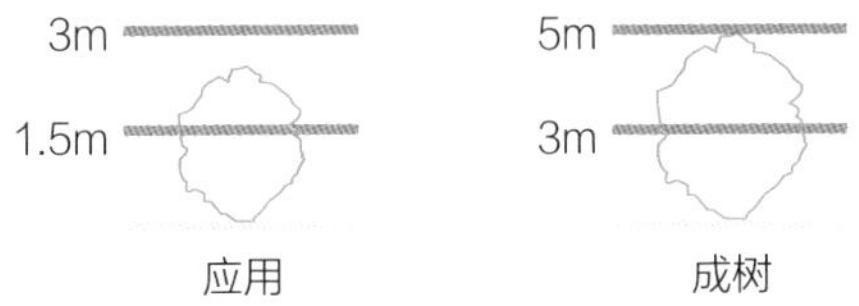

※ 功能及应用

●公园及公共绿地、风景区、林地。

●孤植、丛植、片植、群植。

※ 观赏时期

月	1	2	3	4	5	6	7	8	9	10	11	12
花												
叶												
实												

※ 区域生长环境

光照 阴 阳

水分 干 湿

温度 低 高

※ 简介

●羽状复叶互生，小叶 7~11 枚。花紫红色，成腋生总状花序。

●沙生，喜光，根系发达，极耐干旱。

●产我国西北地区，蒙古及俄罗斯也有分布，多生于流动或固定的沙丘。花美丽繁多，花期长，是很好的蜜源兼观赏植物，亦是干旱沙漠造林前期树种。

胡枝子

Lespedeza bicolor

蝶形花科 胡枝子属

※ 树形及树高

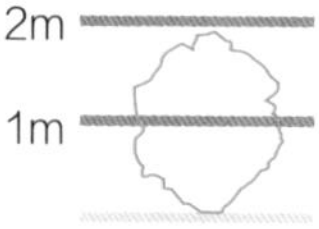

应用

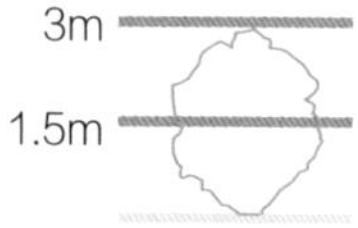

成树

※ 功能及应用

●公园及公共绿地、风景区、庭园、林地。

●丛植、群植。

※ 观赏时期

月	1	2	3	4	5	6	7	8	9	10	11	12
花							■	■	■			
叶			■	■	■	■	■	■	■	■	□	
实												

※ 区域生长环境

光照 阴 —— 阳

水分 干 —— 湿

温度 低 —— 高

※ 简介

●三出复叶互生。花淡紫色，腋生总状花序。

●喜光，耐半阴，耐寒（-25℃），耐干旱瘠薄土壤，适应性强。

●播种或分株繁殖。诱鸟、诱虫、诱蝶。

●产我国东北、内蒙古、华北至长江以南广大地区，俄罗斯、朝鲜、日本也有分布。宜作水土保持及防护林下层树种，花美丽，也可植于花境和庭园观赏。

杭子梢

Campylotropis macrocarpa

蝶形花科 杭子梢属

※ 树形及树高

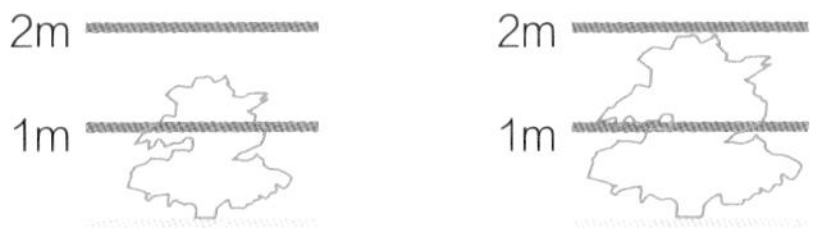

应用　　成树

※ 功能及应用

● 公园及公共绿地、风景区、庭园、林地、滨水。

● 对植、丛植、群植。

※ 观赏时期

月	1	2	3	4	5	6	7	8	9	10	11	12
花						■	■	■				
叶			■	■	■	■	■	■	■	■	■	
实												

※ 区域生长环境

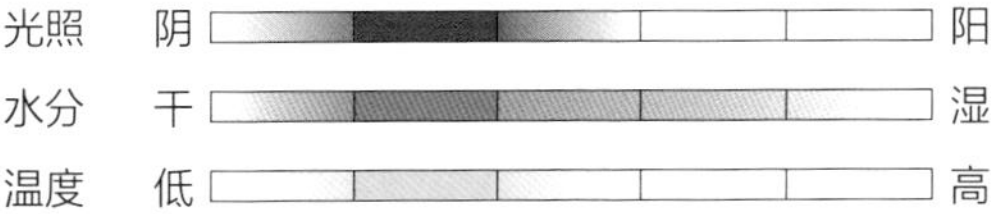

※ 简介

● 三出复叶互生。花紫红色，总状花序。

● 耐旱，耐寒，耐阴，耐水湿。

● 播种、扦插或分株繁殖。

● 主产于我国北部，华东及四川也有分布。可植于庭园观赏或作水土保持树种。

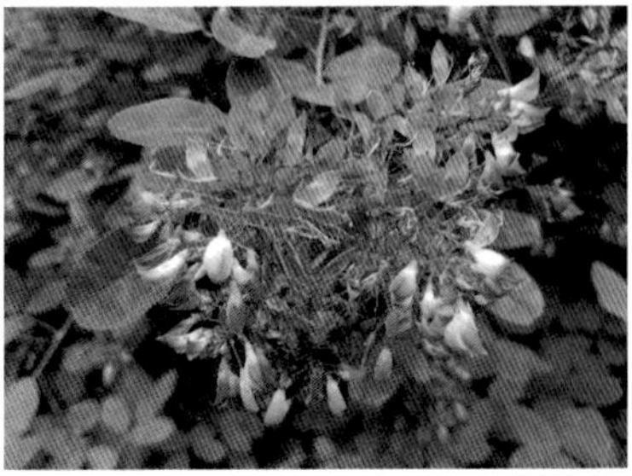

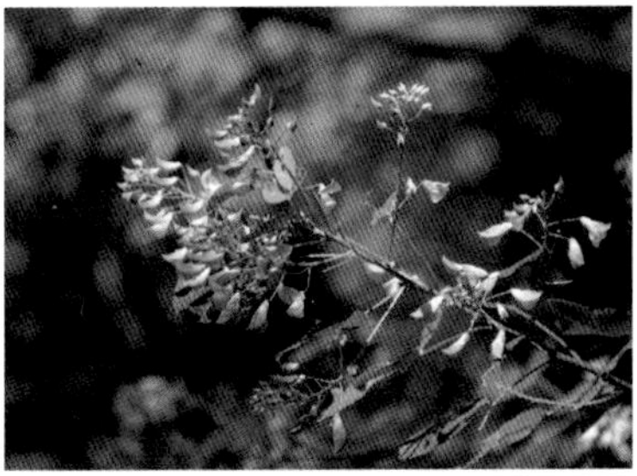

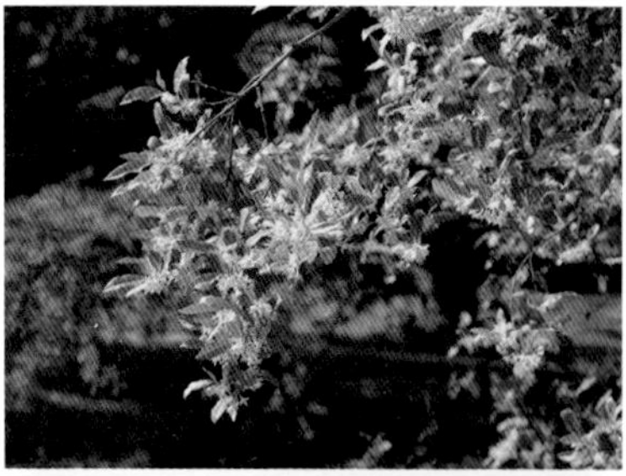

秋胡颓子(牛奶子)

Elaeagnus umbellata

胡颓子科 胡颓子属

※ 树形及树高

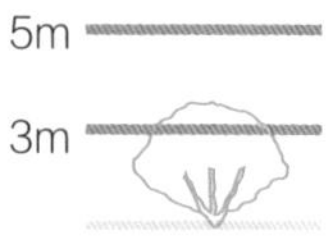

应用

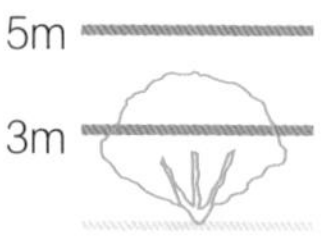

成树

※ 功能及应用

●公园及公共绿地、风景区、庭园、医院、学校、林地。
●孤植、丛植、片植、群植。

※ 观赏时期

月	1	2	3	4	5	6	7	8	9	10	11	12
花												
叶												
实												

※ 区域生长环境

光照 阴 — 阳
水分 干 — 湿
温度 低 — 高

※ 简介

●通常有刺。单叶互生，表面幼时有银白色鳞斑，背面银白色或杂有褐色鳞斑。花黄白色，芳香，2~7 朵成腋生伞形花序。果实核果状，椭球形，橙红色。
●阳性，喜温暖气候，不耐寒。
●主产长江流域及其以北地区，北至辽宁、内蒙古、甘肃、宁夏，朝鲜、日本、越南、泰国、印度也有分布。可植于庭园观赏，也可作防护林下层树种。果可食，也可酿酒。

沙棘（中国沙棘）

Hippophae rhamnoides

胡颓子科 沙棘属

※ 树形及树高

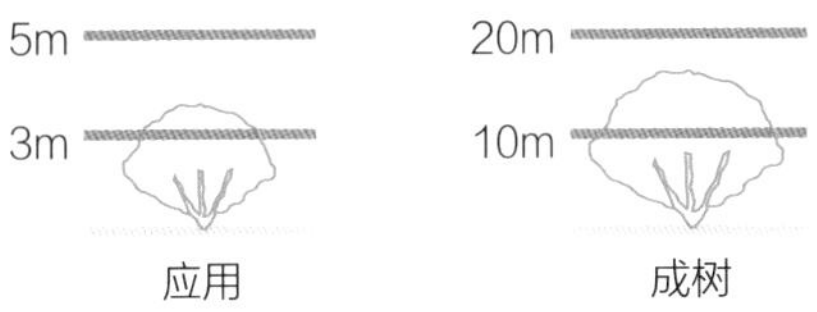

※ 功能及应用

●公园及公共绿地、风景区。

●孤植、丛植、篱植。

※ 观赏时期

月	1	2	3	4	5	6	7	8	9	10	11	12
花												
叶												
实												

※ 区域生长环境

光照 阴 阳

水分 干 湿

温度 低 高

※ 简介

●枝有刺。单叶近对生，两面均具银白色鳞斑。雌雄异株，无花瓣，花萼淡黄色。核果橙黄色或橘红色，经冬不落。

●喜光，耐寒，耐旱，耐盐碱，耐瘠薄，抗风沙，适应性强。

●产华北、内蒙古、西北至四川。良好的防风固沙及保土树种，园林中可作绿篱，兼有刺篱及果篱的效果。果多，味酸甜，可制酒、饮料、果酱，沙棘是目前世界上含有天然维生素种类最多的珍贵经济林树种。

紫薇

Lagerstroemia indica

千屈菜科 紫薇属

※ 树形及树高

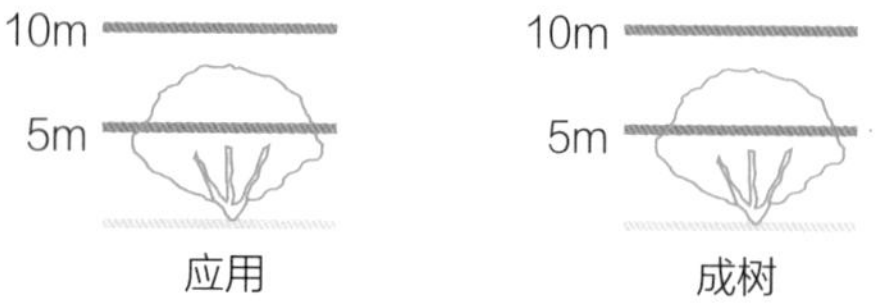

※ 功能及应用

对二氧化硫、氟化氢及氯气的抗性较强

●公园及公共绿地、风景区、庭园、建筑环境（含居住区）、医院、学校、工矿区。

●孤植、丛植、群植。

※ 观赏时期

月	1	2	3	4	5	6	7	8	9	10	11	12
花												
叶												
实												

※ 区域生长环境

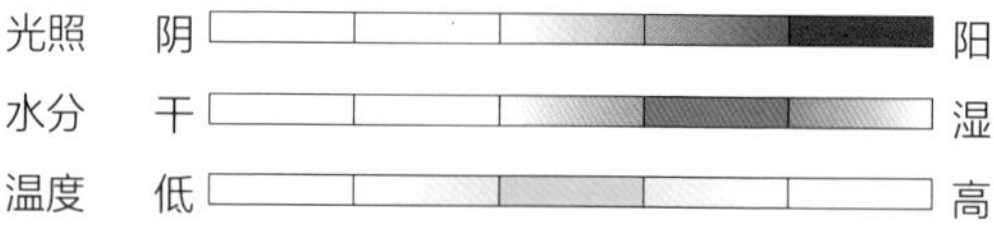

※ 简介

●树皮剥落后特别光滑。叶近对生，秋叶变成黄色或红色。花白色、粉色至紫色、紫红色，品种较多，成顶生圆锥花序。

●喜光，有一定耐寒能力，耐水湿，喜生于肥沃湿润的沙质土壤上。

●可播种、扦插、压条、分株、嫁接繁殖。诱鸟。

●产我国华东、中南及西南地各地，东南亚及澳大利亚也有栽培，北京可露地栽培。适于园林绿地及庭园栽培观赏，亦可作造型树。咸阳、安阳等城市市花。

石榴（安石榴）

Punica granatum

石榴科 石榴属

※ 树形及树高

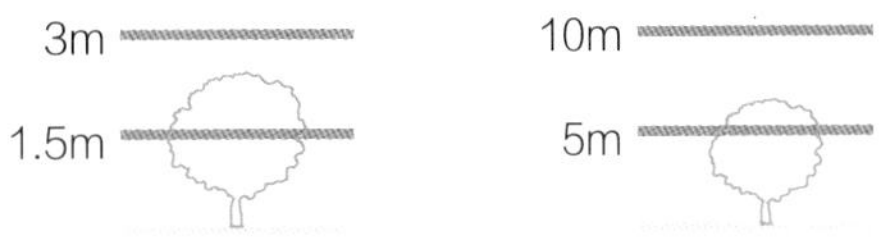

应用 成树

※ 功能及应用

- 公园及公共绿地、风景区、庭园、建筑环境（含居住区）、医院、学校。
- 孤植、丛植、群植。

※ 观赏时期

月	1	2	3	4	5	6	7	8	9	10	11	12
花												
叶												
实												

※ 区域生长环境

光照 阴 阳
水分 干 湿
温度 低 高

※ 简介

- 枝常有刺。单叶对生或簇生。花单生枝端，一般为橘红色，亦有黄白色，单瓣或重瓣（品种）。浆果古铜色或古铜红色。种子多数、汁多可食。
- 喜光，喜温暖气候，耐寒，耐旱，喜肥沃湿润而排水良好的土壤。
- 播种或扦插繁殖。诱鸟。
- 原产伊朗、阿富汗等中亚地区，西藏澜沧江两岸有天然林，黄河流域及其以南地区有栽培。美丽的观赏树及果树，是盆栽及制作盆景、桩景的好材料，是合肥、西安、新乡、黄石、枣庄等 9 个城市的市树。

山茱萸

Cornus(Macrocarpium)officinale

山茱萸科 山茱萸属

※ 树形及树高

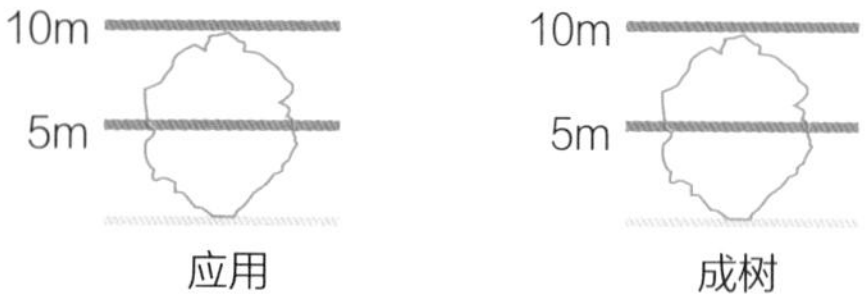

※ 功能及应用

●公园及公共绿地、风景区、庭园、建筑环境(含居住区)、医院、学校。

●孤植、丛植、群植。

※ 观赏时期

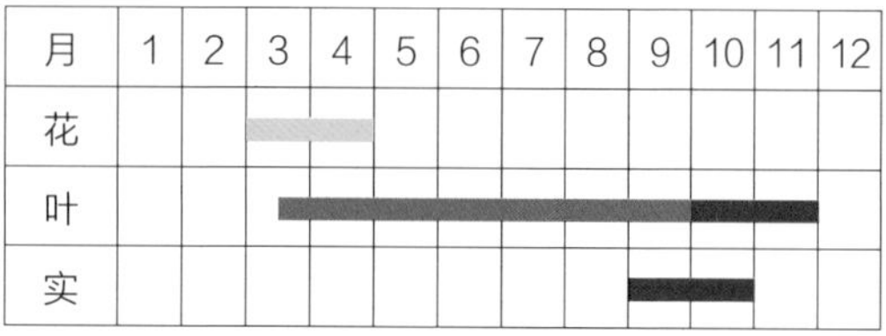

※ 区域生长环境

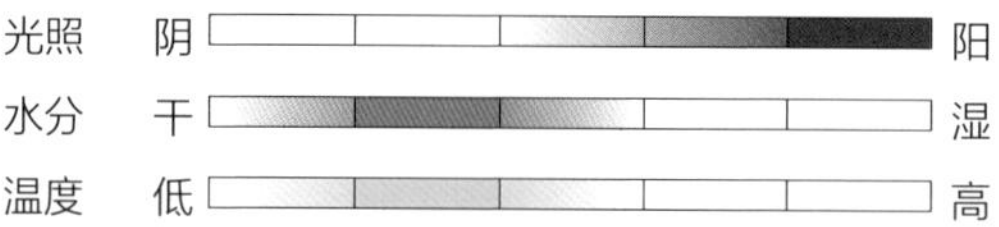

※ 简介

●树皮片状剥裂。单叶对生,深秋叶色鲜艳。花小,鲜黄色,成伞形头状花序。核果椭球形,红色或枣红色。先花后叶。

●性强健,喜光,耐寒,耐旱,不耐热,喜肥沃而湿度适中的土壤。

●果实诱鸟。

●产我国长江流域及河南、陕西等地,各地多有栽培,朝鲜、日本也有分布。宜植于庭园观赏,或作盆栽、盆景材料。

四照花

Cornus kousa subsp. *chinensis*

（*Dendrobenthamia japonica* var. *chinensis*）

山茱萸科 山茱萸属（四照花属）

※ 树形及树高

应用　　成树

※ 功能及应用

●公园及公共绿地、风景区、庭园、建筑环境（含居住区）、医院、学校。

●孤植、丛植、群植。

※ 观赏时期

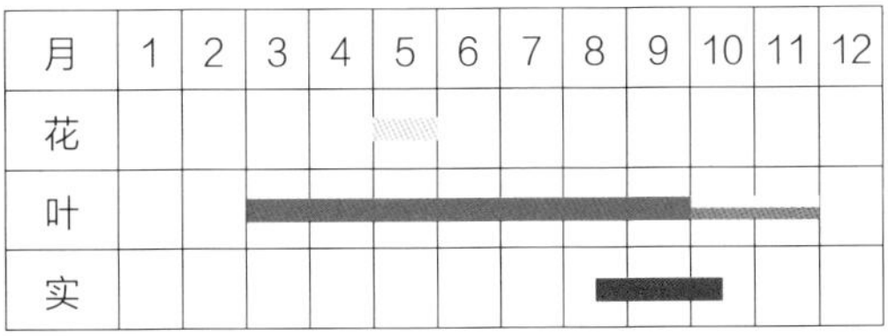

※ 区域生长环境

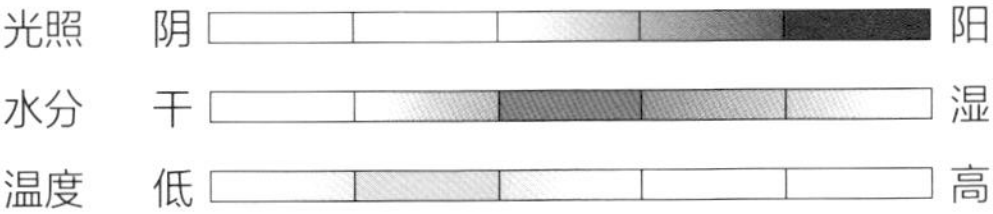

※ 简介

●单叶对生，秋叶变橘红、紫色或黄色。花小，成密集球形头状花序，外有花瓣状白色大型总苞片 4 枚。聚花果球形，肉质，熟时粉红色。

●性强健耐寒（-25℃）。

●可使用种子、组织培养的方式繁殖。果实诱鸟。

●产我国长江流域及河南、山西、陕西、甘肃等地。初夏白色总苞覆盖满树，光彩耀目，秋叶变红色或红褐色，是一种美丽的园林观赏树种。

红瑞木

Cornus（*Swida*）*alba*

山茱萸科 山茱萸属（梾木属）

※ 树形及树高

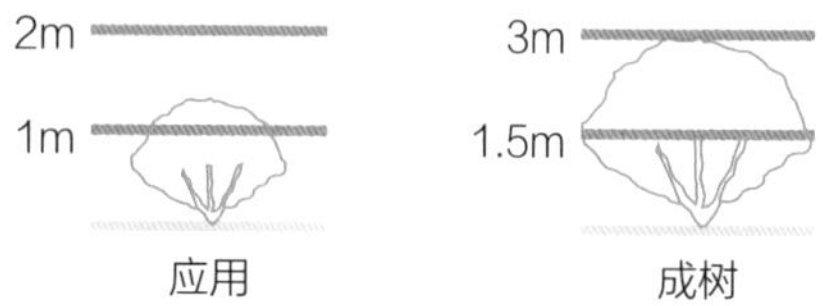

※ 功能及应用

●公园及公共绿地、风景区、庭园、建筑环境（含居住区）、医院、学校、滨水。

●篱植、丛植。

※ 观赏时期

月	1	2	3	4	5	6	7	8	9	10	11	12
花												
叶												
实												

※ 区域生长环境

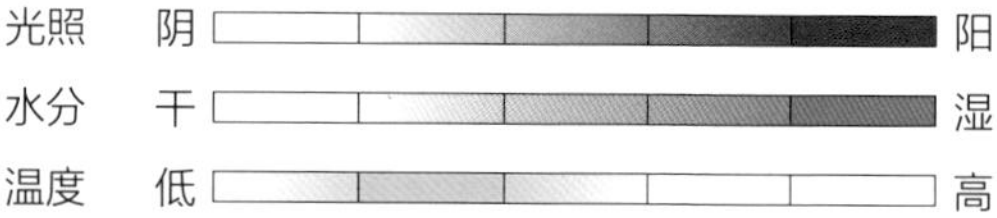

※ 简介

●枝条鲜红色。单叶对生，秋叶红色。花小，白色至黄白色。核果白色或略带蓝色。

●喜光，耐半阴，耐寒，耐湿，耐干旱贫瘠。

●扦插、播种、分株或压条繁殖。诱鸟。

●产我国东北、华北及西北地区，朝鲜、俄罗斯（西伯利亚地区）及欧洲也有分布。红色枝干及秋叶观赏性强，宜植于草坪、林缘及河岸、湖畔。

卫矛

Euonymus alatus

卫矛科 卫矛属

※ 树形及树高

※ 功能及应用

抗二氧化硫

●公园及公共绿地、风景区、庭园、工矿区。

●孤植、丛植、群植。

※ 观赏时期

月	1	2	3	4	5	6	7	8	9	10	11	12
花												
叶			■	■	■	■	■	■	■	■	■	
实							■	■	■			

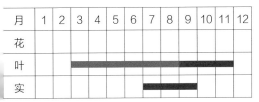

※ 区域生长环境

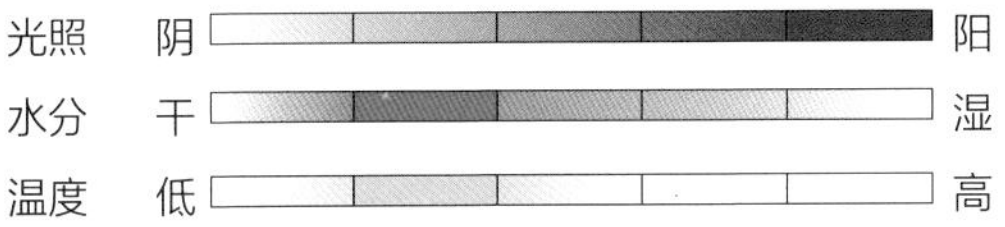

※ 简介

●小枝具4条木栓质薄硬翅。单叶对生，嫩叶及霜叶均为紫红色。花小，浅绿色，腋生聚伞花序。蒴果紫色，可宿存很久。种子具橙红色假种皮。

●喜光，也稍耐阴，适应性强，耐寒，耐阴，耐旱，耐水湿。

●可播种、扦插繁殖。

●产东北南部，华北、西北至长江流域各地，日本、朝鲜也有分布。有品种‘火焰’卫矛。

栓翅卫矛

Euonymus phellomanus

卫矛科 卫矛属

※ 树形及树高

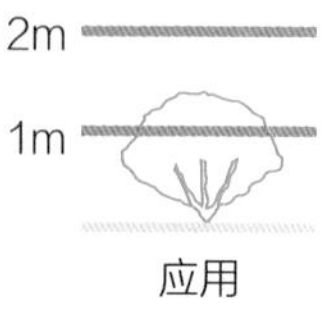

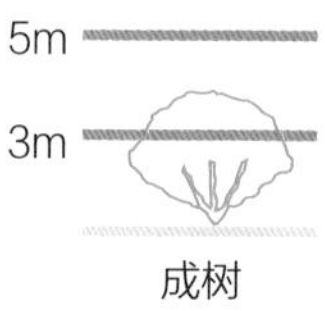

※ 功能及应用

●公园及公共绿地、风景区、庭园。
●孤植、丛植、群植。

※ 观赏时期

月	1	2	3	4	5	6	7	8	9	10	11	12
花												
叶			■	■	■	■	■	■	■	■	■	
实									■	■		

※ 区域生长环境

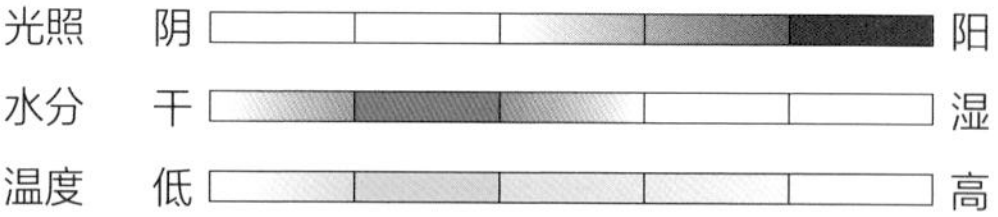

※ 简介

●小枝常具 4 条状木栓翅。单叶对生，秋叶火红。花小，紫色。蒴果倒心形，成熟后粉红色。
●喜光亦耐阴，较耐寒，稍耐旱，对土壤要求不严，耐瘠薄土壤、较耐盐碱。
●可播种繁殖。
●产陕西、河南、山西、宁夏及四川。栓翅卫矛为观果、观花、观枝树种，树姿优美。

丝绵木（白杜，明开夜合）

Euonymus maackii

卫矛科 卫矛属

※ 树形及树高

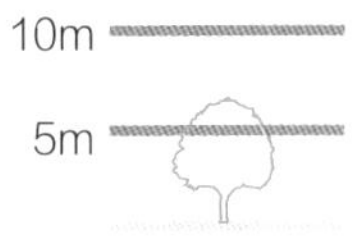

应用

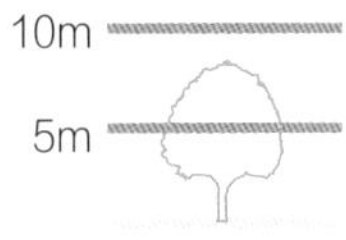

成树

※ 功能及应用

● 公园及公共绿地、风景区、滨水。

● 孤植、丛植。

※ 观赏时期

月	1	2	3	4	5	6	7	8	9	10	11	12
花												
叶			▬	▬	▬	▬	▬	▬	▬	▬	▬	
实									▬	▬	▬	

※ 区域生长环境

光照 阴 —— 阳

水分 干 —— 湿

温度 低 —— 高

※ 简介

● 单叶对生。花小，绿色，腋生聚伞花序。蒴果4深裂，假种皮橘红色。

● 稍耐阴，适应性强，耐寒，耐干旱，耐水湿，对土壤要求不严，以肥沃、湿润而排水良好之土壤生长最好。

● 可用播种、分株及硬枝扦插等方法繁殖。

● 产我国东北、内蒙古经华北至长江流域各地，西至甘肃、陕西、四川。宜植于园林绿地观赏，也可植于湖岸、溪边构成水景。

陕西卫矛（金丝吊蝴蝶）

Euonymus schensianus

卫矛科 卫矛属

※ 树形及树高

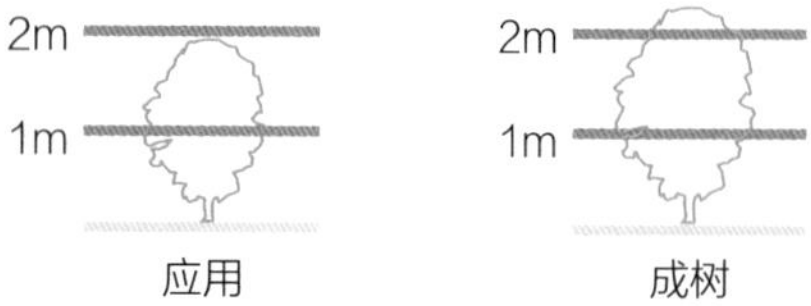

※ 功能及应用

●公园及公共绿地、风景区、庭园。

●孤植、丛植。

※ 观赏时期

月	1	2	3	4	5	6	7	8	9	10	11	12
花												
叶												
实												

※ 区域生长环境

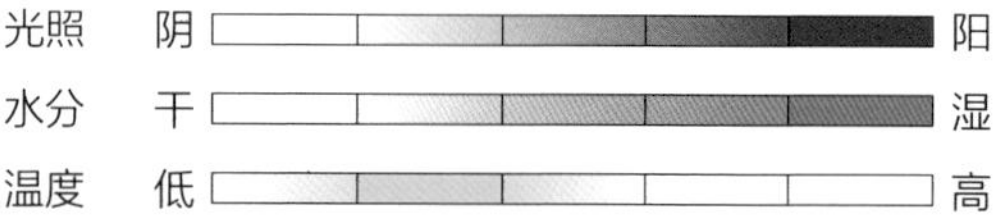

※ 简介

●小枝稍柔垂。单叶对生。花黄绿色，花序梗及分枝极细长，柔垂。蒴果深红色，果形奇特，果翅长方形，悬于细长梗上，似金线悬挂着蝴蝶，故有“金丝吊蝴蝶”之名。

●喜光，稍耐阴，耐寒，耐旱，喜肥沃、湿润且排水良好的土壤。

●多采用多枝劈接和切接技术繁殖。

●产陕西西部、甘肃南部及四川东北部、湖北西部。是优良的秋季观果植物，宜植于庭园观赏。

一叶萩（叶底珠）

Flueggea suffruticosa

大戟科 白饭树属

※ 树形及树高

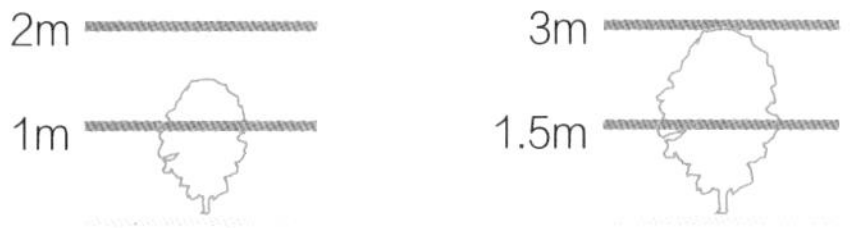

应用　　成树

※ 功能及应用

抗污染

- 公园及公共绿地、风景区、庭园、林地、工矿区。
- 孤植、丛植、群植。

※ 观赏时期

月	1	2	3	4	5	6	7	8	9	10	11	12
花												
叶												
实												

※ 区域生长环境

光照 阴 阳

水分 干 湿

温度 低 高

※ 简介

- 单叶互生。花小，无花瓣，黄绿色，雌花单生，雄花簇生于叶腋。蒴果 3 棱状扁球形。
- 适应性极强，喜光，耐寒，耐干旱瘠薄。
- 种子繁殖。
- 产亚洲东部，我国东北、华北、华东及河南、湖北、陕西、四川、贵州等地有分布。可植于庭园观赏。

冻绿(大叶鼠李)

Rhamnus utilis

鼠李科 鼠李属

※ 树形及树高

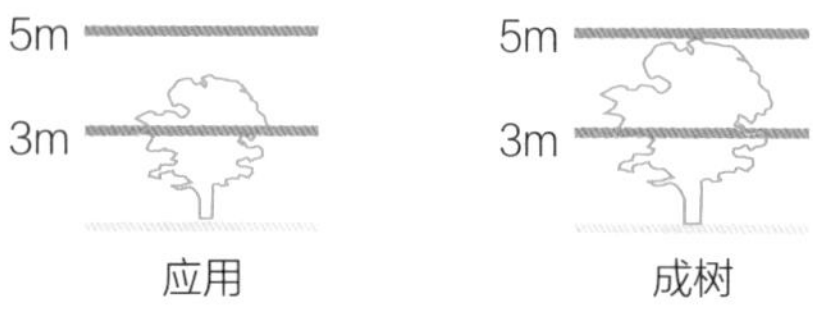

※ 功能及应用

滞尘、减噪、抗污染气体

●公园及公共绿地、风景区、林地、工矿区。

●孤植、丛植。

※ 观赏时期

月	1	2	3	4	5	6	7	8	9	10	11	12
花												
叶			■	■	■	■	■	■	■	■	■	
实							■	■				

※ 区域生长环境

光照 阴 — 阳

水分 干 — 湿

温度 低 — 高

※ 简介

●枝端刺状。单叶互生或近对生。果紫黑色。

●耐寒，耐旱，耐阴，耐水湿。

●种子繁殖。

●产我国华北、华东、华中及西南地区，朝鲜、日本也有分布。可植于庭园观赏。果实、树皮及叶可作绿色染料。

文冠果

Xanthoceras sorbifolia

无患子科 文冠果属

※ 树形及树高

应用　　成树

※ 功能及应用

- 公园及公共绿地、风景区、庭园、建筑环境（含居住区）、医院、学校。
- 孤植、丛植、群植。

※ 观赏时期

月	1	2	3	4	5	6	7	8	9	10	11	12
花												
叶												
实												

※ 区域生长环境

光照　阴 — 阳

水分　干 — 湿

温度　低 — 高

※ 简介

- 羽状复叶互生，小叶 9~19 枚。花白色或橘黄色，基部有黄紫晕斑。蒴果椭球形。
- 喜光，耐严寒，耐干旱及盐碱，不耐水湿。
- 播种或枝插、根插繁殖。诱鸟。
- 主产我国北部（黄河流域），为我国特产。春天白花满树，且有秀丽光洁的绿叶，观赏价值高。

紫花槭（假色槭）

Acer pseudo-sieboldianum

槭树科 槭树属

※ 树形及树高

※ 功能及应用

●公园及公共绿地、风景区、庭园、道路、医院、学校。
●孤植、列植、群植。

※ 观赏时期

月	1	2	3	4	5	6	7	8	9	10	11	12
花			■	■								
叶			■	■	■	■	■	■	■	■	■	
实								■	■			

※ 区域生长环境

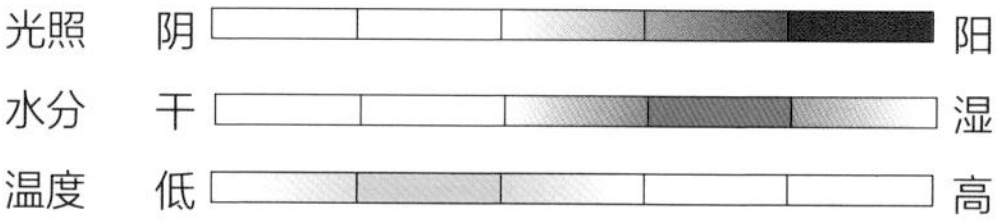

※ 简介

●树皮粗糙，灰褐色。掌状叶对生，9~11 裂。花紫红色。翅果嫩时紫红色。
●喜光，喜湿润、肥沃、通透性好的土壤。
●播种繁殖。
●分布于黑龙江东部至东南部、吉林东南部、辽宁东部。果实幼期翅果淡红色，秋季叶色火红，是中国东北地区园林绿化中具良好应用前景的乡土树种之一。

茶条槭

Acer ginnala

槭树科　槭树属

※ 树形及树高

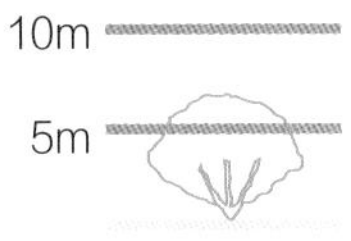

应用

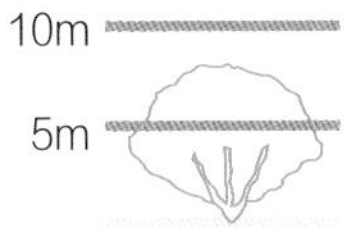

成树

※ 功能及应用

●公园及公共绿地、风景区、庭园、道路、医院、学校。

●孤植、丛植、篱植、列植、群植。

※ 观赏时期

月	1	2	3	4	5	6	7	8	9	10	11	12
花												
叶												
实												

※ 区域生长环境

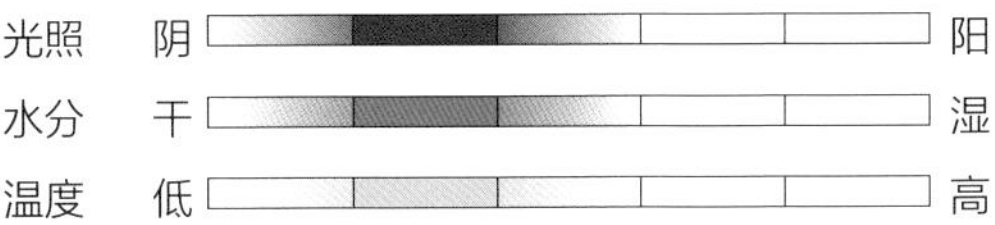

※ 简介

●枝叶对生，叶3（5）裂，中裂特大，秋叶易变红。花序圆锥状。翅果成熟前红色。

●弱阳性，耐寒，耐旱，耐阴，耐盐碱性及耐水湿性适中。

●可播种繁殖。

●产我国东北、内蒙古及华北，俄罗斯西伯利亚东部、朝鲜及日本也有分布。是良好的庭园观赏树，也可栽作绿篱及小型行道树。花为良好蜜源。

黄栌（红叶、烟树）

Cotinus coggygria

漆树科 黄栌属

※ 树形及树高

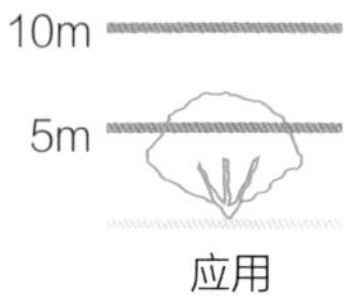

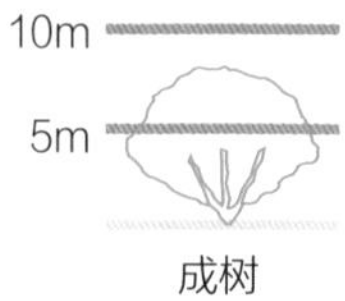

※ 功能及应用

对二氧化硫有较强抗性

- 公园及公共绿地、风景区。
- 孤植、片植、群植。

※ 观赏时期

月	1	2	3	4	5	6	7	8	9	10	11	12
花												
叶												
实												

※ 区域生长环境

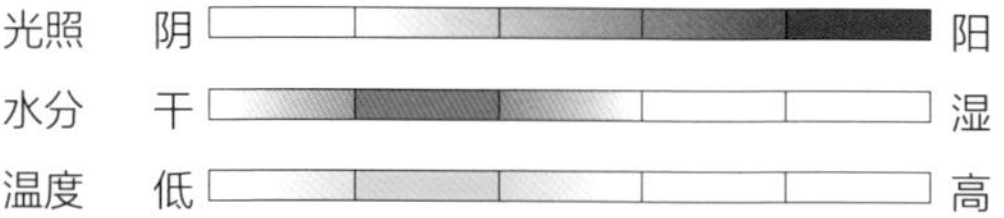

※ 简介

- 单叶互生，叶片全缘。圆锥花序疏松、顶生。
- 喜光，也耐半阴，耐寒，耐干旱瘠薄和碱性土壤，不耐水湿，宜植于深厚、肥沃而排水良好的沙质壤土中。
- 播种繁殖，扦插繁殖，分株繁殖。
- 原产于中国西南、华北和浙江，南欧、叙利亚、伊朗、巴基斯坦及印度北部亦产。秋季霜叶红艳可爱，著名的北京香山"红叶"即为此种。

紫叶黄栌（美国红栌）

Cotinus coggygria var. *cinerea* 'Purpureus'

漆树科 黄栌属

※ 树形及树高

应用　　成树

※ 功能及应用

对二氧化硫抗性很强

- 公园及公共绿地、风景区、庭园。
- 孤植、群植。

※ 观赏时期

月	1	2	3	4	5	6	7	8	9	10	11	12
花					■	■						
叶			■	■	■	■	■	■	■	■	■	
实								■	■			

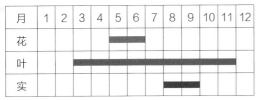

※ 区域生长环境

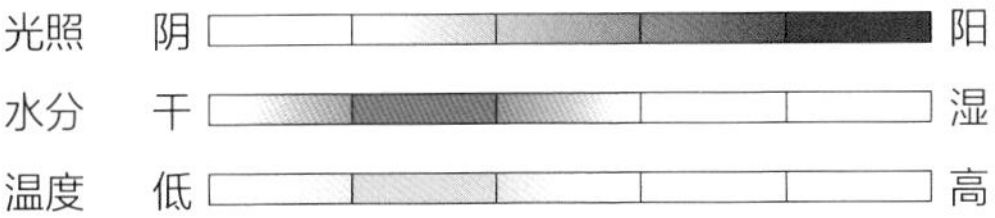

※ 简介

- 单叶互生，叶深紫色，有金属光泽。圆锥花序顶生，紫红色。
- 喜光，耐寒，耐旱。
- 主要通过嫁接繁殖，也可采用压条和扦插繁殖。
- 原产美国，叶、花观赏价值均高，中国北方多栽培。

火炬树（鹿角漆）

Rhus typhina

漆树科　盐肤木属

※ 树形及树高

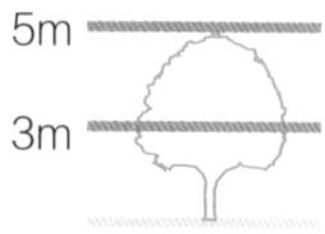

应用

成树

※ 功能及应用

! 枝叶可能引起皮肤过敏

●公园及公共绿地、风景区、林地。

●丛植、片植。

※ 观赏时期

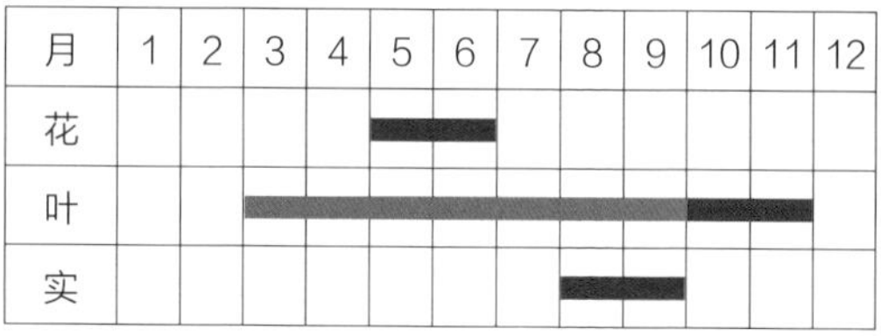

※ 区域生长环境

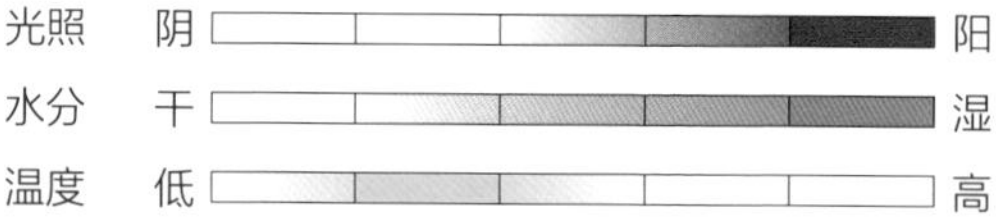

※ 简介

●羽状复叶，小叶 11~31 枚，秋叶红艳。花红色，顶生圆锥花序。果红，密集形成圆锥状火炬形，果穗宿存很久。

●性强健，耐寒，耐旱，耐盐碱，根系发达。

●生长快，寿命短。可播种、根插、根蘖繁殖。诱鸟。

●原产北美，我国 1959 年引种栽植。除作风景林观赏外，也可作荒山绿化及水土保持树种。本树对少数接触其枝叶的人会引起皮肤过敏，园林中慎用。

枸橘（枳）

Poncirus trifoliate

芸香科 枸橘属

※ 树形及树高

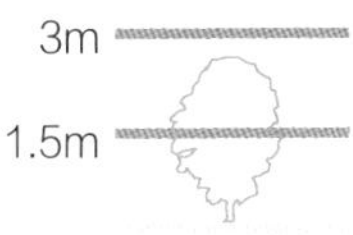

应用

成树

※ 功能及应用

! 植株有刺

●公园及公共绿地、风景区。

●孤植、丛植、篱植。

※ 观赏时期

月	1	2	3	4	5	6	7	8	9	10	11	12
花					■	■						
叶			■	■	■	■	■	■	■	■	■	
实												

※ 区域生长环境

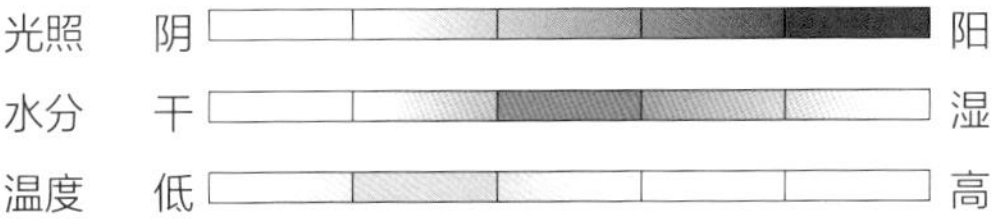

※ 简介

●三出复叶互生。花白色，单生，叶前开花。柑果球形，黄绿色，有香气。

●喜光，耐半阴，喜温暖湿润气候及排水良好的深厚肥沃土壤，有一定耐寒性（-15℃），耐修剪。

●原产淮河流域，现各地多栽培。白花及黄果均可观赏，常栽作绿篱材料，并兼有刺篱、花篱的效果。

花椒

Zanthoxylum bungeanum

芸香科 花椒属

※ 树形及树高

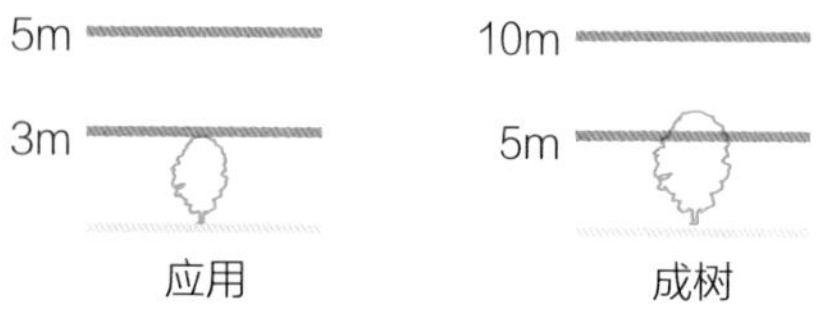

※ 功能及应用

! 植株有刺

●公园及公共绿地、风景区、庭园。

●孤植、篱植。

※ 观赏时期

月	1	2	3	4	5	6	7	8	9	10	11	12
花												
叶			■	■	■	■	■	■	■	■		
实							■	■	■	■		

※ 区域生长环境

光照 阴 阳

水分 干 湿

温度 低 高

※ 简介

●枝具基部宽扁的粗大皮刺。奇数羽状复叶互生。花小，成顶生聚伞状圆锥花序。蓇葖果红色或紫红色，果实辛香。

●喜光，不耐严寒，耐干旱瘠薄，喜肥沃湿润的钙质土，酸性及中性土上也能生长。

●辽宁、华北、西北至长江流域及西南各地均有分布，华北栽培最多。可植于庭园作刺篱材料。果实为调味品。

刺五加

Eleutherococcus senticosus

五加科 五加属

※ 树形及树高

※ 功能及应用

! 枝上通常密生细针　　根皮入药（五加皮）

●公园及公共绿地、风景区、林地。

●丛植、篱植、片植。

※ 观赏时期

月	1	2	3	4	5	6	7	8	9	10	11	12
花												
叶												
实												

※ 区域生长环境

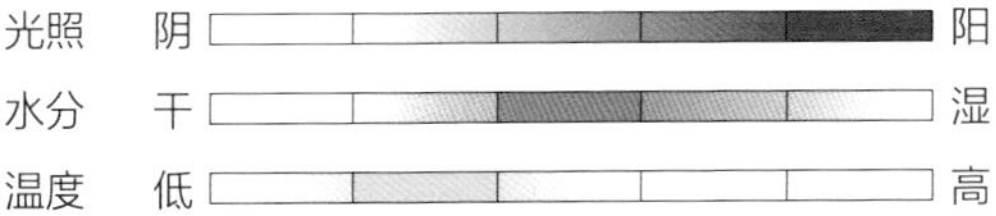

※ 简介

●掌状复叶互生，小叶常为 5，有时 3。花黄绿色，伞形花序，一至数个着生于总梗上。浆果黑色。

●喜温暖湿润气候，耐寒、稍耐阴，适宜腐殖质层深厚、土壤微酸性的沙质壤土。

●可种子、扦插、分蘖繁殖。

●产我国东北及华北地区，朝鲜、日本、俄罗斯也有分布。可栽作绿篱或林下地被。

楤木

Aralia chinensis

五加科 楤木属

※ 树形及树高

应用 成树

※ 功能及应用

! 茎、叶及叶轴有刺

●公园及公共绿地、风景区、庭园、医院、学校。

●孤植、群植。

※ 观赏时期

月	1	2	3	4	5	6	7	8	9	10	11	12
花												
叶												
实												

※ 区域生长环境

光照 阴 阳

水分 干 湿

温度 低 高

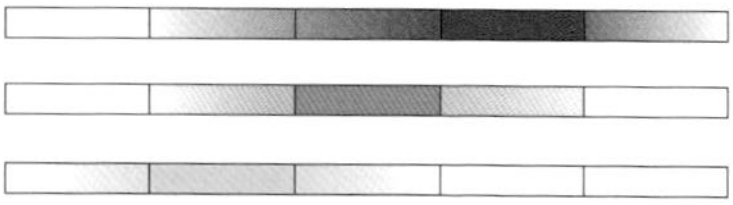

※ 简介

●茎有刺。二至三回奇数羽状复叶互生，叶柄及叶轴通常有刺。小伞形花序集成圆锥状复花序。浆果球形，黑色。

●适应性强，中生，抗性强。

●华北、华中、华东、华南和西南地区均有分布。树姿优美，可栽作园景树观赏。

枸杞

Lycium chinense

茄科 枸杞属

※ 树形及树高

应用　　成树

※ 功能及应用

●公园及公共绿地、风景区、庭园。

●孤植、丛植。

※ 观赏时期

月	1	2	3	4	5	6	7	8	9	10	11	12
花												
叶												
实												

※ 区域生长环境

光照　阴　阳

水分　干　湿

温度　低　高

※ 简介

●单叶互生或簇生。花紫色，单生或簇生叶腋，花期延续很长。浆果深红色或橘红色。

●性强健，稍耐阴，耐寒，耐干旱及盐碱。

●诱鸟。

●我国自东北南部、华北、西北至长江以南、西南地区均有分布。虬干老株可作盆景。

小紫珠（白棠子树）

Callicarpa dichotoma

马鞭草科 紫珠属

※ 树形及树高

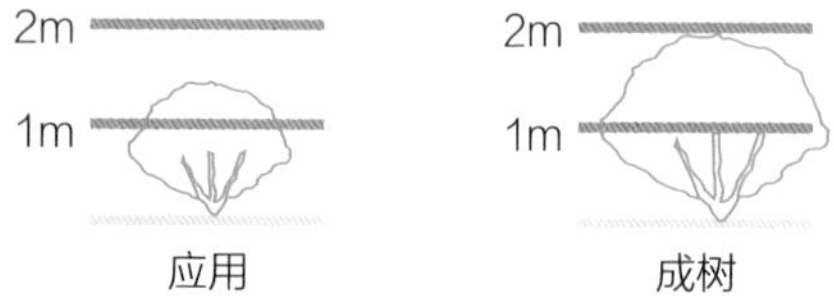

※ 功能及应用

●公园及公共绿地、风景区、庭园、建筑环境（含居住区）、医院、学校。

●孤植、丛植、群植。

※ 观赏时期

月	1	2	3	4	5	6	7	8	9	10	11	12
花												
叶												
实												

※ 区域生长环境

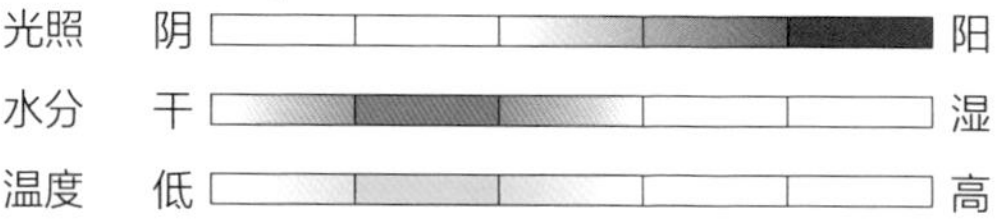

※ 简介

●单叶对生。花淡紫色。核果亮紫色，经冬不落。

●喜光，稍耐阴，较耐寒，喜湿润环境，也较耐干旱贫瘠，怕积水，喜肥沃深厚土壤。

●可采用扦插繁殖。

●产我国东部及中南部地区，日本、朝鲜、越南也有分布。美丽的观果灌木，我国南北均有栽培。

海州常山

Clerodendrum trichotomum

马鞭草科 赪桐属

※ 树形及树高

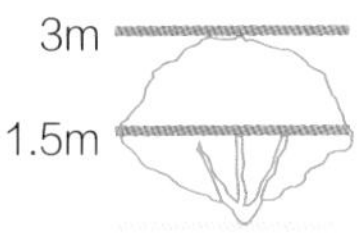

应用

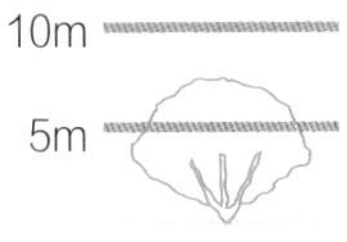

成树

※ 功能及应用

可药用　对有毒气体抗性较强

●公园及公共绿地、风景区。

●孤植、丛植、群植。

※ 观赏时期

月	1	2	3	4	5	6	7	8	9	10	11	12
花							■	■				
叶			■	■	■	■	■	■	■	■	■	
实									■	■	■	

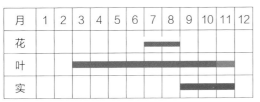

※ 区域生长环境

光照　阴　阳

水分　干　湿

温度　低　高

※ 简介

●单叶对生，有臭味。花冠白色或带粉红色，花冠筒细长，花萼紫红色，聚伞花序生于枝端叶腋，花期长。核果蓝紫色，托以红色大形宿存萼片，经冬不落。

●喜光，稍耐阴，有一定耐寒性，耐干旱，耐盐碱，也稍耐湿，对土壤要求不严，在温暖湿润气候，肥、水条件好的沙壤土上生长旺盛。

●可播种、扦插、分株繁殖。

●产我国华北、华东、中南及西南地区，朝鲜、日本、菲律宾也有分布。美丽观花观果树种，常用于园林栽培。

荆条

Vitex negundo var. heterophylla

马鞭草科 牡荆属

※ 树形及树高

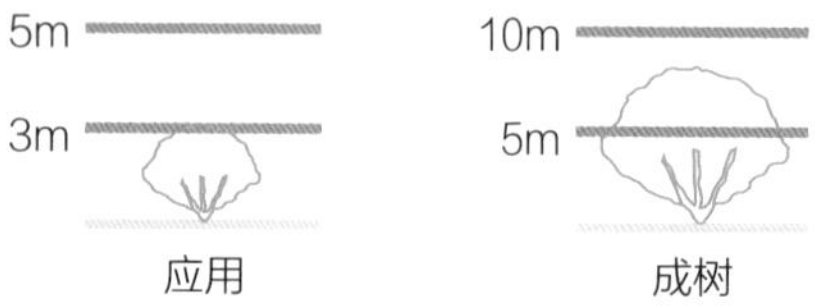

※ 功能及应用

- 公园及公共绿地、风景区、庭园、林地。
- 孤植、丛植、片植。

※ 观赏时期

月	1	2	3	4	5	6	7	8	9	10	11	12
花							■	■	■			
叶			■	■	■	■	■	■	■	■	■	
实												

※ 区域生长环境

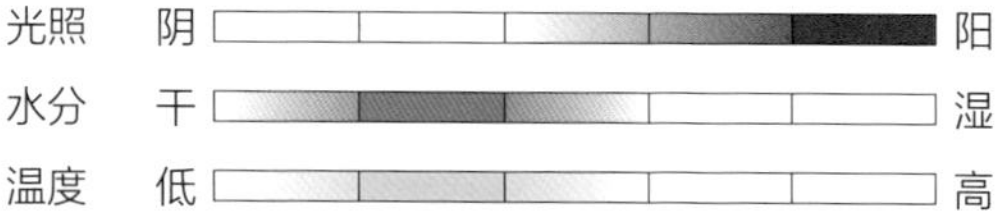

※ 简介

- 掌状复叶对生或轮生。花冠紫色或淡紫色。
- 喜光，耐寒，耐旱，耐干旱瘠薄土壤。
- 多采用种子繁殖。
- 我国东北南部、华北、西北、华东及西南各省及朝鲜、蒙古、日本均有分布。是华北常见的野生灌木和护坡常用材料。亦可作桩景。

蓝花莸

Caryopteris × clandonensis

马鞭草科 莸属

※ 树形及树高

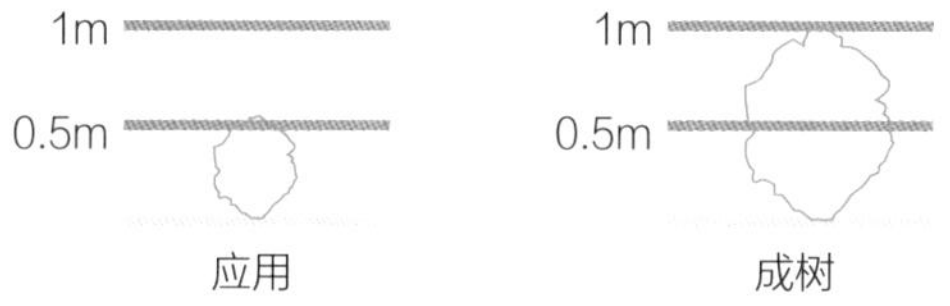

※ 功能及应用

●公园及公共绿地、风景区、庭园、建筑环境（含居住区）、医院、学校。

●丛植、片植。

※ 观赏时期

月	1	2	3	4	5	6	7	8	9	10	11	12
花								■	■	■		
叶			■	■	■	■	■	■	■	■	■	
实												

※ 区域生长环境

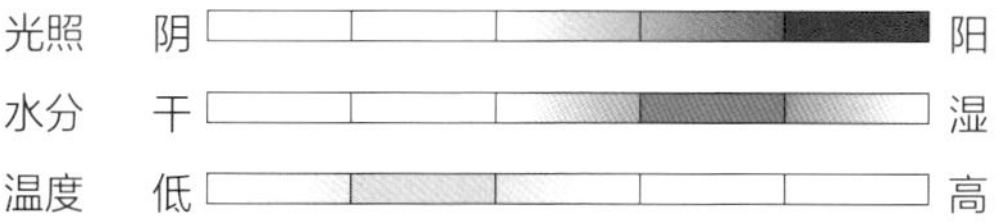

※ 简介

●单叶对生。聚伞花序顶生或腋生，小花蓝色至蓝紫色。

●喜温暖气候及湿润的钙质土。

●播种或扦插繁殖。有招蜂引蝶特性。

●本种为杂交种，可在东北、华北、华中及华东地区栽培。花繁密，有花香，宜植于庭园观赏。

金叶莸

Caryopteris × clandonensis 'Worcester Gold'

马鞭草科 莸属

※ 树形及树高

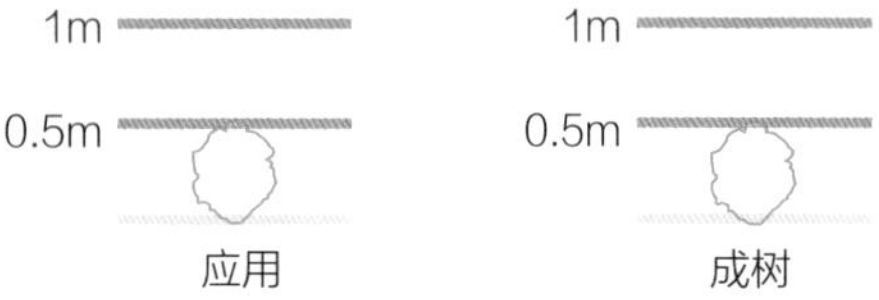

※ 功能及应用

●公园及公共绿地、风景区、庭园、建筑环境（含居住区）、医院、学校。

●丛植、片植。

※ 观赏时期

月	1	2	3	4	5	6	7	8	9	10	11	12
花							—	—	—			
叶			—	—	—	—	—	—	—	—	—	
实												

※ 区域生长环境

光照 阴 … 阳

水分 干 … 湿

温度 低 … 高

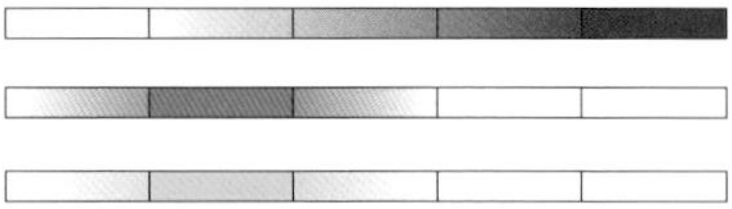

※ 简介

●单叶对生，叶表面鹅黄色，背面有银色毛。花蓝紫色，聚伞花序，常再组成伞房状复花序，腋生。

●喜光，耐寒，较耐瘠薄，在陡坡、多砾石及土壤肥力差的地区仍生长良好。

●可采用播种或扦插繁殖。

●北方广为栽培。花叶美丽，宜植于庭园观赏，也可在园林绿地中作大面积色块及基础栽植。

木本香薷（华北香薷）

Elsholtzia stauntonii

唇形科 香薷属

※ 树形及树高

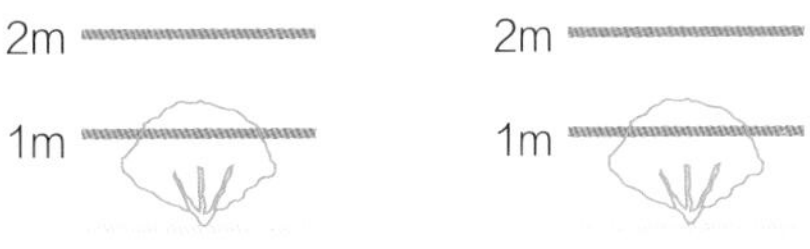

※ 功能及应用

●公园及公共绿地、风景区、庭园、建筑环境（含居住区）、医院、学校。

●丛植、群植。

※ 观赏时期

月	1	2	3	4	5	6	7	8	9	10	11	12
花												
叶												
实												

※ 区域生长环境

光照 阴 — 阳

水分 干 — 湿

温度 低 — 高

※ 简介

●单叶对生，叶揉碎后有强烈的薄荷香味。花小而密，花冠淡紫色或白色，外面密披紫毛，顶生总状花序穗状，花略侧向一侧。

●耐寒，耐旱性，耐水湿，耐阴性，耐盐碱性适中。

●可播种繁殖。

●产辽宁、华北至陕西、甘肃。花穗美丽，可植于花坛、花境和庭园中观赏，北京园林中有栽培。

大叶醉鱼草

Buddleja davidii

醉鱼草科 醉鱼草属

※ 树形及树高

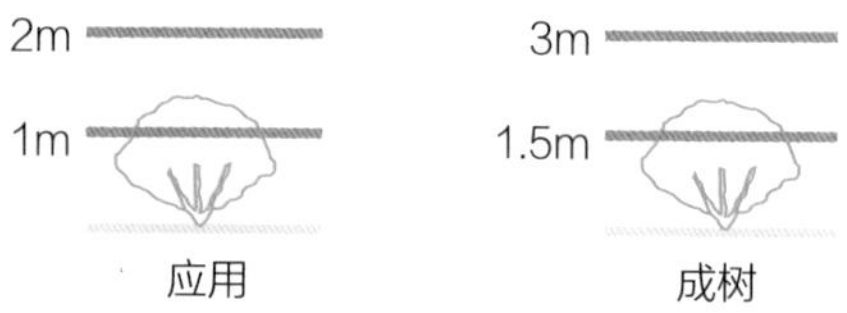

※ 功能及应用

●公园及公共绿地、林地、滨水。

●丛植、片植。

※ 观赏时期

月	1	2	3	4	5	6	7	8	9	10	11	12
花						▬	▬	▬	▬			
叶			▬	▬	▬	▬	▬	▬	▬	▬	▬	
实												

※ 区域生长环境

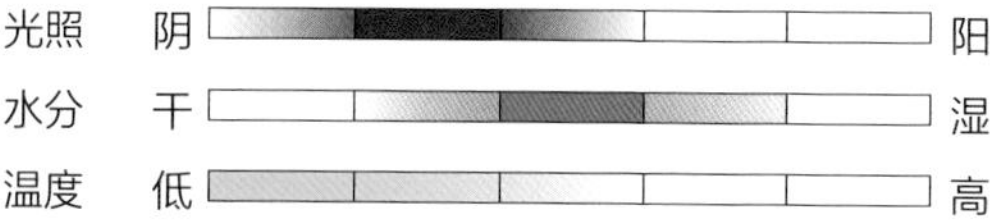

※ 简介

●单叶对生。花穗较大，花冠筒直，花白色至紫红色，喉部橙黄色，芳香，顶生狭长圆锥花序。

●性强健，较耐寒。

●可采用播种、扦插、分株等方法繁殖。

●产陕西及甘肃南部至华南、西南地区，日本也有分布，华北可露地栽培。常植于庭园观赏，花色丰富，有紫色、红色、暗红、白色及斑叶等品种。花可提制芳香油。

互叶醉鱼草

Buddleja alternifolia

醉鱼草科 醉鱼草属

※ 树形及树高

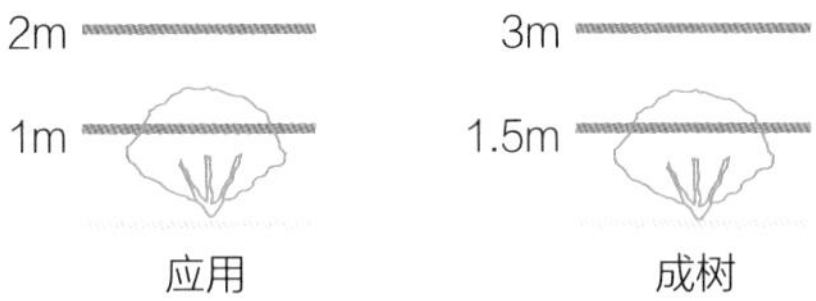

※ 功能及应用

●公园及公共绿地、风景区、庭园、建筑环境（含居住区）、医院、学校。

●孤植、丛植、群植。

※ 观赏时期

月	1	2	3	4	5	6	7	8	9	10	11	12
花					■	■	■					
叶			■	■	■	■	■	■	■	■	■	
实												

※ 区域生长环境

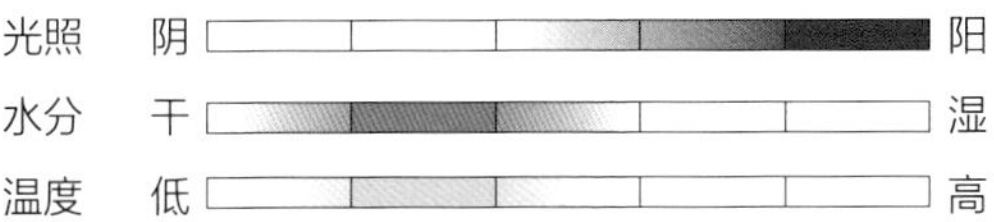

※ 简介

●单叶互生。花密集簇生于上年生枝的叶腋，花冠鲜紫红色或蓝紫色，芳香。

●耐寒，耐干旱瘠薄。

●可播种或扦插繁殖。

●产我国西北部。花美丽，开花期常引来蝴蝶流连，各地庭园时见栽培观赏。

迎春（迎春花）

Jasminum nudiflorum

木犀科 茉莉属

※ 树形及树高

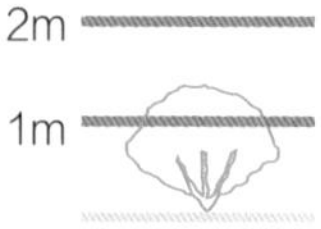

应用

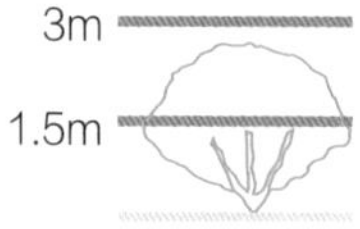

成树

※ 功能及应用

●公园及公共绿地、风景区、建筑环境（含居住区）、医院、学校、滨水。

●列植、丛植、列植、篱植。

※ 观赏时期

月	1	2	3	4	5	6	7	8	9	10	11	12
花		■	■	■								
叶			■	■	■	■	■	■	■	■	■	
实												

※ 区域生长环境

光照 阴 — 阳

水分 干 — 湿

温度 低 — 高

※ 简介

●小枝细长拱形，绿色。三出复叶对生。花黄色，单生，花冠通常六裂。先花后叶。

●喜光，稍耐阴，颇耐寒（-15℃），北京可露地栽培，耐旱，耐盐碱，怕涝，要求疏松肥沃和排水良好的沙质土。

●以扦插为主，也可用压条、分株繁殖。诱鸟。

●产山东、河南、陕西、山西、甘肃、四川、贵州、云南等地。是早春开花的美丽花灌木，可植于路缘、山坡、岸边作边坡绿化，也可栽作花篱、布置岩石园或作基础绿化。为河南省鹤壁市的市花。

紫丁香（丁香，华北紫丁香）

Syringa oblata

木犀科 丁香属

※ 树形及树高

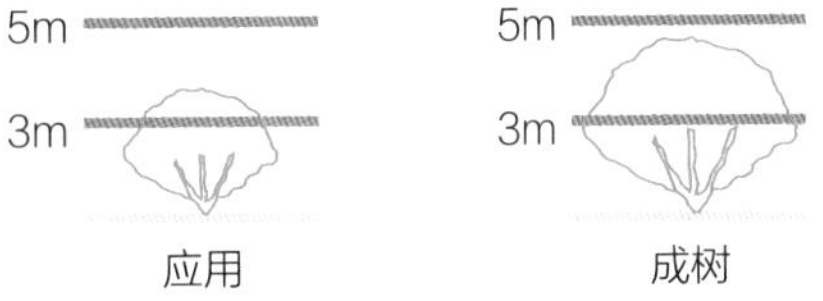

※ 功能及应用

●公园及公共绿地、风景区、庭园、建筑环境（含居住区）、医院、学校。

●孤植、丛植、群植。

※ 观赏时期

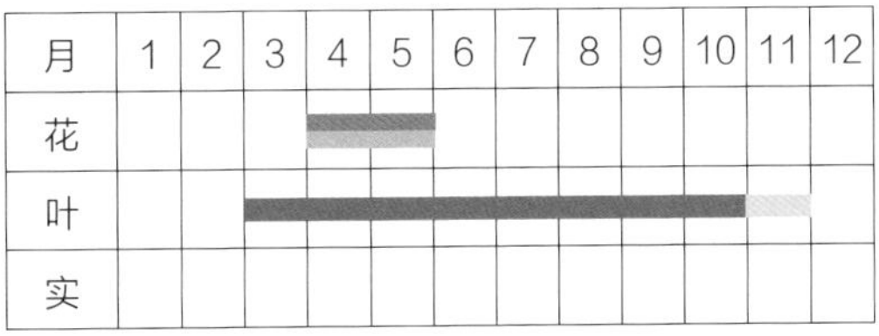

※ 区域生长环境

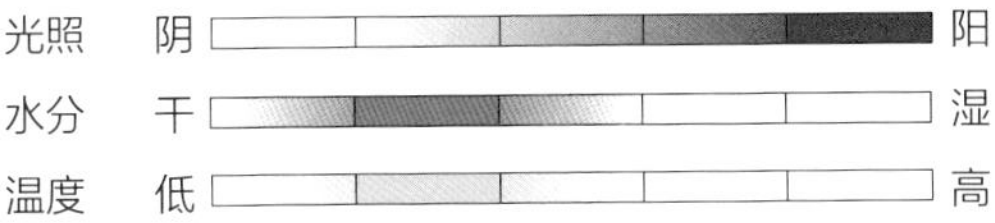

※ 简介

●叶一般心形，较宽，对生。花冠堇紫色，花筒细长，成密集圆锥花序，芳香。

●喜光，稍耐阴，耐寒，耐旱，忌低湿，喜湿润而排水良好的土壤。

●可扦插、嫁接、分株、压条繁殖。诱鸟。

●产我国东北南部、华北、内蒙古、西北及四川，朝鲜也有分布。为北方重要花木，植于草地、路缘及窗前都很合适。花可提制芳香油。为哈尔滨、呼和浩特及西宁市的市花。

白丁香

Syringa oblata 'Alba'

木犀科 丁香属

※ 树形及树高

※ 功能及应用

●公园及公共绿地、风景区、庭园、建筑环境（含居住区）、医院、学校。

●孤植、丛植、群植。

※ 观赏时期

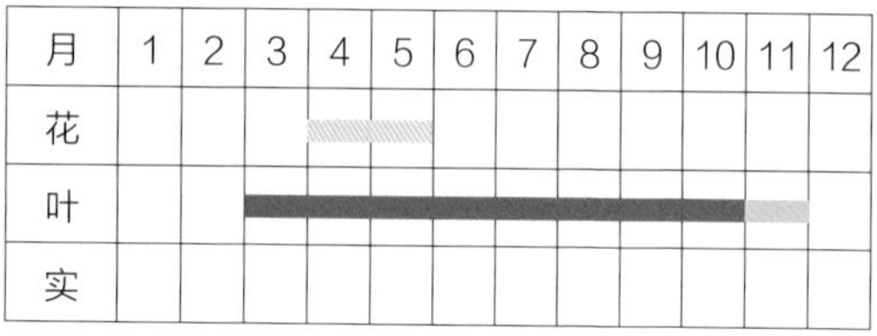

※ 区域生长环境

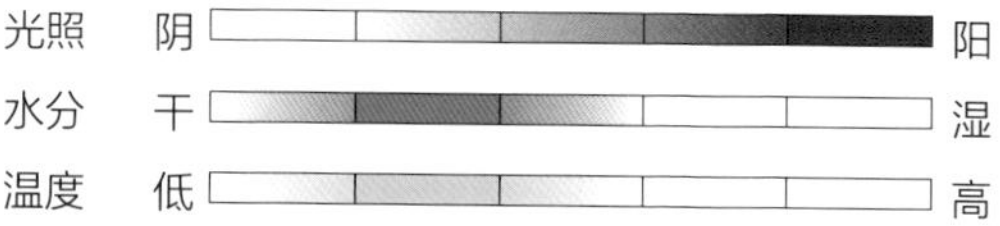

※ 简介

●叶一般心形，较宽，对生。花密而洁白、素雅而清香。

●耐旱，耐寒，喜光，稍耐阴。

●可通过扦插、嫁接、分株、压条多种方法繁殖。

●原产中国华北地区，长江以北地区均有栽培，尤以华北、东北为多。

欧洲丁香（洋丁香）

Syringa vulgaris

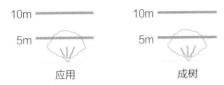

木犀科 丁香属

※ 树形及树高

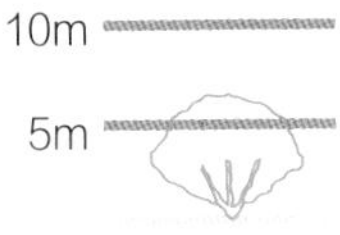

应用

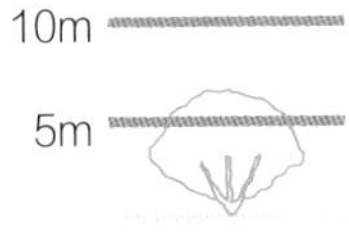

成树

※ 功能及应用

●公园及公共绿地、风景区、庭园、建筑环境（含居住区）、医院、学校。

●孤植、丛植、群植。

※ 观赏时期

月	1	2	3	4	5	6	7	8	9	10	11	12
花												
叶												
实												

※ 区域生长环境

光照 阴 阳

水分 干 湿

温度 低 高

※ 简介

●叶长卵心形，对生。花白色或蓝紫色、紫红色，单瓣或重瓣，如白花重瓣的‘佛手’丁香（‘Albo-plena’，右图 5）品种众多。

●喜阳光充足，耐寒，不耐热，耐旱，有较强的抗逆性，喜湿润而排水良好的肥沃土壤。

●原产欧洲中部及东南部，我国北方城市如北京、哈尔滨、青岛、沈阳、西安等城市广泛栽培。

花叶丁香（波斯丁香）

Syringa × persica

木犀科 丁香属

※ 树形及树高

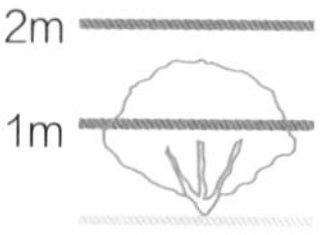

应用

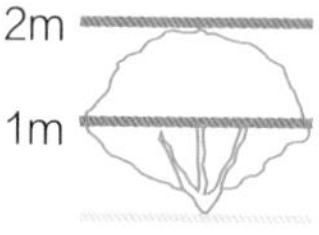

成树

※ 功能及应用

●公园及公共绿地、风景区、庭园、建筑环境（含居住区）、医院、学校。

●孤植、丛植、群植。

※ 观赏时期

月	1	2	3	4	5	6	7	8	9	10	11	12
花					■							
叶			■	■	■	■	■	■	■	■	□	
实												

※ 区域生长环境

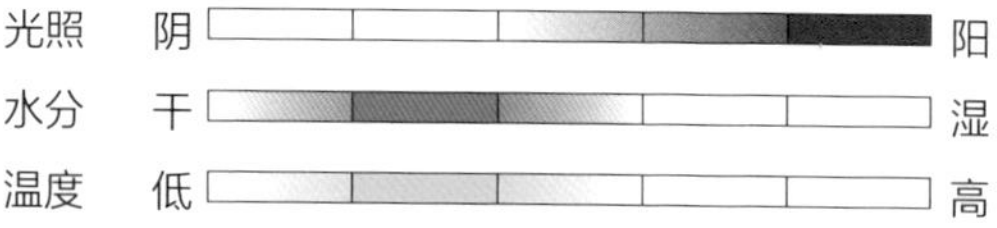

※ 简介

●单叶对生。花蓝紫色，花冠筒细，有香气，成疏散之圆锥花序。

●耐旱，耐寒，耐瘠薄，适应性强，对土壤要求不严。

●播种、扦插、嫁接、分株均可繁殖。

●有白花‘Alba’、红花‘Rubra’、粉红花‘Rosea’等品种。

●我国甘肃、四川、西藏及伊朗、印度有分布。在亚洲久经栽培，我国北部常植于庭园观赏。

裂叶丁香（羽裂丁香）

Syringa laciniata

木犀科　丁香属

※ 树形及树高

应用　　成树

※ 功能及应用

●公园及公共绿地、风景区、庭园、建筑环境（含居住区）、医院、学校。

●孤植、丛植、群植。

※ 观赏时期

月	1	2	3	4	5	6	7	8	9	10	11	12
花				■	■							
叶			■	■	■	■	■	■	■	■	■	
实												

※ 区域生长环境

光照　阴 ⟶ 阳

水分　干 ⟶ 湿

温度　低 ⟶ 高

※ 简介

●叶大部或全部羽状深裂。花淡紫色，有香气，花序侧生，在枝条上部呈圆锥花序状。

●耐旱，耐寒，喜光，稍耐阴。

●可扦插、分株或压条繁殖。

●与华北丁香很相似，但其花粉粒大部分为不育，可能是华北丁香与欧洲丁香的杂交种。北方地区园林绿地有栽培。

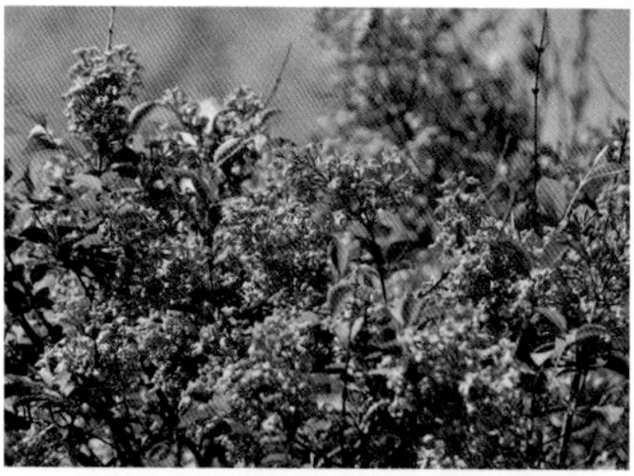

什锦丁香

Syringa × chinensis

木犀科 丁香属

※ 树形及树高

※ 功能及应用

●公园及公共绿地、风景区、庭园、建筑环境(含居住区)、医院、学校。

●孤植、丛植、篱植、群植。

※ 观赏时期

月	1	2	3	4	5	6	7	8	9	10	11	12
花												
叶												
实												

※ 区域生长环境

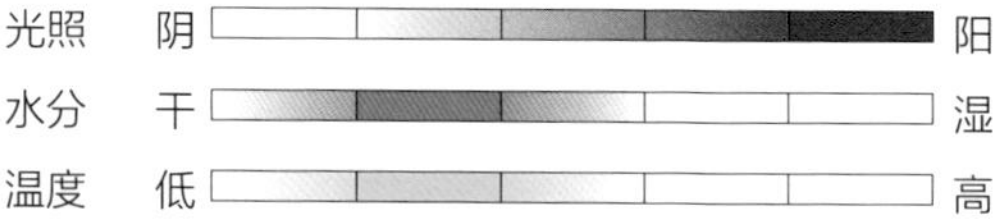

※ 简介

●单叶对生。花淡紫红色，芳香。圆锥花序大而疏散。

●喜光，稍耐阴，喜温暖及湿润气候，耐旱，耐寒。

●主要采用嫁接和扦插繁殖。

●有白花‘Alba’、淡玫瑰紫‘Metensis’、红花‘Sangeana’、重瓣‘Duplex’、矮生‘Nana’等品种。

●原产欧洲，1777年法国Rouen植物园用欧洲丁香和花叶丁香杂交育成，是园景及花篱的好材料。

小叶丁香（小叶巧玲花，四季丁香）

Syringa pubescens subsp. *microphylla*

木犀科　丁香属

※ 树形及树高

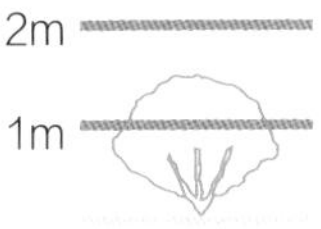

应用

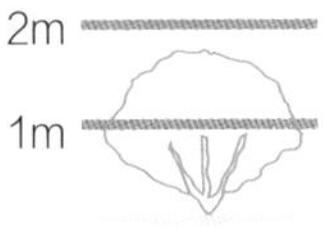

成树

※ 功能及应用

●公园及公共绿地、风景区、庭园、建筑环境（含居住区）、医院、学校。

●孤植、丛植、群植。

※ 观赏时期

月	1	2	3	4	5	6	7	8	9	10	11	12
花				■	■				■			
叶			■	■	■	■	■	■	■	■	□	
实												

※ 区域生长环境

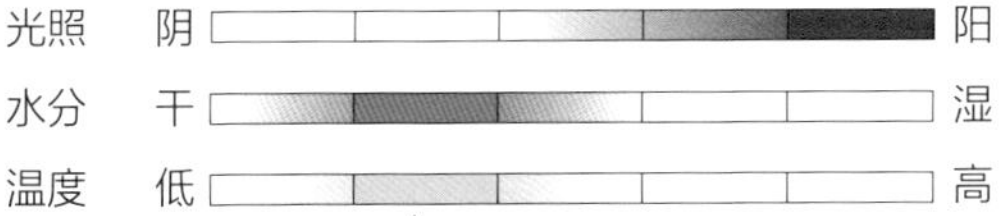

※ 简介

●单叶对生。花淡紫或粉红色，芳香，圆锥花序较松散，一年中能春秋两季开花。

●耐旱，耐寒。

●可播种繁殖。

●有品种‘Superba’(‘华丽’)等。

●产我国北部及中西部。宜作基础种植或花境种植。

蓝丁香

Syringa meyeri

木犀科 丁香属

※ 树形及树高

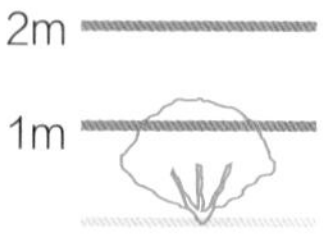

应用

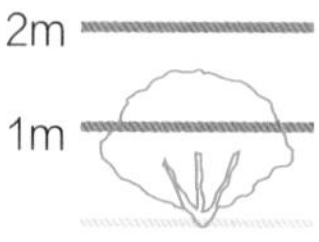

成树

※ 功能及应用

●公园及公共绿地、风景区、庭园、建筑环境（含居住区）、医院、学校。

●孤植、丛植、群植。

※ 观赏时期

月	1	2	3	4	5	6	7	8	9	10	11	12
花				■	■							
叶			■	■	■	■	■	■	■	■	□	
实												

※ 区域生长环境

光照 阴 — 阳

水分 干 — 湿

温度 低 — 高

※ 简介

●单叶对生。花暗蓝紫色，花冠筒细长。

●耐旱，耐寒，耐瘠薄，喜土壤肥沃、湿润而排水良好，忌在低洼地种植。

●播种、扦插、嫁接、分株、压条繁殖。

●产太行山脉南端、山西南部和河南北部，我国北方园林中常见栽培观赏。宜作基础种植或花境栽植。

连翘（黄绶带）

Forsythia suspensa

木犀科 连翘属

※ 树形及树高

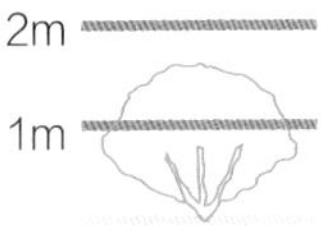

应用

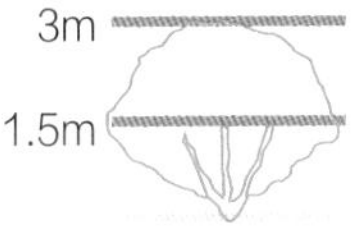

成树

※ 功能及应用

●公园及公共绿地、风景区、庭园、建筑环境（含居住区）、医院、学校。

●孤植、丛植、群植。

※ 观赏时期

月	1	2	3	4	5	6	7	8	9	10	11	12
花												
叶												
实												

※ 区域生长环境

光照 阴  阳

水分 干  湿

温度 低  高

※ 简介

●单叶，有时有三裂叶。拱枝，茎中空。花亮黄色。先花后叶。

●喜光，耐寒，耐干旱，忌涝。

●以扦插繁殖为主，也可用压条、分株或播种繁殖。诱鸟。

●有金叶‘Aurea’（右图 4）、金斑叶‘Variegata’等品种。

●主产我国长江以北地区。春季开花，满枝金黄，是华北习见的观赏花木，宜植于庭园、绿地观赏，也可作基础种植。

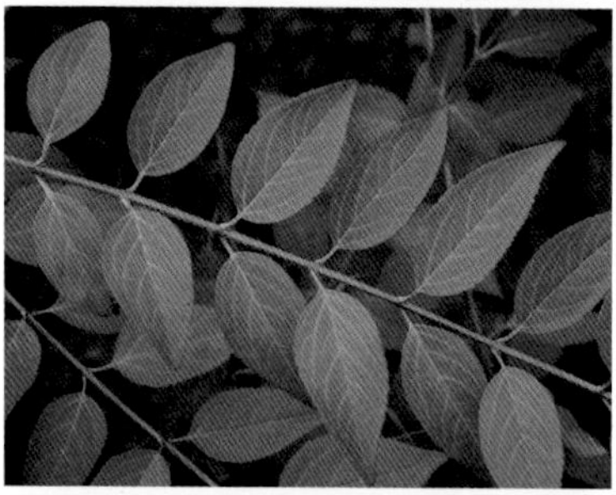

金钟花

Forsythia viridissima

木犀科 连翘属

※ 树形及树高

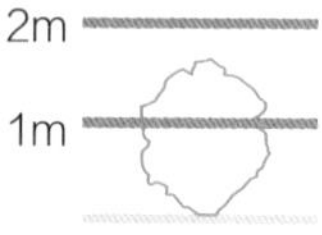

应用

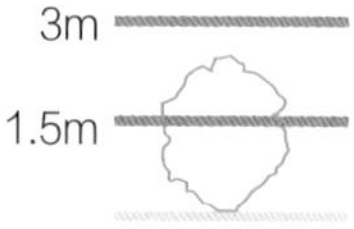

成树

※ 功能及应用

吸收有害气体，对二氧化硫及氟化氢有较强抗性

●公园及公共绿地、庭园、道路、风景区、庭园、建筑环境（含居住区）、医院、学校。

●孤植、丛植、群植。

※ 观赏时期

月	1	2	3	4	5	6	7	8	9	10	11	12
花												
叶												
实												

※ 区域生长环境

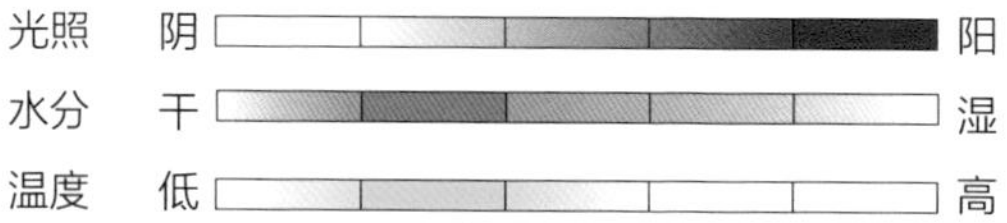

※ 简介

●单叶对生。枝条较直立，小枝中具片状髓。花金黄色。先花后叶。

●耐热，有一定耐寒性，喜光又耐半阴，耐旱，耐湿。

●以扦插繁殖为主，也可用压条、分株或播种繁殖。

●主产我国长江流域，南北各地园林中常见栽培。宜植于草坪、路边、建筑角隅、岩石假山下，也可在建筑前作基础种植。

金钟连翘（杂种连翘）

Forsythia × *intermedia*

木犀科　连翘属

※ 树形及树高

应用　　成树

※ 功能及应用

●公园及公共绿地、风景区、庭园、建筑环境（含居住区）、医院、学校。

●孤植、丛植、篱植、群植。

※ 观赏时期

月	1	2	3	4	5	6	7	8	9	10	11	12
花												
叶												
实												

※ 区域生长环境

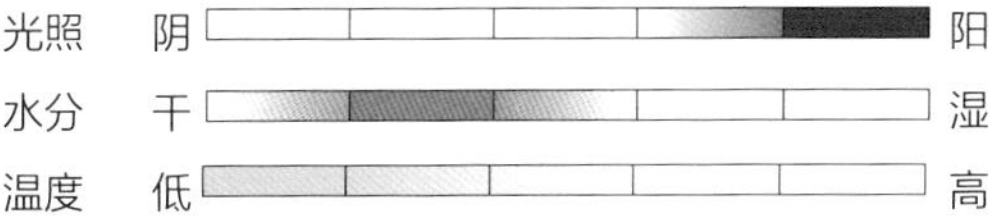

※ 简介

●为金钟花与连翘的杂交品种，性状介于二者之间。偏直立。花较大，早春开花，花开繁茂。先花后叶。

●强阳性树种，耐干旱。宜栽于土壤深厚处，抗寒性强。

●扦插繁殖为主。

●有密花连翘‘Spectabilis’、矮生连翘‘Arnold Dwarf’等品种。

●华北广泛栽培。

翅果连翘（白花连翘，糯米条叶）

Abeliophyllum distichum

木犀科 翅果连翘属

※ 树形及树高

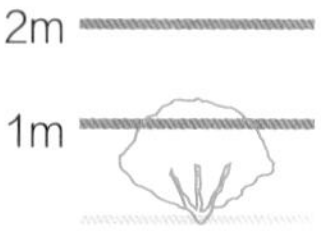

应用

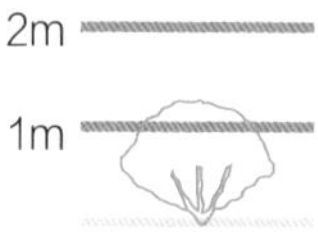

成树

※ 功能及应用

●公园及公共绿地、风景区、庭园、医院、学校。

●孤植、丛植、群植。

※ 观赏时期

月	1	2	3	4	5	6	7	8	9	10	11	12
花			▬	▬								
叶					▬	▬	▬	▬	▬	▬	▬	
实												

※ 区域生长环境

光照 阴 阳

水分 干 湿

温度 低 高

※ 简介

●单叶对生。早春开花，花较小，乳白色。果实具翅。先花后叶。

●喜光，喜湿润，耐半阴，耐干旱，抗寒性强，要求排水良好的壤土。

●在东北应用较多，可用于林缘、疏林及干旱缓坡点缀。

雪柳

Fontanesia fortunei

木犀科　雪柳属

※ 树形及树高

※ 功能及应用

●公园及公共绿地、风景区、庭园、建筑环境（含居住区）、林地、医院、学校、工矿区。

●片植、篱植、列植。

※ 观赏时期

月	1	2	3	4	5	6	7	8	9	10	11	12
花												
叶			■	■	■	■	■	■	■			
实												

※ 区域生长环境

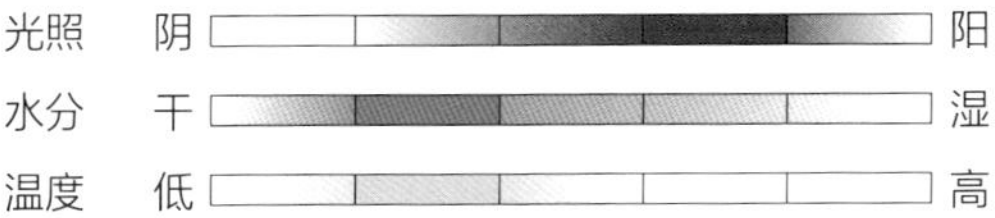

※ 简介

●单叶对生。花绿白色或黄白色。小坚果扁，周围有翅。

●喜光，稍耐阴，耐寒，适应性强，耐水湿，喜肥沃而排水良好的土壤。

●播种、扦插或压条繁殖。

●主产黄河流域至长江下游地区。在我国北方地区可栽作绿篱或配植于林带外缘，也可用于防护绿地及居住区绿化。

糯米条

Abelia chinensis

忍冬科 六道木属

※ 树形及树高

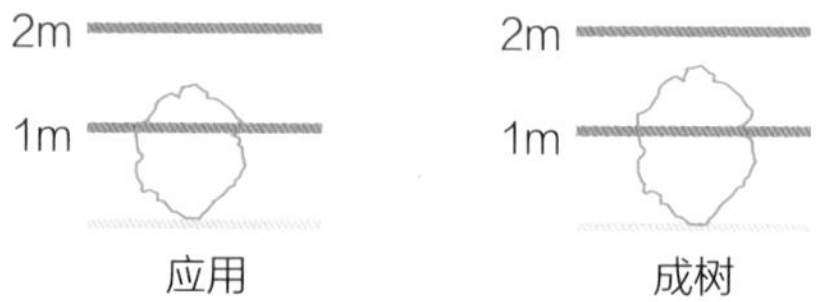

※ 功能及应用

●公园及公共绿地、风景区、庭园、医院、学校。

●孤植、丛植、群植。

※ 观赏时期

月	1	2	3	4	5	6	7	8	9	10	11	12
花												
叶												
实												

※ 区域生长环境

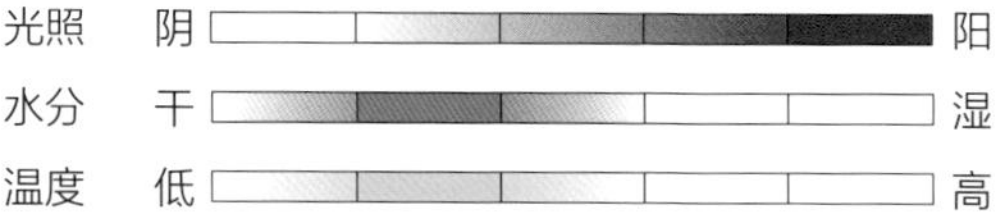

※ 简介

●单叶对生。花冠漏斗状，白色或带粉红色，芳香，萼片粉红色，密集聚伞花序在枝稍复成圆锥状，花期长，花后宿存萼片变红。

●喜光，稍耐阴，耐干旱瘠薄，有一定耐寒性。

●可播种、扦插繁殖。

●有红萼、绿萼、繁华、小花、微型等品种。

●产长江以南各地，北京有栽植。花繁密而芳香，常植于庭园观赏。

猬实（蝟实）

Kolkwitzia amabilis

忍冬科 猬实属

※ 树形及树高

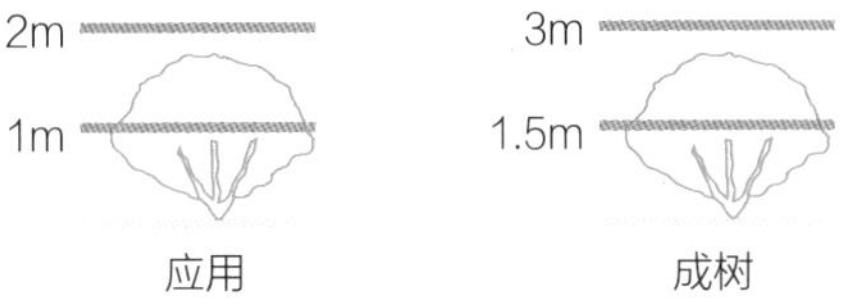

※ 功能及应用

●公园及公共绿地、庭园、风景区、庭园、建筑环境（含居住区）、医院、学校。

●孤植、丛植、群植。

※ 观赏时期

月	1	2	3	4	5	6	7	8	9	10	11	12
花												
叶												
实												

※ 区域生长环境

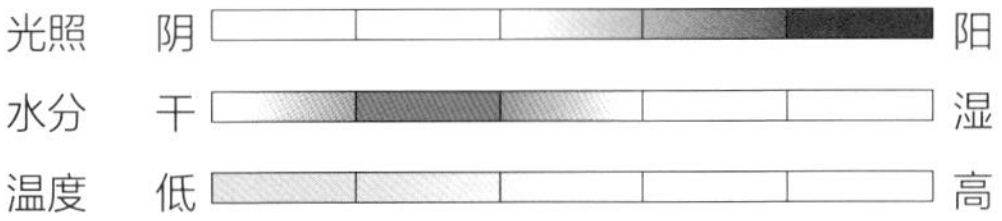

※ 简介

●单叶对生。花成对，花冠钟状，粉红色，喉部黄色，顶生伞房状聚伞花序。果红褐色，密生针刺，形似刺猬。

●喜光，颇耐寒，耐旱，喜排水良好的土壤。

●播种、扦插及分株繁殖。

●我国中部及西部特产，在北京能露地栽培。花繁密而美丽，果形奇特，是优良的观花赏果灌木。有金叶品种（右图5）。

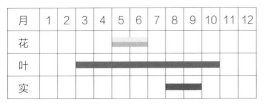

锦带花

Weigela florida

忍冬科 锦带花属

※ 树形及树高

※ 功能及应用

对氯化氢等有毒气体抗性强

●公园及公共绿地、庭园、风景区、庭园、建筑环境（含居住区）、医院、学校。

●孤植、丛植、群植。

※ 观赏时期

月	1	2	3	4	5	6	7	8	9	10	11	12
花												
叶												
实												

※ 区域生长环境

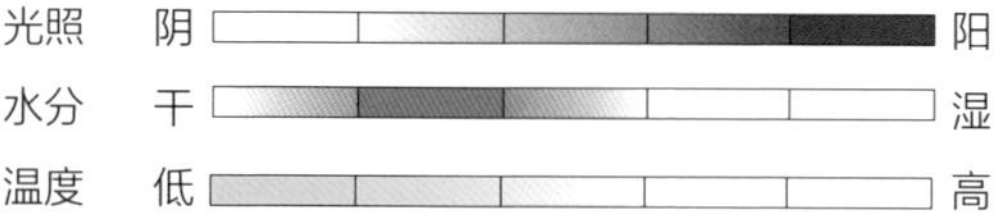

※ 简介

●单叶对生。花粉红或粉白色，漏斗形，花萼一般裂至1/2，通常3~4朵成聚伞花序。还有花叶、金叶等品种。

●喜光，耐半阴，耐寒，耐干旱贫瘠，怕水涝，以深厚、湿润而腐殖质丰富的土壤生长最好。

●可播种、扦插或压条繁殖。

●产我国东北南部、内蒙古、华北及河南、江西等地，朝鲜、日本、俄罗斯也有分布。花朵繁密而艳丽，花期长，可种植于湖畔、溪边、假山周围，林缘及庭园墙隅，是北方园林中重要观花灌木之一。

红花锦带花（‘红王子’锦带）

Weigela florida 'Red Prince'

忍冬科 锦带花属

※ 树形及树高

应用　　成树

※ 功能及应用

●公园及公共绿地、风景区、庭园、建筑环境（含居住区）、医院、学校。

●孤植、丛植、群植、篱植。

※ 观赏时期

月	1	2	3	4	5	6	7	8	9	10	11	12
花					■		■	■				
叶			■	■	■	■	■	■	■	■		
实												

※ 区域生长环境

光照　阴　　阳

水分　干　　湿

温度　低　　高

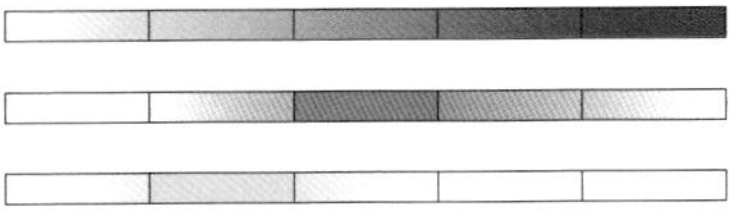

※ 简介

●单叶对生。花鲜红色，繁密而下垂，花期长，在北京常两次开花。

●喜阳，耐阴，抗性强，喜深厚、湿润而腐殖质丰富的土壤，怕水涝。

●可采用播种、扦插、分株或压条等多种方法进行繁殖。

●从美国引进，长江流域及其以北地区园林中多有栽培。

海仙花

Weigela coraeensis

忍冬科 锦带花属

※ 树形及树高

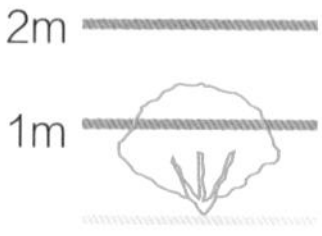

应用

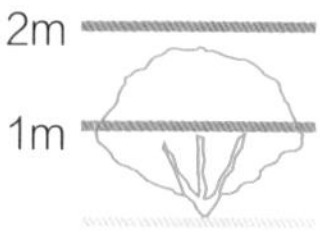

成树

※ 功能及应用

●公园及公共绿地、风景区、庭园、建筑环境（含居住区）、医院、学校。

●孤植、丛植、群植。

※ 观赏时期

月	1	2	3	4	5	6	7	8	9	10	11	12
花												
叶												
实												

※ 区域生长环境

光照 阴 阳

水分 干 湿

温度 低 高

※ 简介

●单叶对生。花冠漏斗状钟形，初开时黄白色，后渐变紫红色。

●喜光，稍耐阴，有一定耐寒性，北京可露地过冬，喜湿润、肥沃土壤。

●主要采用扦插、播种、分株等方法繁殖，生产中常用扦插繁殖。

●有白海仙花‘Alba’、红海仙花‘Rubriflora’等品种。

●原产日本，我国华东及华北地区常见栽培。

香荚蒾（香探春）

Viburnum farreri

忍冬科 荚蒾属

※ 树形及树高

应用 成树

※ 功能及应用

●公园及公共绿地、风景区、庭园、建筑环境（含居住区）、医院、学校。

●孤植、丛植、群植。

※ 观赏时期

月	1	2	3	4	5	6	7	8	9	10	11	12
花				■	■							
叶			■	■	■	■	■	■	■	■	■	
实									■	■		

※ 区域生长环境

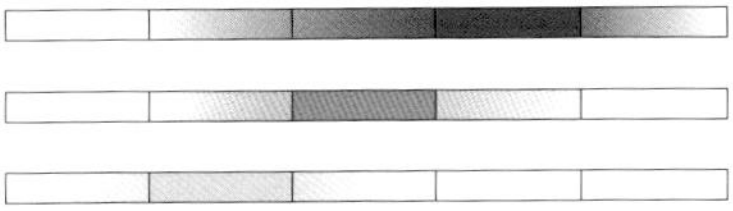

光照 阴 阳

水分 干 湿

温度 低 高

※ 简介

●单叶对生。花冠高脚碟状，白色或略带粉红色，圆锥花序，香味浓。核果红色。

●喜光，耐寒，略耐阴，喜湿润、肥沃、疏松土壤。

●萌蘖能力强。可播种、扦插繁殖。

●有白花‘Album’、矮生‘Nanum’等品种。

●产河南、甘肃、青海、新疆等地，华北园林中常见栽培。本种花期早而芳香，花序及花型颇似白丁香。

天目琼花（鸡树条荚蒾）

Viburnum sargentii（*Viburnum opulus* subsp. *calvescens*）

忍冬科 荚蒾属

※ 树形及树高

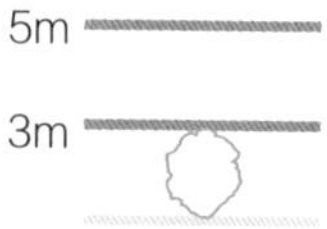

应用

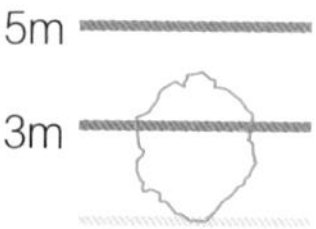

成树

※ 功能及应用

●公园及公共绿地、风景区、庭园、建筑环境（含居住区）、医院、学校。

●孤植、丛植、群植。

※ 观赏时期

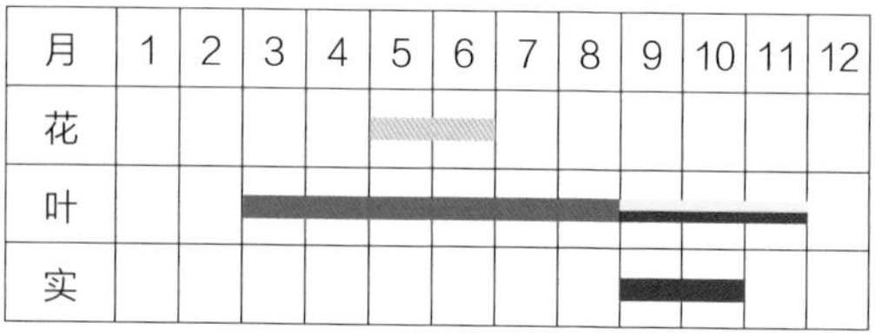

※ 区域生长环境

光照 阴 — 阳

水分 干 — 湿

温度 低 — 高

※ 简介

●叶对生，通常3裂，掌状。复伞形式聚伞花序，不孕花白色。果实红色，近圆形。

●对土壤要求不严，在微酸性及中性土壤上都能生长。

●播种繁殖。

●全国分布较多，北方主要在东北、河北、山西、陕西、甘肃等地。宜作公园灌丛、基础绿化、疏林点缀等。

欧洲荚蒾（欧洲琼花）

Viburnum lantana

忍冬科　荚蒾属

※ 树形及树高

应用　成树

※ 功能及应用

●公园及公共绿地、风景区、庭园、医院、学校。

●孤植、丛植、群植。

※ 观赏时期

月	1	2	3	4	5	6	7	8	9	10	11	12
花												
叶												
实												

※ 区域生长环境

光照　阴　阳

水分　干　湿

温度　低　高

※ 简介

●叶对生，3 裂，有时 5 裂。聚伞花序再集成伞形复花序，花冠白色。核果近球形，红色而半透明状。秋叶暗红色。

●喜光，稍耐阴，怕旱又怕涝，较耐寒，对土壤要求不严，以湿润、肥沃、排水良好的壤土为宜。

●萌芽、萌蘖能力强。可扦插、播种、压条繁殖。果熟时吸引鸟类。

●有金叶‘Aureum’、斑叶‘Variegatum’、变色叶‘Versicolor’、欧洲雪球‘Roseum’（右图 4、图 5）等品种。

●产欧洲及亚洲西部，久经栽培。本种花、果美丽，秋季叶色红艳，是优良的观赏灌木，广泛应用于园林绿地。

金银木（金银忍冬）

Lonicera maackii

忍冬科　忍冬属

※ 树形及树高

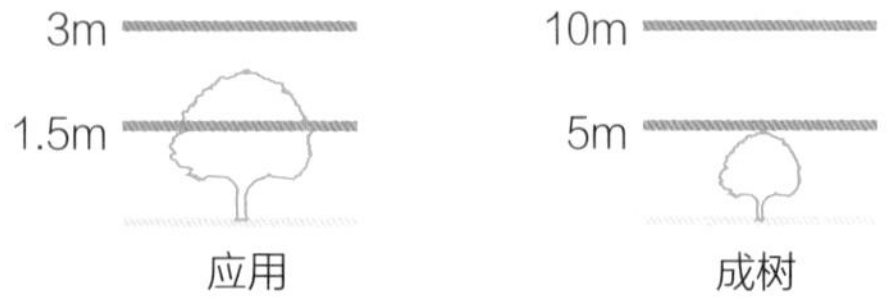

※ 功能及应用

●公园及公共绿地、风景区、庭园、建筑环境（含居住区）、医院、学校。

●孤植、丛植、群植。

※ 观赏时期

月	1	2	3	4	5	6	7	8	9	10	11	12
花				■	■	■						
叶			■	■	■	■	■	■	■	■		
实									■	■		

※ 区域生长环境

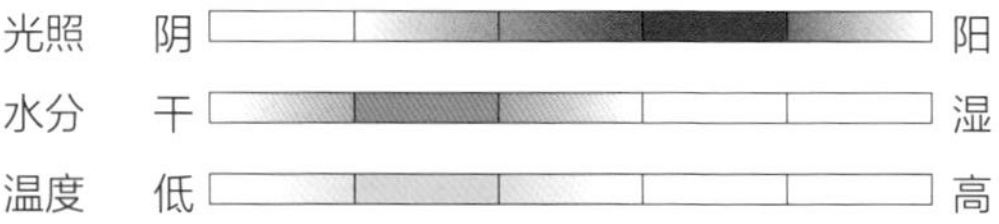

※ 简介

●单叶对生。花成对腋生，花冠二唇形，白色，后变黄色。浆果成熟时红色。

●性强健，耐寒，耐旱，管理简单。

●可播种和扦插繁殖。诱鸟，鸟类可食其果实。

●产东北、华北、华东、陕西、甘肃至西南地区，朝鲜、日本、俄罗斯也有分布。是园林绿地中良好的观花、观果树种。

鞑靼忍冬（新疆忍冬）
Lonicera tatarica

忍冬科 忍冬属

※ 树形及树高

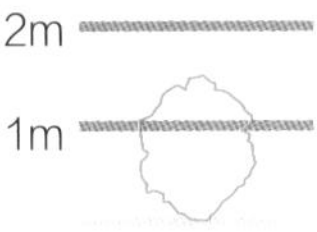

应用

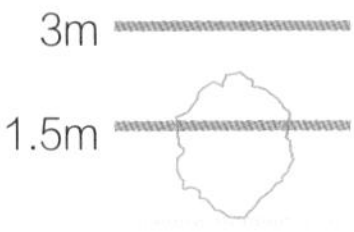

成树

※ 功能及应用

对不良环境有较强的抗性

●公园及公共绿地、风景区、庭园、建筑环境（含居住区）、工矿区、医院、学校。

●孤植、丛植、群植。

※ 观赏时期

月	1	2	3	4	5	6	7	8	9	10	11	12
花					■	■	■					
叶			■	■	■	■	■	■	■	■		
实							■	■	■			

※ 区域生长环境

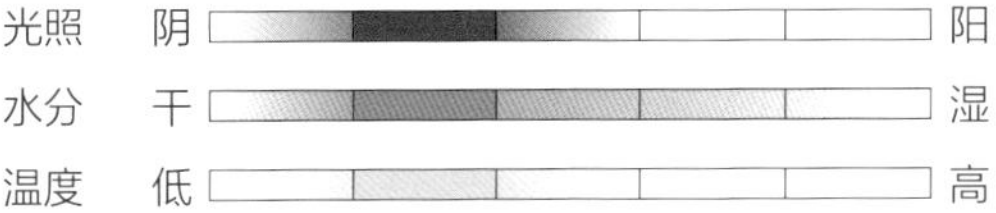

※ 简介

●单叶对生。花冠二唇形，粉红、红或白色。浆果红色，晶莹剔透。

●耐旱，耐寒，耐阴，耐水湿，对土壤要求不严，耐瘠薄。

●可用扦插繁殖和播种繁殖。

●有白花‘Alba’、大花纯白‘Grandiflora’、大花粉红‘Virginalis’、浅粉‘Albo-rosea’、深红‘Arnold Red’、黄果‘Lutea’等品种。

●产欧洲东部至西伯利亚，我国新疆北部有分布，华北及东北地区有栽培，供观赏。是优良的厂矿绿化树种。

葱皮忍冬（秦岭忍冬）

Lonicera ferdinandi（*ferdinandii*）

忍冬科 忍冬属

※ 树形及树高

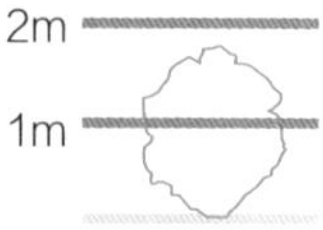

应用

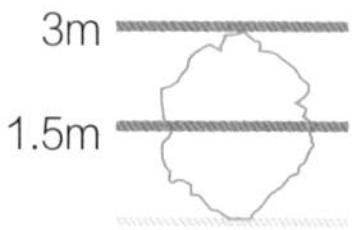

成树

※ 功能及应用

●公园及公共绿地、风景区、庭园。

●孤植、丛植、群植。

※ 观赏时期

月	1	2	3	4	5	6	7	8	9	10	11	12
花					■	■						
叶			■	■	■	■	■	■	■	■		
实									■	■		

※ 区域生长环境

光照 阴 阳

水分 干 湿

温度 低 高

※ 简介

●茎皮如葱皮呈薄片状剥落。单叶对生。花成对腋生，花冠二唇形，鲜黄色。果为坛状壳斗所包，成熟后裂开，露出红色浆果。

●喜光，耐阴，耐旱，耐水湿，不耐寒，对土壤要求不严。

●可用播种、扦插、分株繁殖。

●产我国东北南部、山西、河南、山西、甘肃南部及四川北部等地，北京和东北一些城市有栽培，供庭园观赏。

雪果（毛核木）

Symphoricarpus albus

忍冬科 毛核木属

※ 树形及树高

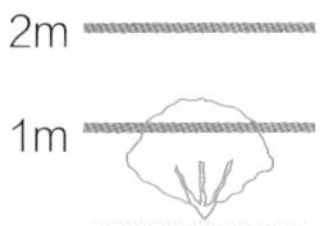

应用

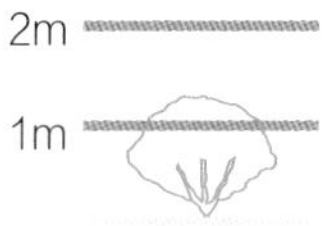

成树

※ 功能及应用

●公园及公共绿地、风景区、庭园、医院、学校。

●孤植、丛植、篱植、群植。

※ 观赏时期

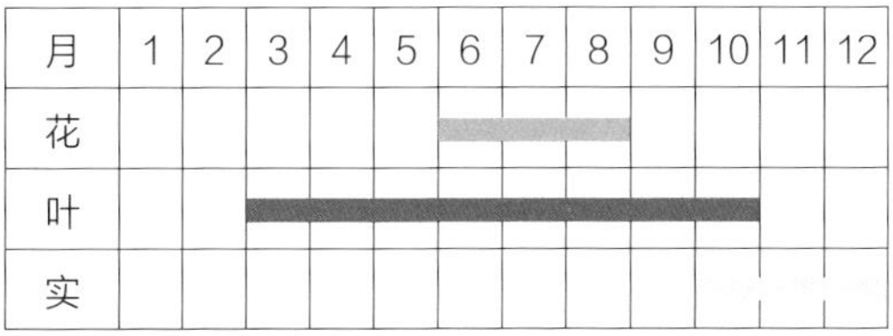

※ 区域生长环境

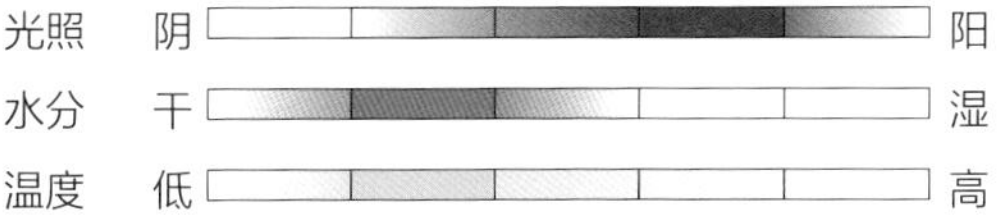

※ 简介

●单叶对生。花冠钟形，粉红色，1~3 朵簇生。浆果白色，蜡质。

●喜光，稍耐阴，耐干旱，耐寒性适中，耐瘠薄和石灰性土壤。

●可扦插、分株、播种繁殖。

●分布于中国陕西、甘肃南部、湖北西部、四川东部、云南北部和广西等。可植于庭园赏其白果，或栽作果篱。

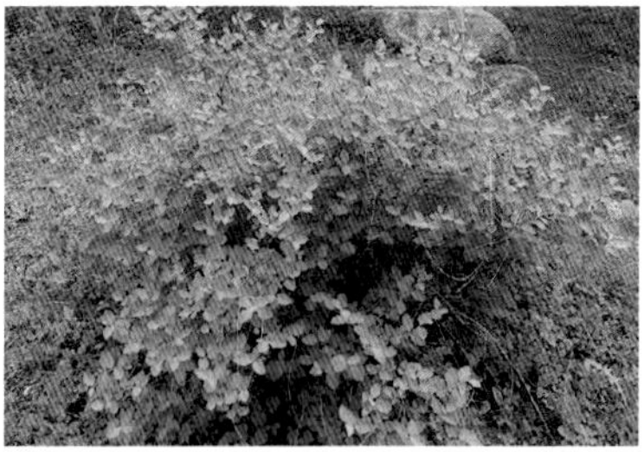

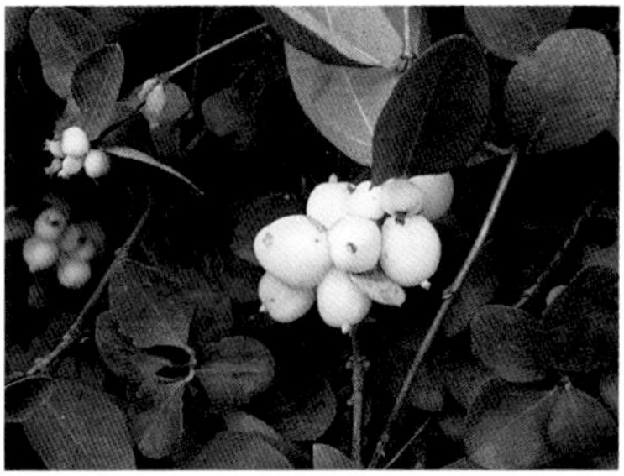

接骨木

Sambucus williamsii

忍冬科 接骨木属

※ 树形及树高

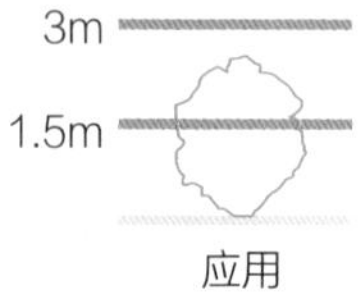

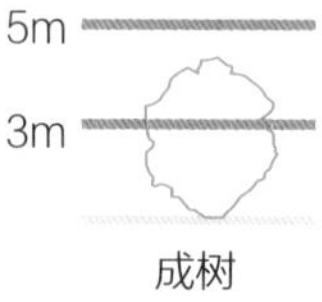

※ 功能及应用

抗污染性强

●公园及公共绿地、风景区。

●孤植、丛植、群植。

※ 观赏时期

月	1	2	3	4	5	6	7	8	9	10	11	12
花				■	■							
叶			■	■	■	■	■	■	■	■		
实							■	■	■			

※ 区域生长环境

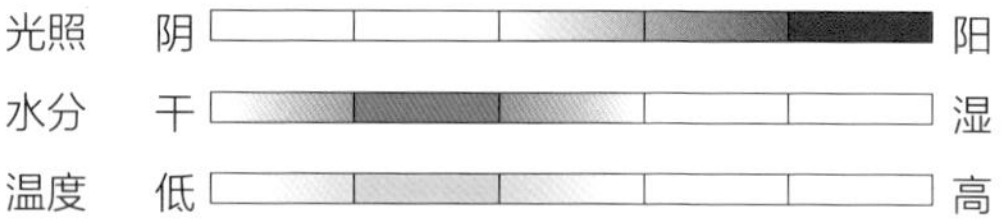

※ 简介

●羽状复叶对生，叶揉碎后有臭味。花小而白色，成顶生圆锥花序。核果浆果状，红色或蓝紫色。

●性强健，喜光，耐寒，耐旱，忌水涝，以肥沃 、疏松的土壤为好。

●萌蘖能力强。播种、扦插、分株均可繁殖。

●产我国东北、华北、华东、华中、西北及西南地区。本种枝叶茂盛，红果累累，宜植于园林绿地观赏。

西洋接骨木

Sambucus nigra

忍冬科 接骨木属

※ 树形及树高

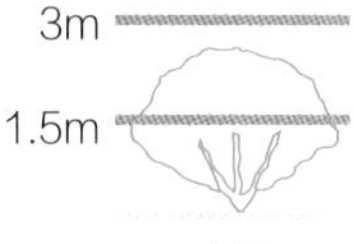

应用

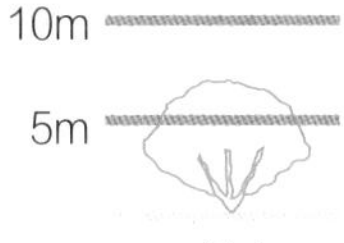

成树

※ 功能及应用

! 花有臭味

●公园及公共绿地、风景区。

●孤植、丛植、群植。

※ 观赏时期

月	1	2	3	4	5	6	7	8	9	10	11	12
花												
叶			■	■	■	■	■	■	■	■		
实									■	■		

※ 区域生长环境

光照 阴 阳

水分 干 湿

温度 低 高

※ 简介

●羽状复叶对生，小叶（3）5~7。花黄白色，成聚伞花序。核果亮黑色。

●喜光，亦耐阴，较耐寒，耐旱，忌水涝。

●播种、扦插、分株均可繁殖。

●有品种粉花‘Roseiflora’、重瓣‘Plena’、银边‘Albo-marginata’、紫叶‘Purpurea’、裂叶‘Laciniata’等，而园林中的金叶裂叶接骨木实为另一种加拿大接骨木的品种 *S. canadensis*‘Aurea'。

●原产欧洲及西亚，北方广泛栽培。花期味过浓，不宜在较郁闭空间密植。

蚂蚱腿子

Myripnois dioica

菊科 蚂蚱腿子属

※ 树形及树高

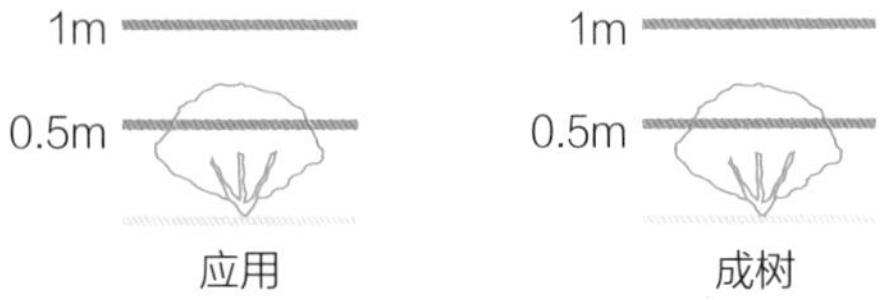

※ 功能及应用

●公园及公共绿地、风景区、林地、医院、学校。

●丛植、片植。

※ 观赏时期

月	1	2	3	4	5	6	7	8	9	10	11	12
花												
叶												
实												

※ 区域生长环境

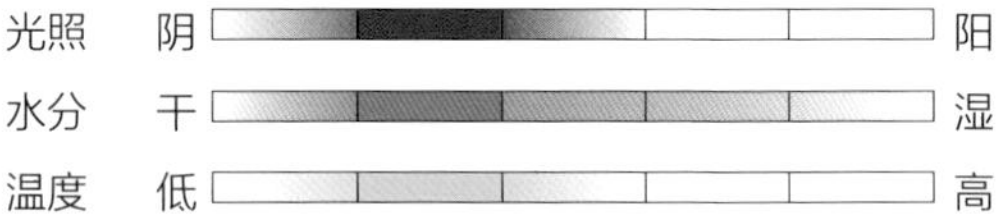

※ 简介

●单叶互生。头状花序腋生，常有 5（~10）朵花，雌花花冠舌状，淡紫色，两性花冠筒状二唇形，花白色，后期变红，花芳香。

●耐寒，耐旱，耐阴，耐水湿，对土壤要求不严。

●种子繁殖。

●产内蒙古东南部、辽宁西部、河北、山西、河南和陕西。适合冷凉地区栽植观赏，可作水土保持树种。

紫竹

Phyllostachys nigra

禾本科 刚竹属

※ 竹形及竹高

应用

成树

※ 功能及应用

●公园及公共绿地、风景区、庭园。

●丛植、片植。

※ 观赏时期

月	1	2	3	4	5	6	7	8	9	10	11	12
花												
叶	■	■	■	■	■	■	■	■	■	■	■	■
实												

※ 区域生长环境

光照 阴 阳

水分 干 湿

温度 低 高

※ 简介

●新秆绿，老秆紫黑。

●阳性，喜温暖湿润气候，耐寒，以土层深厚、肥沃、湿润而排水良好的酸性土壤最宜。

●母株繁殖。

●原产中国，我国各地有栽培。优良园林观赏竹种。

筠竹（斑钓竹）

Phyllostachys glauca 'Yun zhu'

禾本科 刚竹属

※ 竹形及竹高

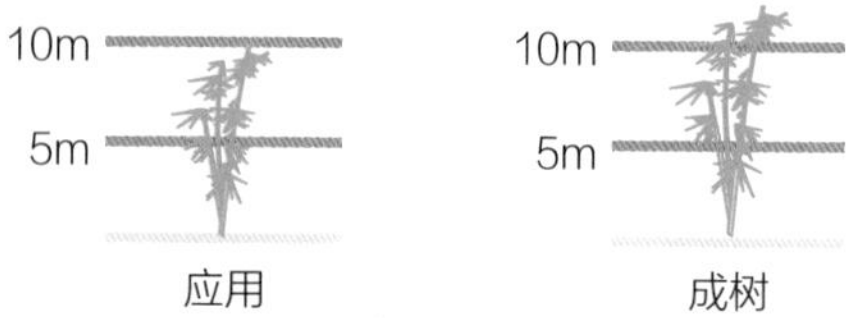

※ 功能及应用

●公园及公共绿地、风景区、庭园。

●丛植、片植。

※ 观赏时期

月	1	2	3	4	5	6	7	8	9	10	11	12
花												
叶	■	■	■	■	■	■	■	■	■	■	■	■
实												

※ 区域生长环境

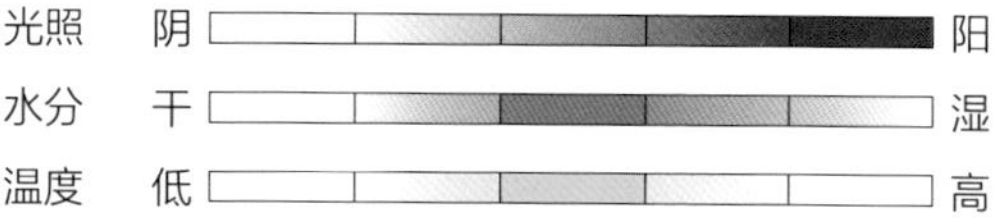

※ 简介

●秆初为绿色，然后渐次出现紫褐色斑点或瓣块（外深内浅），当年生竹即显斑，随竹龄增长，斑色变浓，斑点增多。

●喜空气湿润的环境，宜栽植在背风向阳处。

●母株繁殖。

●分布于河南、山西。秆色美观，是园林绿化的好竹种。

早园竹（沙竹，雷竹）

Phyllostachys propinqua

禾本科 刚竹属

※ 竹形及竹高

应用

成树

※ 功能及应用

- ●风景区、庭园、道路。
- ●列植、丛植。

※ 观赏时期

月	1	2	3	4	5	6	7	8	9	10	11	12
花												
叶												
实												

※ 区域生长环境

光照 阴 阳

水分 干 湿

温度 低 高

※ 简介

- ●新秆绿色，被白粉。
- ●耐寒，适应性较强，轻盐碱地、沙土及低洼地均能生长，以湿润肥沃土壤生长最好。
- ●母株繁殖。
- ●广西、浙江、江苏、安徽、河南等地有分布，南北各地有栽培。是优良的园林绿化竹种。

黄槽竹

Phyllostachys aureosulcata

禾本科 刚竹属

※ 竹形及竹高

※ 功能及应用

- 公园及公共绿地、风景区、庭园。
- 丛植、片植。

※ 观赏时期

月	1	2	3	4	5	6	7	8	9	10	11	12
花												
叶												
实												

※ 区域生长环境

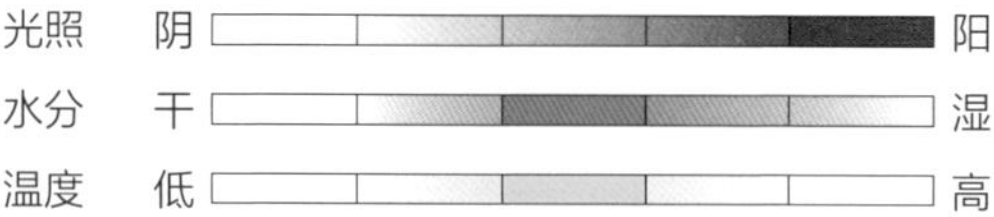

※ 简介

- 秆绿色或黄绿色而纵槽为黄色。
- 喜空气湿润的环境，宜栽植在背风向阳处。
- 母株繁殖。
- 北京园林绿地常见栽培，笋可食用，常见金镶玉竹‘Spectabilis’、京竹‘Pekinensis’、黄秆京竹‘Aureocaulis’等栽培变种。
- 原产中国，北京园林绿地中常见栽培观赏。

黄秆京竹

Phyllostachys aureosulcata 'Aureocaulis'

禾本科 刚竹属

※ 竹形及竹高

应用

成树

※ 功能及应用

●公园及公共绿地、风景区、庭园。

●丛植、片植。

※ 观赏时期

月	1	2	3	4	5	6	7	8	9	10	11	12
花												
叶												
实												

※ 区域生长环境

光照 阴 阳

水分 干 湿

温度 低 高

※ 简介

●秆黄色，纵槽也为黄色，节间时有绿色条纹。

●喜空气湿润较大的环境，宜栽植在背风向阳处。

●母株繁殖。

●北京、浙江等地有栽培。

金镶玉竹

Phyllostachys aureosulcata 'Spectabilis'

禾本科 刚竹属

※ 竹形及竹高

※ 功能及应用

●公园及公共绿地、风景区、庭园。

●丛植、片植。

※ 观赏时期

月	1	2	3	4	5	6	7	8	9	10	11	12
花												
叶	■	■	■	■	■	■	■	■	■	■	■	■
实												

※ 区域生长环境

光照 阴 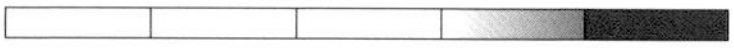 阳

水分 干  湿

温度 低  高

※ 简介

●秆金黄色，纵槽为绿色。

●喜向阳背风，耐低温（-20℃），喜土层深厚、肥沃、湿润、排水和透气性良好的酸性壤土。

●用母竹留鞭繁殖。

●原产中国，现我国南北各地多有栽培。

铺地竹

Sasa argenteistriatus

禾本科 赤竹属

※ 竹形及竹高

应用　　成树

※ 功能及应用

● 公园及公共绿地、风景区、庭园。

● 丛植、片植。

※ 观赏时期

月	1	2	3	4	5	6	7	8	9	10	11	12
花												
叶												
实												

※ 区域生长环境

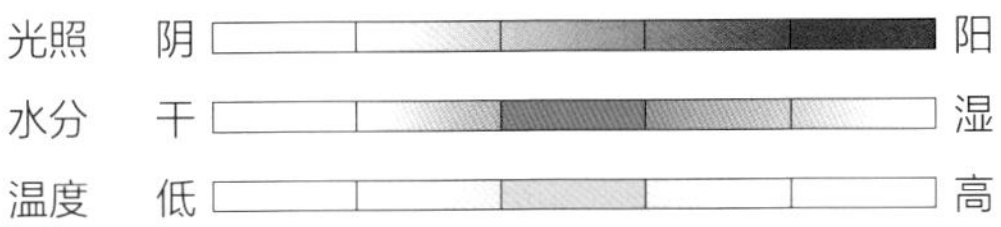

※ 简介

● 矮小，秆绿色。叶偶有白或黄色条纹。

● 耐修剪，抗旱，病虫害极少。

● 丛状移植母竹或者以鞭根移植。

● 产浙江、江苏一带，南北各地多有栽培。宜作地被、盆栽植物或堤岸山坡防护材料栽培，也适宜于花境和绿坪应用。

箬竹

Indocalamus tessellatus

禾本科 箬竹属

※ 竹形及竹高

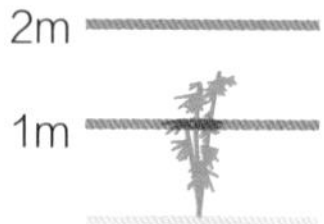

应用

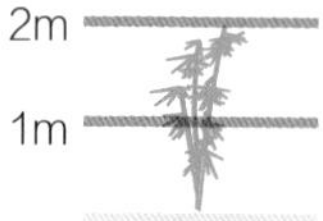

成树

※ 功能及应用

净化空气、减弱噪声、改善小气候

●公园及公共绿地、风景区、庭园、林地、医院、学校。

●丛植、篱植、片植。

※ 观赏时期

月	1	2	3	4	5	6	7	8	9	10	11	12
花												
叶	■	■	■	■	■	■	■	■	■	■	■	■
实												

※ 区域生长环境

光照 阴 — 阳

水分 干 — 湿

温度 低 — 高

※ 简介

●秆绿色。叶片巨大。

●喜凉润气候，阳性，不耐寒，宜生长疏松、排水良好的酸性土壤。

●分株繁殖、带母株繁殖和移鞭繁殖。

●长江流域有分布，华北和西北地区有应用。其秆和叶可用作食品和日用品，也常植于庭园观赏，或栽作地被植物。

南欧铁线莲

Clematis viticella cvs.

毛茛科　铁线莲属

※ 栽植方式

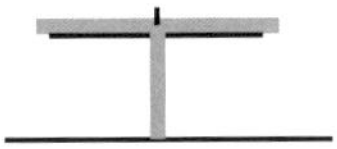

壁面绿化(攀爬式)

※ 功能及应用

●公园及公共绿地、风景区、庭园、建筑环境（含居住区)、医院、学校、垂直绿化。

●孤植、丛植、列植。

※ 观赏时期

月	1	2	3	4	5	6	7	8	9	10	11	12
花												
叶												
实												

※ 区域生长环境

光照　阴　阳

水分　干　湿

温度　低　高

※ 简介

●叶一至三回羽裂，小叶片不对称。花单生或 3 朵簇生，花被片常 4 枚，蓝色或玫紫色，花期仲夏至秋季。

●喜光，略耐阴，喜温暖气候，耐寒。

●欧洲早期铁线莲育种的重要亲本之一，我国广泛引种栽培。是优秀的观花藤本，亦可容器栽培用于花园景观。

转子莲（大花铁线莲）

Clematis patens cvs.

毛茛科 铁线莲属

※ 栽植方式

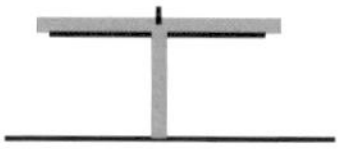

壁面绿化(攀爬式)

※ 功能及应用

●公园及公共绿地、风景区、庭园、建筑环境（含居住区）、医院、学校、垂直绿化。

●孤植、丛植、列植。

※ 观赏时期

月	1	2	3	4	5	6	7	8	9	10	11	12
花												
叶												
实												

※ 区域生长环境

光照 阴 阳

水分 干 湿

温度 低 高

※ 简介

●羽状复叶，小叶片3（5）枚。花单生枝顶，花被片白色、粉色至紫红色，单或重瓣。瘦果之宿存花柱被金黄色柔毛。

●适应性强，抗寒，耐旱，喜光照，喜肥沃、排水良好的微碱性土壤。

●山东东部，辽宁东部及华北等地都有应用。花大而美丽，是点缀园墙、棚架、围篱及凉亭等的垂直绿化好材料。国内培育了一些开花较早、花色鲜艳、耐热性好的新品种。

三叶木通

Akebia trifoliata

木通科 木通属

※ 栽植方式

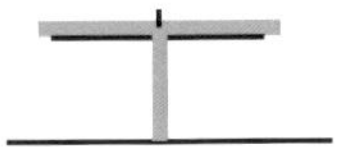

壁面绿化(攀爬式)

※ 功能及应用

●公园及公共绿地、风景区、林地、垂直绿化。

●孤植、丛植、列植。

※ 观赏时期

月	1	2	3	4	5	6	7	8	9	10	11	12
花				■	■							
叶			■	■	■	■	■	■	■	■		
实							■	■				

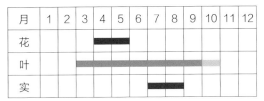

※ 区域生长环境

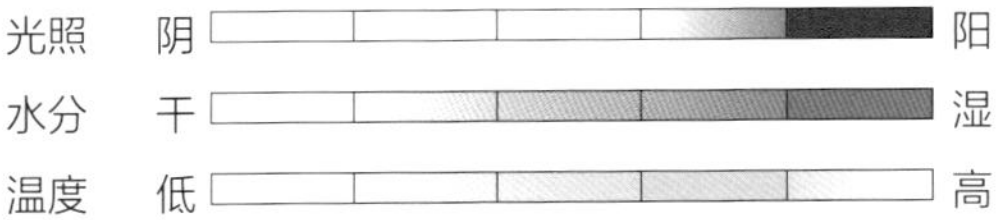

※ 简介

●掌状复叶互生，或簇生于短枝，3 小叶。无花瓣，3 个淡紫色萼片，腋生总状花序。聚合蓇葖果熟时紫色。

●稍耐阴，喜温暖湿润气候，耐寒，在微酸、多腐殖质的黄壤土中生长良好。

●可种子、埋条、分根、扦插繁殖。

●分布于华北至长江流域各省区，日本有分布。宜作棚架、花架材料。果味甜可食或酿酒。

山荞麦（木藤蓼）

Fallopia aubertii（*Polygonum aubertii*）

蓼科 首乌属

※ 栽植方式

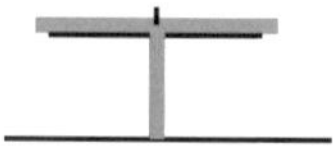

壁面绿化(攀爬式)

※ 功能及应用

●公园及公共绿地、风景区、建筑环境（含居住区）、垂直绿化。

●孤植、丛植、列植。

※ 观赏时期

月	1	2	3	4	5	6	7	8	9	10	11	12
花												
叶												
实												

※ 区域生长环境

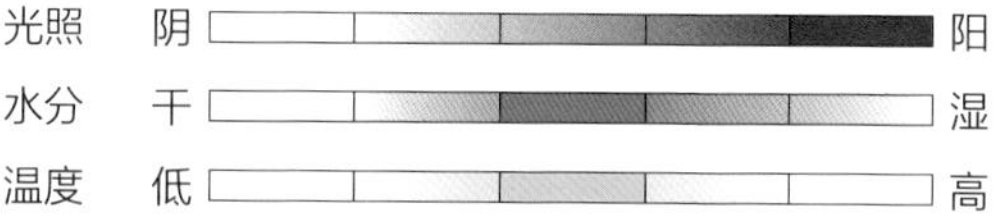

※ 简介

●单叶互生，叶边缘常波状。花小，白色或绿白色，成细长圆锥花序。

●耐寒，耐旱，无病虫害。

●生长快。常用播种繁殖。

●产自我国秦岭至四川、西藏地区。宜作垂直绿化及地面覆盖材料。

中华猕猴桃

Actinidia chinensis

猕猴桃科 猕猴桃属

※ 栽植方式

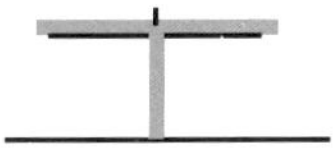

壁面绿化(攀爬式)

※ 功能及应用

●公园及公共绿地、风景区、庭园、垂直绿化。

●孤植、丛植、列植。

※ 观赏时期

月	1	2	3	4	5	6	7	8	9	10	11	12
花												
叶												
实												

※ 区域生长环境

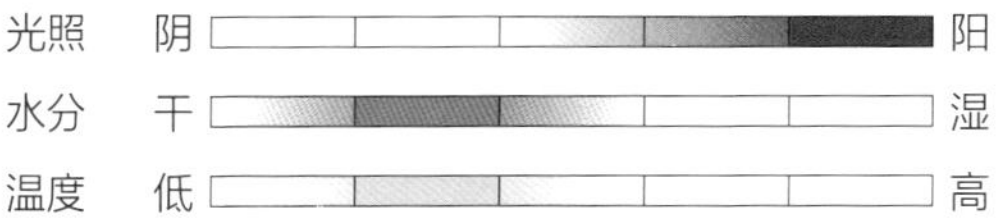

※ 简介

●枝具白色片状髓。叶近圆形或倒宽卵圆形。花常数朵簇生，由白色变橙黄色，芳香。浆果椭圆形。

●喜光，喜温暖湿润气候，不耐涝，抗旱能力差，喜微酸性砂质肥沃土壤。

●播种繁殖，扦插繁殖。

●原产于中国南方，北至陕西、河南，北京小气候可露地栽培。适用于廊架、护栏、墙垣等的垂直绿化。

野蔷薇（多花蔷薇，粉团蔷薇）

Rosa multiflora

蔷薇科 蔷薇属

※ 栽植方式

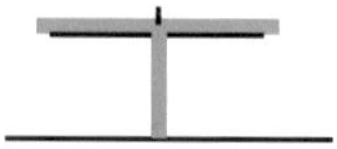

壁面绿化(攀爬式)

※ 功能及应用

! 植株有刺

●公园及公共绿地、风景区、建筑环境（含居住区）、医院、学校、垂直绿化。

●孤植、丛植、篱植。

※ 观赏时期

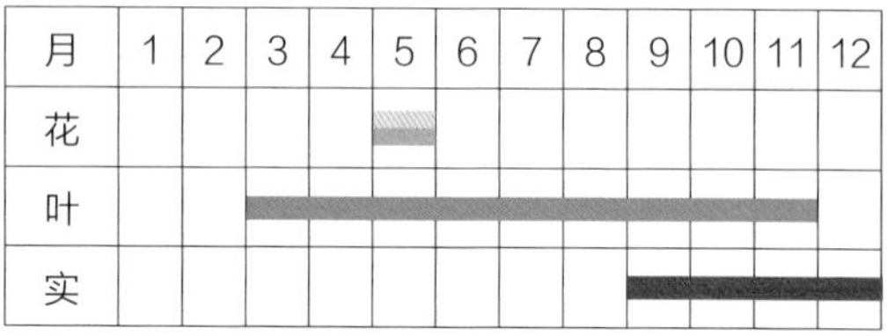

※ 区域生长环境

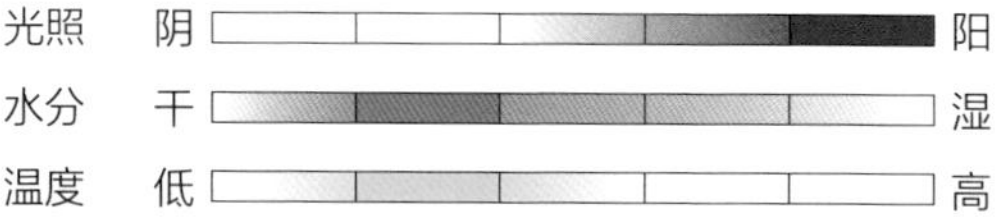

※ 简介

●枝细长，皮刺常生于托叶下。小叶 5~7（9），托叶篦齿状。花白色或粉色，单瓣或重瓣（据中国植物志定名粉色单瓣为粉团蔷薇 var. *cathayensis*，白色重瓣则为白玉堂 ‘Albo-plena'），芳香。果红褐色经冬不落，可赏，柱头常宿存。

●喜光，耐寒，耐旱，也耐水湿，对土壤要求不严，以肥沃、疏松的微酸性土壤最好。

●分株、扦插、压条繁殖。诱鸟、诱虫、诱蝶。

●主产日本、朝鲜，我国黄河流域以南地区可能也有分布。可栽作花篱，也可作嫁接月季、蔷薇类的砧木。

七姊妹（十姊妹）

Rosa multiflora 'Platyphylla'

蔷薇科 蔷薇属

※ 栽植方式

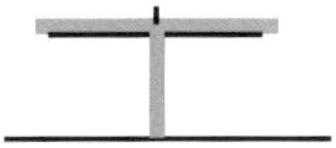

壁面绿化(攀爬式)

※ 功能及应用

! 植株有刺

●公园及公共绿地、风景区、庭园、建筑环境（含居住区）、医院、学校、垂直绿化。

●孤植、丛植、篱植。

※ 观赏时期

月	1	2	3	4	5	6	7	8	9	10	11	12
花												
叶												
实												

※ 区域生长环境

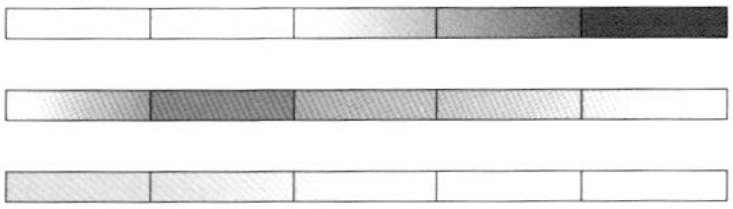

光照 阴 阳

水分 干 湿

温度 低 高

※ 简介

●羽状复叶互生，小叶 5~7（9）。花重瓣，常 6~9 朵聚生成扁伞房花序，花量极大。果红色。

●喜光，耐寒，耐旱，耐水湿，对土壤要求不严。

●播种、扦插、分根繁殖。诱鸟、诱虫、诱蝶。

●该品种为野蔷薇的粉花重瓣类型，自古就有广泛栽培应用，变异也较多。可作护坡及棚架之用。

现代月季(藤本)

Rosa cvs.(Climbing Roses)

蔷薇科 蔷薇属

※ 栽植方式

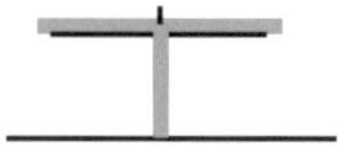

壁面绿化(攀爬式)

※ 功能及应用

! 植株有刺

●公园及公共绿地、风景区、建筑环境(含居住区)、医院、学校、垂直绿化。

●孤植、丛植、篱植。

※ 观赏时期

月	1	2	3	4	5	6	7	8	9	10	11	12
花												
叶												
实												

※ 区域生长环境

光照 阴 阳

水分 干 湿

温度 低 高

※ 简介

●枝条长,蔓性或攀援。花色及花型丰富多样。

●喜日照充足,耐寒,耐旱,耐轻度盐碱,适合在肥沃、疏松、排水良好的湿润土壤中生长。

●嫁接繁殖。诱鸟、诱虫、诱蝶。

●原种主产于北半球温带、亚热带,中国为原种分布中心。可用于绿篱、墙垣、花架或盆栽等。

木香

Rosa banksiae

蔷薇科 蔷薇属

※ 栽植方式

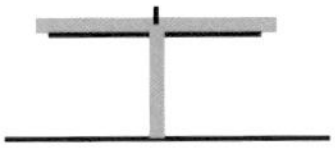

壁面绿化(攀爬式)

※ 功能及应用

●公园及公共绿地、风景区、庭园、建筑环境（含居住区）、医院、学校、垂直绿化。

●孤植、丛植、篱植。

※ 观赏时期

月	1	2	3	4	5	6	7	8	9	10	11	12
花					■	■	■					
叶			■	■	■	■	■	■	■	■	■	
实												

※ 区域生长环境

光照 阴 阳

水分 干 湿

温度 低 高

※ 简介

●花白色，芳香，重瓣，原始类型为单瓣（var. *normalis*），亦有黄花重瓣变型（f. *lutea*），伞形花序。

●喜光，耐阴，喜温暖，有一定耐寒能力，对土壤要求不严，但在疏松肥沃、排水良好的土壤中生长好。

●生长快。可扦插或压条繁殖。

●原产我国中南部及西南部，现国内外普遍栽培。宜攀缘于棚架、凉廊。

紫藤

Wisteria sinensis

蝶形花科 紫藤属

※ 栽植方式

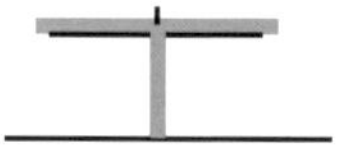

壁面绿化(攀爬式)

※ 功能及应用

种子有毒

抗二氧化硫等有害气体。吸附灰尘

●公园及公共绿地、风景区、学校、医院、垂直绿化。

●孤植、列植。

※ 观赏时期

月	1	2	3	4	5	6	7	8	9	10	11	12
花				■	■							
叶			■	■	■	■	■	■	■	■	■	
实												

※ 区域生长环境

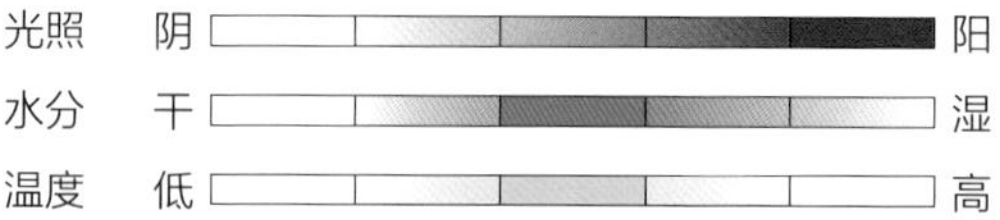

※ 简介

●羽状复叶互生。花蝶形，芳香，堇紫色，成下垂总状花序。有白花紫藤（f. *alba*，左图 3）及重瓣品种。

●喜光，耐寒，耐旱，耐水湿，对土壤适应性强，以土层深厚，排水良好，向阳避风的地方栽培最适宜。

●播种、扦插、压条、分株、嫁接等方法繁殖。诱鸟。

●我国南北各地均有分布。是良好的棚架材料。

扶芳藤（扶房藤）

Euonymus fortunei

卫矛科 卫矛属

※ 栽植方式

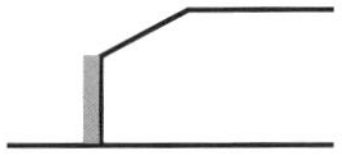

壁面绿化(吸附式)

※ 功能及应用

抗二氧化硫、三氧化硫、氧化氢、氯、氟化氢、二氧化氮等有害气体

●公园及公共绿地、风景区、林地、建筑环境（含居住区）、工矿区、湿地、垂直绿化。

●孤植、列植。

※ 观赏时期

月	1	2	3	4	5	6	7	8	9	10	11	12
花												
叶	■	■	■	■	■	■	■	■	■	■	■	■
实										■	■	

※ 区域生长环境

光照 阴 … 阳

水分 干 … 湿

温度 低 … 高

※ 简介

●茎匍匐或攀缘，能随处生细根，有极强的攀缘能力。叶色油绿。聚伞花序，花多而密集成团。蒴果橘红色。

●喜温暖、湿润环境，喜光也耐阴，适于疏松、肥沃的砂壤土生长。

●可扦插繁殖。

●我国黄河流域以及其以南地区广泛栽培。用以掩覆墙面、山石或老树干。

春夏

秋冬

南蛇藤

Celastrus orbiculatus

卫矛科 南蛇藤属

※ 栽植方式

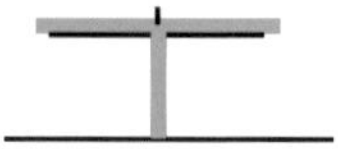

壁面绿化(攀爬式)

※ 功能及应用

●公园及公共绿地、风景区、建筑环境（含居住区）、医院、学校、垂直绿化。

●孤植、丛植、列植。

※ 观赏时期

月	1	2	3	4	5	6	7	8	9	10	11	12
花												
叶												
实												

※ 区域生长环境

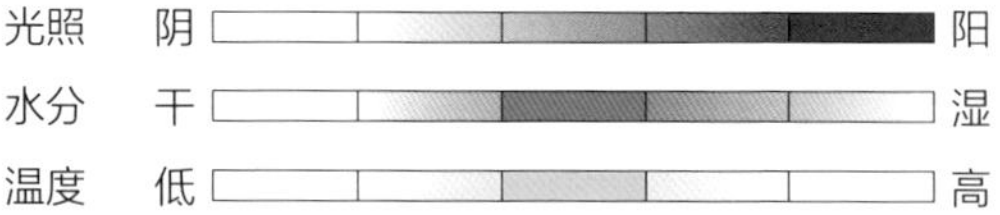

※ 简介

●叶互生，秋色叶为黄色或红色。花小，黄绿色，常3朵腋生成聚伞状。蒴果球形，鲜黄色，熟时3瓣裂，露出红色的种子。

●喜阳也耐阴，耐寒，耐旱，栽植于背风向阳、湿润而排水好的肥沃沙质壤土中生长最好。

●可用播种、分株、压条、扦插等方法繁殖。

●产我国东北、华北、西北及长江流域，朝鲜、日本也有分布。园林中常用作攀缘绿化及地面覆盖材料。

葡萄

Vitis vinifera

葡萄科 葡萄属

※ 栽植方式

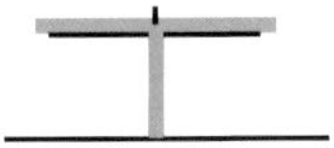

壁面绿化(攀爬式)

※ 功能及应用

●公园及公共绿地、风景区、庭园、垂直绿化。

●孤植、丛植、列植。

※ 观赏时期

月	1	2	3	4	5	6	7	8	9	10	11	12
花												
叶												
实												

※ 区域生长环境

光照 阴 … 阳

水分 干 … 湿

温度 低 … 高

※ 简介

●单叶互生，3~5 掌状裂。圆锥花序长而大，与叶对生。浆果球形，熟时紫红色或黄白色，被白粉。

●喜光，较耐寒（因品种而异），以壤土及细沙质壤土为最好。

●扦插、压条、嫁接繁殖。

●原产亚洲西部及欧洲东南部，世界温带地区广为栽培，我国在黄河流域栽培较集中，栽培历史悠久。品种繁多，果可食、酿酒、制葡萄干。

葎叶蛇葡萄

Ampelopsis humulifolia

葡萄科 蛇葡萄属

※ 栽植方式

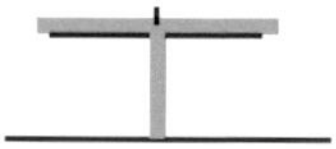

壁面绿化(攀爬式)

※ 功能及应用

●公园及公共绿地、风景区、垂直绿化。

●丛植、列植。

※ 观赏时期

月	1	2	3	4	5	6	7	8	9	10	11	12
花												
叶												
实												

※ 区域生长环境

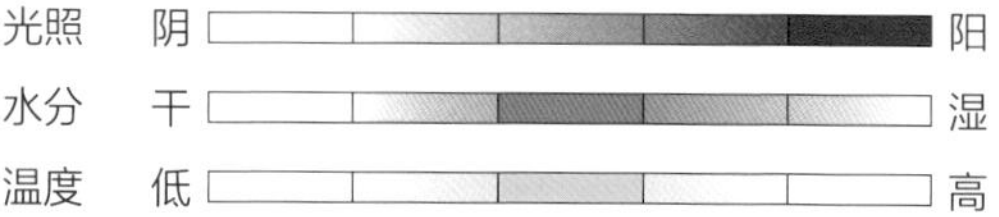

※ 简介

●叶 3~5 中裂或近深裂，有时 3 浅裂。花小，黄绿色，聚伞花序与叶对生。浆果近球形，成熟时淡黄色或淡蓝色。

●适应性强，喜光，耐寒，耐旱。

●可分株和扦插繁殖。

●主产华北、内蒙古及西北地区。为轻巧优美的棚荫材料。

白蔹

Ampelopsis japonica

葡萄科　蛇葡萄属

※ 栽植方式

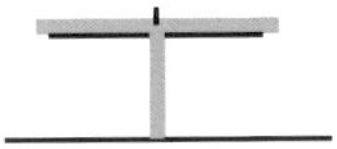

壁面绿化(攀爬式)

※ 功能及应用

- 公园及公共绿地、风景区、垂直绿化。
- 丛植、列植。

※ 观赏时期

月	1	2	3	4	5	6	7	8	9	10	11	12
花												
叶												
实												

※ 区域生长环境

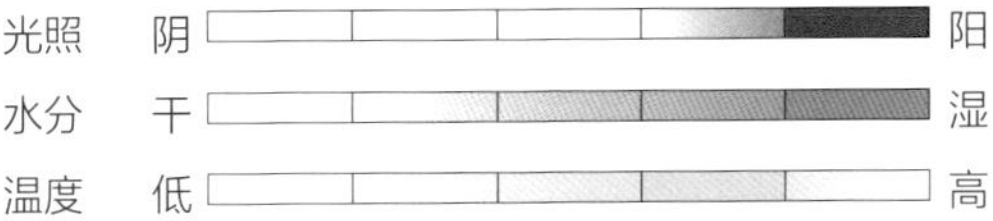

※ 简介

- 掌状复叶，小叶 3~5。花小，黄绿色。浆果蓝色或蓝紫色粉。
- 适应性强，喜光，耐寒，耐旱。
- 可分株和扦插繁殖。
- 产我国东北南部、河北、华东、华中及西南各地，日本也有分布。为轻巧秀丽的荫棚材料。

地锦（爬山虎，爬墙虎）

Parthenocissus tricuspidata

葡萄科 地锦属

※ 栽植方式

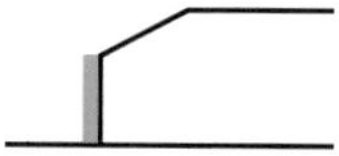

壁面绿化(吸附式)

※ 功能及应用

●公园及公共绿地、风景区、建筑环境（含居住区）、医院、学校、工矿区、垂直绿化。

●丛植、列植、片植。

※ 观赏时期

月	1	2	3	4	5	6	7	8	9	10	11	12
花												
叶			━	━	━	━	━	━	━	━	━	
实								━	━	━		

※ 区域生长环境

光照 阴 阳

水分 干 湿

温度 低 高

※ 简介

●单叶互生，通常 3 裂，入秋叶变红色或橙黄色。聚伞花序。浆果球形，蓝黑色。

●喜阴湿，耐寒，耐旱，耐阴，耐盐碱，对土壤和气候适应性强。

●播种、扦插或压条繁殖。

●产我国东北南部至华南、西南地区，朝鲜、日本也有分布。是绿化墙面，山石或老树干的好材料。

美国地锦（五叶地锦，五叶爬山虎）

Parthenocissus quinquefolia

葡萄科 地锦属

※ 栽植方式

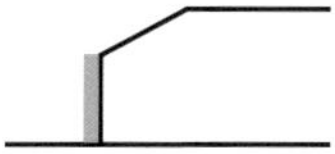

壁面绿化(吸附式)

※ 功能及应用

●公园及公共绿地、风景区、建筑环境（含居住区）、医院、学校、工矿区、垂直绿化。

●丛植、列植、片植。

※ 观赏时期

月	1	2	3	4	5	6	7	8	9	10	11	12
花												
叶												
实												

※ 区域生长环境

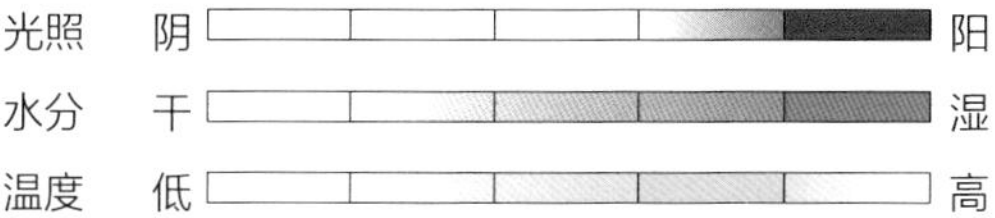

※ 简介

●掌状复叶，小叶 5，秋叶红色。花由聚伞花序组成圆锥花序。浆果球形，蓝黑色。

●喜光，能稍耐阴，耐寒，喜湿润、肥沃土壤。

●播种、扦插、压条繁殖。

●原产美国，华北及东北地区均有栽培。是良好的垂直绿化和地面覆盖材料。

杠柳

Periploca sepium

萝藦科 杠柳属

※ 栽植方式

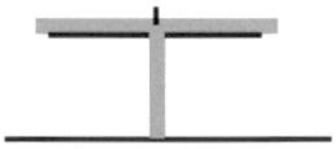

壁面绿化(攀爬式)

※ 功能及应用

根皮为中药“北五加皮”

●公园及公共绿地、风景区、工矿区、垂直绿化。

●丛植、列植、片植。

※ 观赏时期

月	1	2	3	4	5	6	7	8	9	10	11	12
花					■	■						
叶			■	■	■	■	■	■	■	■		
实												

※ 区域生长环境

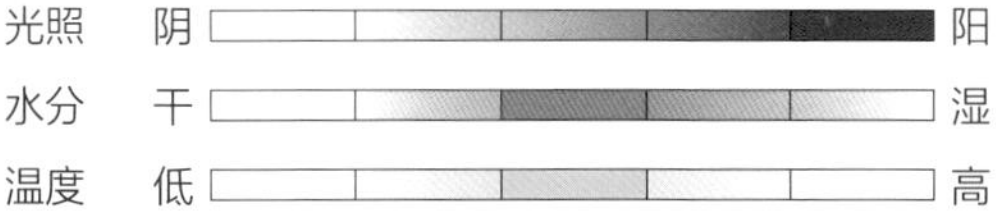

※ 简介

●叶对生。花暗蓝紫色，成腋生聚伞花序。蓇葖果双生。

●喜光，适应性强，耐寒，耐旱，耐盐碱，具有较强的抗风蚀、抗沙埋的能力。

●繁殖能力强。可用种子繁育、分株繁育、扦插繁育。

●产东北、华北、西北、华东及河南、贵州、四川等地。宜作攀缘绿化及地面覆盖材料。

美国凌霄

Campsis radicans

紫葳科 凌霄属

※ 栽植方式

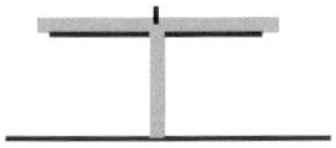
壁面绿化(攀爬式)

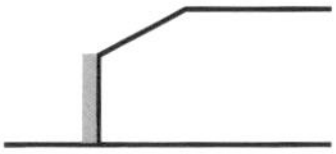
壁面绿化(吸附式)

※ 功能及应用

●公园及公共绿地、风景区、庭园、建筑环境（含居住区）、医院、学校、垂直绿化。

●孤植、丛植、列植。

※ 观赏时期

月	1	2	3	4	5	6	7	8	9	10	11	12
花							▬	▬				
叶			▬	▬	▬	▬	▬	▬	▬	▬		
实												

※ 区域生长环境

光照 阴 阳

水分 干 湿

温度 低 高

※ 简介

●奇数羽状复叶对生，小叶 9~13 枚。花冠唇状漏斗形，橘黄或深红色，顶生聚伞花序或圆锥花序。

●耐寒性强，耐干旱，耐水湿，对土壤不苛求，能生长在偏碱性土壤上。

●可用播种、压条、扦插等方法繁殖。

●原产美国西南部。我国各地常栽培用作垂直绿化材料。

金银花（忍冬）

Lonicera japonica

忍冬科　忍冬属

※ 栽植方式

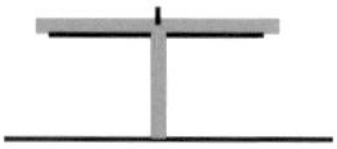

壁面绿化(攀爬式)

※ 功能及应用

花为有名中药材

●公园及公共绿地、风景区、庭园、建筑环境（含居住区）、医院、学校、垂直绿化。

●孤植、列植、丛植。

※ 观赏时期

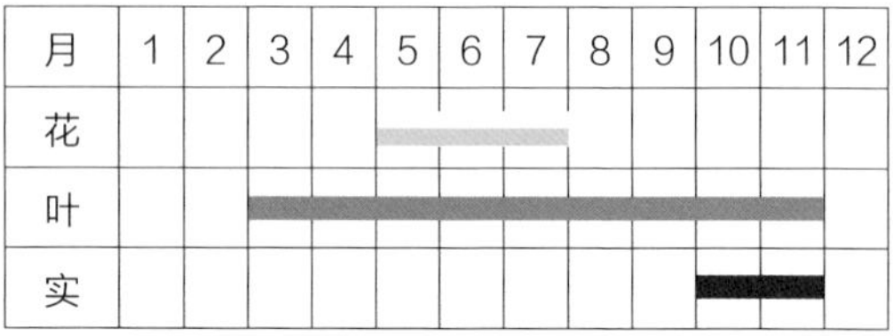

※ 区域生长环境

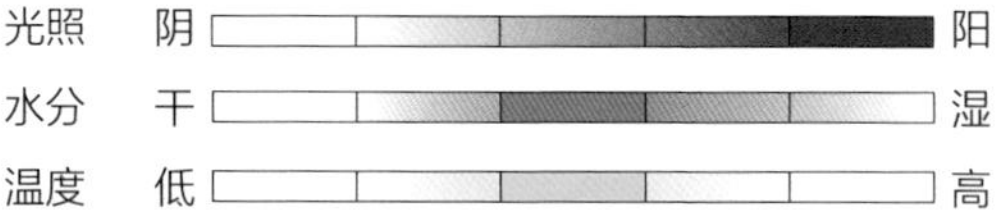

※ 简介

●小枝髓黑褐色，后变中空。花成对腋生，花冠二唇形，下唇狭长而反卷，花由白色变为黄色，芳香。浆果黑色。

●性强健，喜光，耐阴，耐寒，耐干旱，耐水湿，对土壤和气候的要求不严格，以土层较厚的沙质壤土最佳。

●根系繁密，萌蘖性强。可用种子、扦插繁殖。

●产辽宁、华北、华东、华中及西南地区，朝鲜、日本也有分布。辽宁省鞍山市市花。是良好的垂直绿化及棚架材料。

贯月忍冬

Lonicera sempervirens

忍冬科 忍冬属

※ 栽植方式

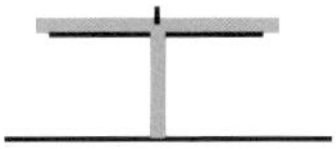

壁面绿化(攀爬式)

※ 功能及应用

●公园及公共绿地、风景区、庭园、建筑环境（含居住区）、医院、学校、垂直绿化。

●孤植、列植、丛植。

※ 观赏时期

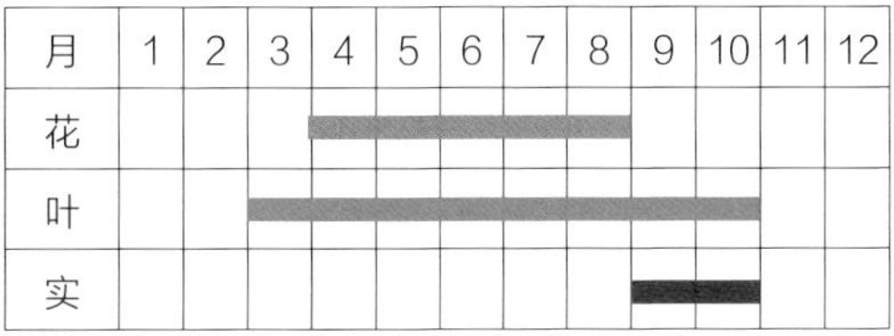

※ 区域生长环境

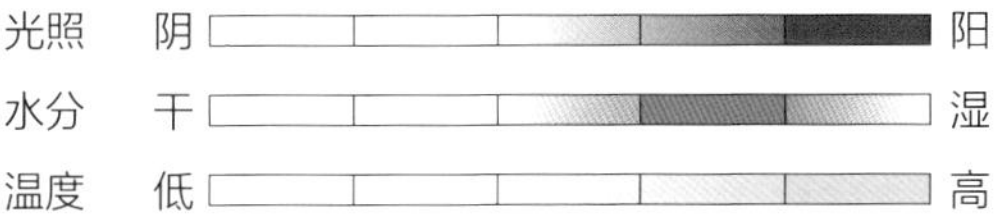

※ 简介

●叶对生。花轮生，顶生穗状花序，花冠长筒状，外面橘红色，内面黄色，每 6 朵为一轮，几轮排成顶生短穗状花序。浆果橘红色。

●喜光，不耐寒，喜排水良好湿润肥沃的土壤。

●播种繁殖，扦插繁殖。生长较快。有招蜂引蝶特性。

●原产北美洲。可令其攀援于园墙、拱门或金属网上，形成美丽的花墙、花门和花篱。

蔓生盘叶忍冬

Lonicera caprifolium

忍冬科 忍冬属

※ 栽植方式

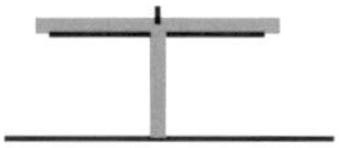

壁面绿化(攀爬式)

※ 功能及应用

●公园及公共绿地、风景区、庭园、建筑环境（含居住区）、医院、学校、垂直绿化。

●孤植、列植、丛植。

※ 观赏时期

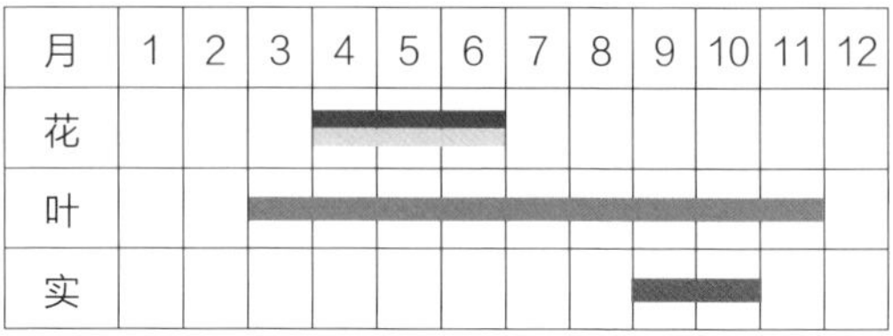

※ 区域生长环境

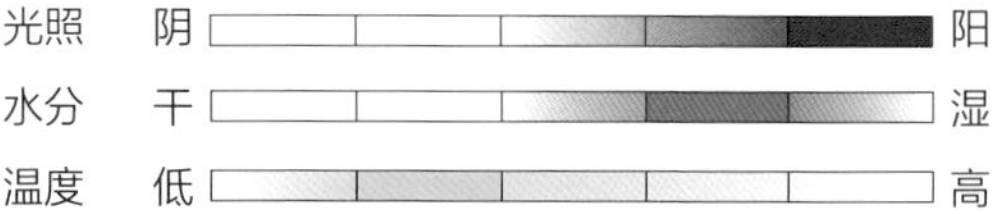

※ 简介

●叶对生，茎上部的小叶合生形成盘状。花长筒状，二唇形，白至乳黄色带粉红色晕。浆果橘黄色，后变深红色。

●对土壤要求不严，在微酸性及中性土壤上都能生长。

●播种繁殖，扦插繁殖。有招蜂引蝶特性。

●原产欧洲及西亚，国内引种栽培。常用于垂直绿化。

布朗忍冬

Lonicera × *brownii*

忍冬科 忍冬属

※ 栽植方式

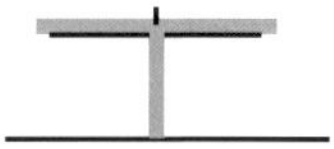

壁面绿化(攀爬式)

※ 功能及应用

●公园及公共绿地、风景区、建筑环境（含居住区）、医院、学校、垂直绿化。

●孤植、列植、丛植。

※ 观赏时期

月	1	2	3	4	5	6	7	8	9	10	11	12
花						■	■	■	■			
叶			■	■	■	■	■	■	■	■	■	
实												

※ 区域生长环境

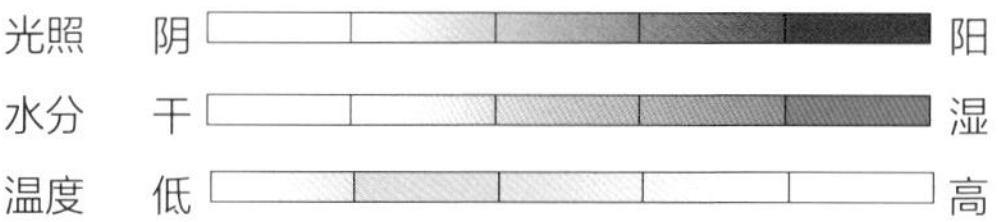

※ 简介

●叶对生，花序下 1~2 对叶基部合生。花橙色至橙红色，长筒状，成顶生短穗状花序。

●喜阳光充足，也耐阴，耐寒性强，喜深厚、肥沃、排水良好的土壤。

●可用种子、扦插繁殖。

●北京植物园 1982 年从美国引入，现北方一些城市有栽培。可攀缘于园墙，拱门或金属网上，形成美丽的花墙、花门和花篱。

台尔曼忍冬

Lonicera × tellmanniana

忍冬科 忍冬属

※ 栽植方式

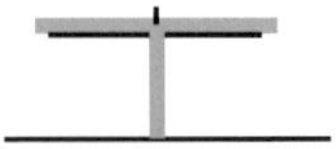

壁面绿化(攀爬式)

※ 功能及应用

●公园及公共绿地、风景区、建筑环境（含居住区）、医院、学校、垂直绿化。

●孤植、列植、丛植。

※ 观赏时期

月	1	2	3	4	5	6	7	8	9	10	11	12
花												
叶												
实												

※ 区域生长环境

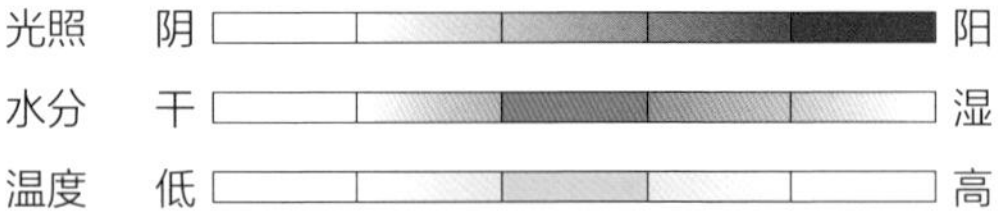

※ 简介

●单叶对生，暗绿色，花序下几对叶常合生。花冠二唇形，亮橙色，成下垂的常为两轮的顶生头状花序。

●生长健壮，较耐阴，能耐 -10℃的低温。

●可用扦插及组织培养的方法繁殖。

● 1920 年后产生于布达佩斯，北京植物园有引种。可攀缘于棚架、花廊、篱笆、树干或岩石旁，均有很好的观赏效果。

‘火焰’海氏忍冬

Lonicera × *heckrottii* 'Gold Flame'

忍冬科 忍冬属

※ 栽植方式

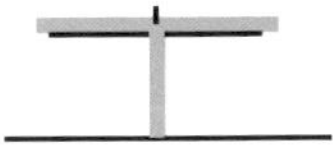

壁面绿化(攀爬式)

※ 功能及应用

●公园及公共绿地、风景区、庭园、建筑环境（含居住区）、医院、学校、垂直绿化。

●孤植、列植、丛植。

※ 观赏时期

月	1	2	3	4	5	6	7	8	9	10	11	12
花							■	■	■			
叶			■	■	■	■	■	■	■	■	■	
实										■		

※ 区域生长环境

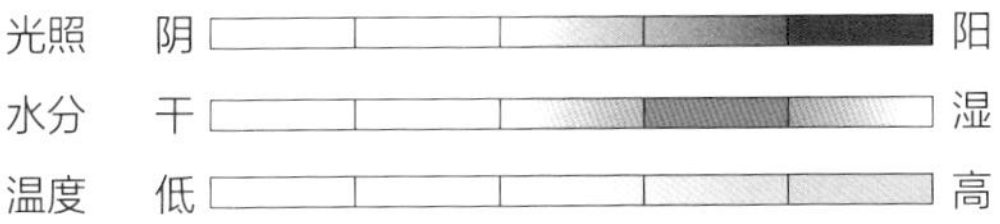

※ 简介

●叶对生，花序下的对生叶合成盘状。花管状，2 唇裂，外花被粉红色，内花被橘黄色，芳香。果实红色。

●喜温暖湿润排水良好的土壤。

●播种繁殖，扦插繁殖。生长较快。有招蜂引蝶特性。

●为海氏忍冬广为栽培的品种。可用于多种垂直空间点缀。

植物中文名索引

<J>

<K>

<L>

<Q>

<R>

<S>

<T>

<Z>

植物拉丁名索引

参考文献

张天麟 . 园林树木 1600 种 [M]. 北京：中国建筑工业出版社，2010.

张启翔 . 中国名花 [M]. 昆明：云南人民出版社，1999.

日本绿化中心，日本植木协会 . 绿化树木指引 [M]. 东京：建设物价调查会，2009.

阎双喜，刘保国，李永华 . 景观园林植物图鉴 [M]. 郑州：河南科学技术出版社，2013.

克里斯多弗，布里克尔・DK. 园林植物与花卉百科全书 [M]. 杨秋生，李振宇，译 . 郑州：河南科学技术出版社，2006.

徐晔春 . 园林树木鉴赏 [M]. 北京：化学工业出版社，2012.

自然图鉴编辑部 . 常见园林植物识别图鉴 [M]. 北京：人民邮电出版社，2016.

中科院中国植物志编委会 . 中国植物志 [M]. 北京：科学出版社，2013.